Die Bedeutung

der

GASFEUERUNG UND GASÖFEN

für das Brennen von

Porzellan, Thonwaaren, Ziegelfabrikaten, Zement, Kalk

sowie für das Schmelzen des Glases.

Mit einleitenden Abhandlungen

über

Wärme und Verbrennung, Brennstoffe und die Theorie der Gasfeuerung.

Studien und Erfahrungen

von

H. Stegmann.

Mit 58 in den Text gedruckten Holzschnitten.

Berlin,
Verlag von Julius Springer.
1877.

ISBN 978-3-642-51267-4   ISBN 978-3-642-51386-2 (eBook)
DOI 10.1007/978-3-642-51386-2

Vorwort.

Wer den Vorgängen und Bestrebungen auf dem Gebiete der Feuerungstechnik mit Aufmerksamkeit folgt, wird die Beobachtung machen müssen, dass sich für die Gasfeuerung heute nicht nur ein lebhafteres und allgemeineres Interesse bekundet als früher, sondern dass sie auch namentlich in den keramischen Industrien mehr und mehr jene Bedeutung erlangt, welche diesem Feuerungssysteme unbedingt zuerkannt werden muss.

Dieser beachtenswerthen Erscheinung gegenüber machte sich der Mangel einer orientirenden literarischen Darstellung des Wesens der Gasfeuerung und ihrer Bedeutung für die verschiedenen keramischen Zwecke immer mehr fühlbar, so dass mir ein Versuch, diese Lücke unserer technischen Literatur auszufüllen, nicht ganz verdienstlos sondern geeignet erschien, das Interesse für die Gasfeuerung zu fördern.

Eine weitere Anrege für meine Arbeit fand ich in dem Umstande, dass das Interesse, welches sich für die Gasfeuerung kund giebt, nur zum Theil aus der verständigen Erkenntniss und Durchdringung derjenigen Prinzipien hervorgegangen ist, welche diesem Feuerungssysteme zu Grunde liegen, dass es zum Theil aber auch auf irrigen Voraussetzungen beruht und durch Illusionen genährt wird, wie denn überhaupt die Feuerungskunde im praktischen Leben noch nicht jenes volle Verständniss gefunden hat, welches sie verdient und voraussetzt, um für Gewerbe und Industrie von wirklicher Bedeutung zu werden.

Es erschien mir daher nur den Verhältnissen angemessen, wenn ich mich mit meiner Darstellung nicht auf die eigentliche Technik der Gasfeuerung und die Beschreibung von Gasöfen beschränkte, sondern auch die Theorie der Gasfeuerung mit ihren Vorbedingungen in den Kreis der Betrachtung zog.

Das was ich in den Abschnitten über Wärme und Verbrennung, über die fossilen Brennstoffe und über die Theorie der Gasfeuerung gesagt habe, trägt in Form und Inhalt einem grösseren Leserkreise Rechnung, dem strengwissenschaftliche Erörterungen nur in seltenen Fällen zusagen. Für das wissenschaftliche Studium einzelner Fragen der Gasfeuerung insbesondere der Regenerativgasfeuerung verweise ich auf die „Étude sur le Four a Gaz et a Chaleur régénérée" von M. F. Krans (Paris, Eugène Lacroix), der ich für den III. Abschnitt einige Zahlenangaben entlehnt habe.

Was den mehr praktischen Theil des Buches, die Beschreibung von Gasfeuerungen und Gasöfen anbelangt, so bin ich bemüht gewesen, hier nicht nur möglichste Vollständigkeit zu erreichen, sondern auch die Bedeutung der beschriebenen Brenn- und Schmelzöfen hervorzuheben, wobei ich überall von dem Bestreben geleitet wurde, durch objektive Hinweise auf Mängel und Vorzüge dieser Apparate der konstruirenden Technik eine Anrege für künftige Arbeiten auf diesem Felde zu geben. Ueber hervorragende bedeutende Leistungen auf dem Gebiete der Brennöfen war leider wenig zu berichten, wie denn mehrere der vorgeführten Oefen noch lediglich Idee sind; dem gegenüber ist es gewiss erfreulich, dass sich namhafte Techniker sehr ernstlich mit neuen Brennofenkonstruktionen beschäftigen.

Meine Arbeit, welche unter äusserst schwierigen Verhältnissen entstanden ist, hat durch einzelne werthvolle Mittheilungen von Industriellen und Technikern eine wesentliche Förderung erfahren, was ich hiermit dankend hervorhebe. Ich spreche zugleich die Bitte aus, mich auf begangene Irrthümer aufmerksam zu machen und mir auch künftig solche Mittheilungen einzusenden, welche für eine etwa nöthig werdende zweite Auflage von Werth sein möchten.

Braunschweig, am 27. Oktober 1876.

Der Verfasser.

Inhalts-Verzeichniss.

I.

Ueber Wärme und Verbrennung.

Die gewaltigste, nach menschlichen Ermessen unerschöpfliche Wärmequelle ist die Sonne, und wenn wir die Wärme als die Urkraft auffassen, so müssen wir die Sonne als die Triebfeder der Erdmechanik betrachten. Und in der That kommt in fast jeder Krafterscheinung, die sich auf der Oberfläche der Erde als Bewegung kund giebt, einzig und allein die Sonnenwärme zum Ausdruck.

Die Physiker haben genau berechnet, welche Wärmemenge die Sonne in den Weltenraum ausstrahlt, die Erde empfängt davon zwar nur einen kleinen Theil, aber dieser im Laufe eines Jahres von der Erde aufgenommene Wärmeantheil würde noch hinreichend genügen, eine Quantität Wasser, einen Ozean mit einer Tiefe von 15 geographischen Meilen, welcher die gesammte Erdoberfläche bedecken dürfte, von der Temperatur des schmelzenden Eises bis zum Siedepunkte des Wassers zu erwärmen!

Aber diese Wärmemenge vertheilt sich über weite Flächen, wird im Raume zerstreut und wir besitzen keine solchen mechanischen Apparate, welche die Sonnenwärme einzusammeln vermögen für grosse Kraftleistungen, wie sie unsere hochentwickelte Industrie bedarf, und die Sonnenkraftmaschinen, welche das Problem der Wärmekonzentration zu verwirklichen suchen, sind zwar sehr interessante, werden aber im Vergleich mit einer Dampfmaschine von 3000 Pferdekräften stets recht untergeordnete Motoren bleiben.

Ein Franzose hat eine Sonnenkraftmaschine konstruirt, welche die Sonnenstrahlen in einer Vorrichtung auffängt, welche einem riesigen Blumenkelche nachgebildet ist; die angesammelte Wärme genügt thatsächlich um eine kleine Dampfmaschine im Betriebe halten zu können — vorausgesetzt, dass die Sonne nicht untergeht. — Aber man vergleiche doch mit einem solchen Apparate einmal die Einrichtungen der Natur: jede Pflanze, und sei sie noch so winzig, ist eine Sonnenkraftmaschine, ein Wärmeakkumulator so vollkommener Art, wie ihn menschlicher Scharfsinn auf der denkbar höchsten Stufe geistiger Entwickelung nicht zu ersinnen und herzustellen vermag, denn die Pflanzenwelt ist es, welche die Sonnenwärme und das Sonnenlicht sammelt, sie in die feste Form der Brennstoffe verdichtet, die uns das leisten, was die direkte Sonnenwärme zu leisten nicht vermag.

Es ist bekannt, dass die Sonne nicht die einzige Wärmequelle ist, dass sich Wärme im Gegentheil auf mancherlei Art und Weise künstlich erzeugen lässt, so durch Elektrizität, durch Reibung, Druck, Stoss, diejenige Wärme aber welche wir fast ausschliesslich und allein vortheilhaft im Hauswesen, in Gewerbe, Industrie und Kunst benutzen, verdanken wir einem eigenthümlichen Naturprozesse, der chemischen Verbindung des Sauerstoffes mit dem Kohlenstoff und Wasserstoff unserer Brennmaterialien, welche wir aus den Tiefen der Erde zu Tage fördern: Stein- und Braunkohlen oder denen, welche sich noch auf der Oberfläche der Erde bilden, Holz und Torf.

Die fast unermesslich scheinenden, über den grössesten Theil der Erde verbreiteten Kohlenlager sind die versteinerten Ueberreste urweltlicher Pflanzen, die innerhalb langer Zeiträume durch natürliche oder gewaltsame Einflüsse vernichtet und wahrscheinlich durch Meeresfluthen an bestimmte Orte geflösst wurden und dann in den Zustand theilweiser Verwesung übergingen, die dadurch beschränkt wurde dass sie unter Wasser oder unter Schlamm, bei Luftmangel verlief. Ueber die eigentliche Entstehungsweise der Steinkohle, ob sie aus Meeres- oder Landpflanzen gebildet wurde, sind die Meinungen der Geologen noch getheilt, soviel aber steht fest, dass die Bildung derselben nicht unter Mitwirkung des Feuers stattgefunden haben kann.

Im Anfange der organischen Bildungen wie noch heute nehmen die Pflanzen aus dem Erdboden Wasser und Ammoniak, aus der Luft aber Kohlensäure als Nahrung auf; unter Einwirkung des Sonnenlichtes zersetzen sich die Kohlensäure, das Wasser und das Ammoniak in der Pflanze; der Kohlenstoff der Kohlensäure, der Wasserstoff des Wassers und der Stickstoff des Ammoniak's werden in der Pflanze gebunden und bilden die Organe derselben, während der Sauerstoff der Kohlensäure und des Wassers aus seinen ursprünglichen Verbindungen befreit, der Atmosphäre für den weiteren Kreislauf zurück gegeben wird. In den Pflanzen wird daher das Sonnenlicht, wenn auch nur indirekt, gefestigt und in starre Formen umgewandelt. „Die leuchtenden und erwärmenden Strahlen der Sonne, indem sie

Leben verleihen, verlieren ihre Wärme, und wenn durch ihren Einfluss die Kohlensäure, das Wasser, das Ammoniak zersetzt worden sind, so ruht nun ihre Kraft in den im Organismus erzeugten Produkten. Die Wärme, womit wir unsere Wohnräume erwärmen, ist Sonnenwärme, das Licht womit wir sie erleuchten, ist von der Snone geliehenes Licht. [1]"

Indem wir die Brennstoffe verbrennen, wird die „verdichtete Wärme" wieder frei gegeben, aber wir haben uns zu hüten die Wärme als einen Stoff, als ein Materielles aufzufassen; sie ist keine wägbare Substanz, denn ein Körper erwärmt sich oder erkaltet, ohne sein Gewicht im geringsten zu ändern. Die Wärme ist etwas Ungreifbares, das sich nur durch die Empfindungen bemerkbar macht, welche wir als warm oder kalt bezeichnen.

Es wurde schon gesagt, dass die Wärme, welcher wir uns vorzugsweise für gewerbliche und industrielle Zwecke bedienen, aus einer chemischen Verbindung des Sauerstoffs mit den brennbaren Bestandtheilen der Brennstoffe resultirt, ein Vorgang, den wir mit Verbrennung bezeichnen, der in seinen Einzelheiten aber noch eingehender zu betrachten sein wird. Das was wir eine chemische Verbindung nennen, ist die Vereinigung zweier oder mehrerer Körper oder Elemente zu einem einzigen neuen Körper, dessen Eigenschaften von denen der Elemente vor ihrer Verbindung ganz verschieden sind und der auf mechanische Weise nicht wieder in seine ursprünglichen Bestandtheile zerlegt werden kann.

Die neuere Chemie kennt mehr als Sechszig solcher einfachen Körper oder Elemente, aus denen aller vorhandene Stoff besteht. Kupfer und Schwefel sind solche einfachen Körper und wenn wir feine Kupferspähne mit Schwefel innig mischen, so verschwindet die Farbe beider Theile, es entsteht ein graugrünes Pulver in welchem das Auge Kupfer und Schwefel nicht mehr zu erkennen vermag, mit Hülfe eines Vergrösserungsglases aber können wir die Kupfer- und Schwefeltheilchen noch sehr wohl unterscheiden: wir haben hier ein mechanisches Gemenge vor uns, aus welchem wir durch mechanische Mittel Kupfer und Schwefel wieder abscheiden können. Wird dies Gemenge nun aber stark, bis zum Glühen erhitzt, so tritt eine merkwürdige Veränderung ein: die Masse hat, nachdem sie abgekühlt worden, eine schwarze Farbe angenommen, sie hat nicht die geringste

---

[1] Chemische Briefe von Justus von Liebig. Leipzig und Heidelberg, C. F. Winter'sche Verlags-Handlung 1865. S. 122.

Aehnlichkeit mehr mit Kupfer und Schwefel, auch unter dem Mikroskope ist keine Spur von jenen mehr zu entdecken, es hat eine chemische Verbindung stattgefunden, ein neuer Körper, Schwefelkupfer sich gebildet. Kein mechanisches Hülfsmittel würde uns in den Stand setzen, aus dieser Verbindung Kupfer und Schwefel frei zu machen, wohl aber kann dies durch chemische Prozesse bewerkstelligt werden.

Wasser ist gleichfalls eine chemische Verbindung, bestehend aus Wasserstoff und Sauerstoff. Wenn man Wasserstoff, ein brennbares Gas, verbrennt, so verbindet er sich mit dem Sauerstoff der atmosphärischen Luft, das Produkt dieser Verbindung ist Wasser, welches wir auf chemischem Wege wieder in Wasserstoff und Sauerstoff zerlegen können.

Bei keiner chemischen Verbindung findet nach den Erfahrungen der Wissenschaft irgend welcher Verlust an Kraft oder Stoff statt, beide sind ebensowenig zerstörbar als schaffbar, wohl aber tritt eine Zustands- oder Eigenschaftsveränderung ein wie bei Sauerstoff und Wasserstoff, die, indem sie sich verbinden, Wasser bilden, aus dem gasförmigen Zustande in den flüssigen übergehen. So verwandelt sich der süsse Most in Wein, dieser sich wieder in Essig; Wein und Essig haben ganz andere Eigenschaften als der Most: aus dem Zucker des Mostes wird der Alkohol des Weines, aus dem Alkohol des Weines die Essigsäure des Essigs; aus einer Verbindung des Quecksilbers mit Schwefel entsteht der prachtvolle Zinnober, kurz, aus jeder Verbindung entstehen neue Körper mit neuen Eigenschaften.

Neben diesen Veränderungen tritt bei allen chemischen Verbindungen die merkwürdige Erscheinung der Wärmeentwickelung auf, wie z. B. beim Löschen des Kalkes, bei der Vermischung von Schwefelsäure und Wasser etc.; aber in sehr vielen Fällen macht sich diese Wärme für das Gefühl nicht bemerkbar und in keinem Falle ist die entstehende Wärmemenge so bedeutend wie diejenige, welche aus der chemischen Verbindung des Sauerstoffes mit dem Kohlenstoff und dem Wasserstoff der Brennstoffe frei wird.

Wärme ist häufig ein Beförderungsmittel chemischer Verbindungen, sie schwächt aber auch in vielen Fällen die Verwandschaft der Körper zu einander ab. Der Prozess der Gährung kann durch Wärme befördert, durch Hitze aufgehoben werden, jede chemische Verbindung aber setzt voraus, dass die sich verbinden sollenden Körper mit einander in die innigste Berührung gebracht werden.

Eine Verbrennung in unserem Sinne findet nur dann statt, wenn die Elemente Kohlenstoff, Wasserstoff und Sauerstoff nicht nur in nächste Berührung mit einander kommen sondern auch nur dann, wenn dies bei einer Temperatur von etwa 300° C. geschieht. Eisen verbindet sich bereits bei gewöhnlicher Temperatur mit dem Sauerstoff, es rostet, Kohle aber bleibt unverändert Kohle wie lange sie auch bei gewöhnlicher Temperatur dem Sauerstoff ausgesetzt sei, in der Hitze, unter Einwirkung von Feuer aber geht bei Vorhandensein von Luft die chemische Verbindung, die Verbrennung sehr rasch von statten.

Früher, bis auf die durch die Entdeckungen des französischen Naturforschers Lavoisier gekennzeichnete Epoche der neueren Chemie, hatte man über das Wesen der Verbrennung eine eigenthümliche Anschauung, die ihre Grundlage in der Theorie findet, dass alle brennbaren Körper, und dieser giebt es bekanntlich eine grosse Zahl, aus einer Zusammensetzung des unverbrennlichen Theiles, der Aschensubstanz, mit einem in alchymistisches Dunkel sich hüllenden Etwas, des Phlogiston, bestehen, und dass während der Verbrennung letzteres als ein flüchtiges Gas unter Zurücklassung der Asche entweiche. Erst Lavoisier, der unter dem Fallbeile der ersten französischen Revolution endete, fand durch umfassende Versuche und Untersuchungen, dass diese Ansicht eine dem wirklichen Thatbestande völlig entgegengesetzte, grundfalsche sei. Er entdeckte nämlich, dass wenn man Metallspähne oder Eisendraht in geschlossenen Gefässen anhaltend glühe, nicht nur die geglühten Substanzen, sondern auch die Luft, in welcher sie geglüht worden, ihren ursprünglichen Zustand wesentlich geändert hatten. Die Metallspähne, der Eisendraht hatten nämlich an Gewicht zu, und die sie umgebende Luft genau soviel abgenommen, als jene schwerer geworden waren. Die Luft hatte sich aber auch hinsichtlich ihrer Zusammensetzung insofern sehr verändert, als eine weiter Verbrennung in ihr nicht gelingen wollte; ferner war sie für den thierischen Athmungsprozess vollständig untauglich geworden. Hieraus erwies sich sehr klar, dass die Verbrennung keineswegs eine Trennung des brennbaren Körpers von der Aschensubstanz, sondern vielmehr eine Verbindung vorher getrennt gewesener Körper sei, wobei sich das brennbare Prinzip des Stoffes, welcher verbrannte, mit einem Theile der Luft, dem Sauerstoff, unter Uebriglassung eines zweiten Theiles zu einem neuen Körper, der Kohlensäure, umgebildet hatte und durch Rechnung ergab sich ferner, dass die atmosphärische Luft aus 21 Volumentheilen Sauerstoff und aus 79 Volumentheilen Stickstoff bestehe, welch' letzterer an der Verbrennung nicht Theil genommen hatte.

Ist nun auch durch diese denkwürdige Entdeckung Lavoisier's die Haltlosigkeit der alten phlogistischen Theorie auf's gländzendste

erwiesen und der ganzen Naturwissenschaft eine neue Richtung angewiesen worden, so kann doch aber auch die einfache Erklärung, die
Verbrennung sei gleichbedeutend der chemischen Verbindung des Sauerstoffes mit Kohlenstoff, dem nicht genügen, der eine Sache nicht a
priori anerkennt, sondern den letzten Grund einer Erscheinung, die
hinter einer Wirkung verborgene Ursache zu erkennen bemüht ist; es
mag deshalb ein näheres Eingehen auf die hier in Betracht kommenden Gesetze der Wärmetheorie gerechtfertigt erscheinen, zumal diese
für das praktische Leben von höchster Bedeutung sind.

Die neueren Forschungen auf dem Felde der Physik haben zur
Grundlegung von Gesetzen geführt, welche beweisen, dass Wärme und
Bewegung identisch sind, dass Wärme aus Bewegung und Bewegung
aus Wärme entsteht; diese Bewegung oder die Wärme kann ebensowohl durch Reibung, Druck und Stoss als durch den Prozess chemischer Verbindungen im weiteren, durch Verbrennung im engeren Sinne
erzeugt werden, einen besonderen Wärmestoff, den man früher in Ermangelung einer konkreten Erklärung des Wesens der Wärme annahm,
giebt es nicht.

Die Meinung der Seeleute, dass das Meer nach einem Sturme wärmer sei als zuvor, mag auf Täuschung beruhen, theoretisch lässt sich
gegen die Richtigkeit dieses Satzes nichts einwenden, denn wir können
durch andauernde Bewegung Wasser zum Sieden bringen. Es ist nicht
erwiesen dass die Sonnenwärme einem unablässigen Meteorbombarde-
ment auf den Sonnenkörper zuzuschreiben ist, aber wir wissen, dass
man eine Eisenstange durch anhaltendes Hämmern zum Glühen bringen
kann: in allen diesen Fällen entsteht Wärme durch gehemmte Bewegung und das entstehende Wärmequantum ist genau so gross, dass
es in Arbeit übersetzt, dieselbe Bewegung nochmals bewirken kann.
Das Verschwinden der einen Wirkung bedingt das Auftreten der anderen, „alle Erscheinungen des materiellen Universum's bestehen einzig in veränderten Erscheinungsweisen der Kraft." [1])

Dass man auf rein mechanischem Wege Wärme erzeugen kann,
war lange bekannt, aber die Frage, ob die für die Wärmeproduktion
aufgewendete Arbeit nicht in einem gleichwerthigen Verhältnisse stehe
mit der Summe der erhaltenen Wärme, diese Frage wurde erst in der
neueren Zeit aufgeworfen und mit bewunderungswürdiger Schärfe durch
Dr. J. R. Mayer von Heilbronn im Jahre 1842 und fast gleichzeitig

---

[1]) Die Wärme betrachtet als eine Art der Bewegung, v. John Tyndall.
Dritte Auflage. Braunschweig, Friedrich Vieweg & Sohn. 1875. S. 169.

durch den Engländer Joule beantwortet.[1]) Die Untersuchungen dieser Männer haben zu dem Resultate geführt, dass Arbeit und Wärme im genauesten Verhältnisse zu einander stehen und aus diesen Untersuchungen hat sich der Fundamentalsatz der mechanischen Wärmetheorie aufgebaut, dass nämlich diejenige Wärmemenge welche die Temperatur eines Liters oder eines Kilogramms Wasser um 1^0 C. erhöht, eine Arbeit von 425 Kilogrammmeter, d. h. eine Kraft leistet welche 425 k. 1^m hoch zu heben vermag, und dass umgekehrt diese Arbeitsgrösse wiederum 1^k Wasser um 1^0 C. erwarmt, Seitdem bezeichnet die Zahl 425 das mechanische Warmeäquivalent. Diese Entdeckung hat eine ganz neue Anschauung über das Wesen der Naturkräfte geschaffen, deren Entwickelung noch nicht als abgeschlossen zu betrachten ist. Nicht die Wissenschaft allein sondern auch das praktische Leben, Gewerbe und Industrie, haben von dieser Entdeckung, der hinsichtlich ihrer Bedeutung kaum eine zweite der Neuzeit gleichgestellt werden kann, den weitgehendsten Vortheil gezogen, eine ganz neue Richtung der Thätigkeit empfangen.

Die Eigenschaft der Körper, mit der wechselnden Temperatur ihr Volumen zu verändern, ist bekannt, und da es einen Zustand absoluter Kälte nicht giebt, so müssen sich alle Körper in einem Zustande der Spannung befinden, die wir durch Temperaturerniedrigung vermindern, durch Temperaturerhöhung aber vergrössern können.[2]) Wir haben hier eine konstante, in ihren Wirkungen kaum erkennbare „Kraft in Ruhe" der Wärme vor uns, die aber sofort durch Temperaturveränderungen thätig wird. Der Kraft, mit welcher sich die Körper ausdehnen, ist durch keines der mechanischen Hülfsmittel, worüber wir bis jetzt gebieten, zu widerstehen und die zusammenziehende Kraft der

---

[1]) Die Mechanik der Wärme in gesammelten Schriften von J. R. Mayer. Zweite Auflage, Stuttgart 1875. J. G. Cotta'sche Buchhandlung.

[2]) Für die Ausdehnung eines Körpers hat man in den auf Erfahrung beruhenden Ausdehnungskoëffizienten einen bestimmten Maassstab. So beträgt der Längenausdehnungskoëffizient bei einer Temperaturerhöhung von 0^0 bis 100^0 C. z. B. für Glas $0{,}00086133 = {}^1/_{1160}$.

Der kubische Ausdehnungskoëffizient gilt für flüssige Körper und ist z. B. für Wasser $0{,}0466 = {}^1/_{74{,}4}$.

Wie die festen und flüssigen Körper so unterliegen auch die Gase der Ausdehnung durch Wärme, diese ist aber für Gase bei gleichen Temperaturen weit grösser als bei festen Körpern, bei jenen sehr gleichmässig, bei diesen äusserst verschieden. Der Ausdehnungskoëffizient für Gase bei einer Temperaturerhöhung um 1^0C. ist $0{,}00366 = {}^1/_{273}$; $1^{kbm.}$ Gas von 0^0 wird daher $1^1/_{273}$ $^{kbm.}$ bei 1^0 C.

Kälte ist so gross, dass sie zum Aufrichten liegenden Wände benutzt
worden ist.   Auf welche innere Eigenschaft der Körper gestatten diese
Wirkungen einen Schluss?

Es ist nicht als unumstössliche Wahrheit erwiesen und wird es
auch wohl niemals werden können, aber es ist nach Vernunftschlüssen
und wissenschaftlichen Forschungen als Thatsache anzunehmen, dass
die Materie, der gesammte Stoff aus einer Zusammenlegung von unendlich kleinen Theilchen besteht, welche nicht mehr theilbar sind und
Atome genannt werden.   Schon die alten griechischen Philosophen
stellten diesen Satz auf und unsere Zeit benutzt diese Hypothese zur
Erklärung der verwickeltsten Erscheinungen der Chemie und Physik,
und auch nur mit Hülfe dieser Hypothese ist es möglich, über das
eigentliche Wesen der Verbrennung Licht zu verbreiten.

Nach Dalton, dem Begründer der Atomtheorie, bestehen alle Elemente oder Körper aus einer Summe von Atomen und es giebt deren
so verschiedenartige, als es überhaupt Elemente giebt.   Bei einer chemischen Verbindung ungleichartiger aber verwandter Körper wie z. B.
Wasserstoff und Sauerstoff zu Wasser, lagern sich die Atome dieser
beiden Elemente mit mehr oder weniger Energie aneinander; der kleinste, der freien Existenz fähige, mechanisch nicht zerlegbare Theil einer
solchen Verbindung ist das Molekül und ein Wassermolekül besteht
entsprechend der Atomgewichte von Wasserstoff und Sauerstoff stets
aus 2 Atomen Wasserstoff und 1 Atom Sauerstoff.

Wenn Wasser in Dampf verwandelt wird, so dehnt es sich um
das 1700-fache seines Volumens aus und demnach müssen auch die
Dampfmoleküle 1700-mal weiter auseinander liegen als die des Wassers.   Es folgt daraus die Antwort auf die vorhin gestellte Frage
dahin, dass die Körper aus einzelnen Theilen bestehen müssen, die
sich einander nähern oder auch sich von einander entfernen können.

Wasser siedet bekanntlich unter dem normalen Barometerstande
von $0{,}760^{\mathrm{m}}$ bei 100^{0} C., von diesem Punkte an steigt die Temperatur
des siedenden Wassers trotz fortgesetzter Wärmezufuhr nicht um einen
Grad, wo bleibt diese überschüssige Wärme, von der wir keinerlei
Wirkung beobachten?

Nach unsrer Theorie wird die dem Wasser über den Siedepunkt
hinaus zugeführte Wärme dazu verwendet, den Molekülen des Dampfes
Spannkraft zu verleihen, sie auseinander zu drängen.   Diese Wärme,
die für die Messung verschwindet, geht nicht verloren, sie wird nur
gebunden (latent) durch die Arbeitsleistung der Molekularbewegung.
In der Dampfmaschine kommt diese Arbeitsleistung zur Wirkung, die

auseinander strebenden Moleküle sind es, welche die Maschine in Bewegung setzen: im Wasser sind die Molekül-Titanen in Ruhe, im Dampfe sind ihre Kräfte entfesselt!

Wenn wir den Wasserdampf abkühlen, so wird die Spannkraft desselben aufgehoben, die Moleküle streben zu einander zurück und der Dampf verdichtet sich, „die Moleküle stürzen aufeinander mit einer Quantität lebendiger Kraft welche derjenigen gleichkommt, die zu ihrer Trennung verwendet wurde und genau dieselbe Wärmemenge welche früher gebraucht wurde um ihnen Spannkraft zu verleihen, kommt jetzt wieder zum Vorschein."[1]

Um 1^k Wasser von $0°C.$ in Dampf zu verwandeln, sind $536 + 100 = 636$ Wärmeeinheiten (W. E.) erforderlich; die Zahl 536 bezeichnet daher die latente Wärme des Wasserdampfes. Leiten wir nun den Dampf von 1^k Wasser in eine gleich grosse Gewichtsmenge Wasser von $0°C.$ so wird durch die Wiederverdichtung des Wasserdampfes dieses Wasser um $536°$ erhitzt oder es werden, was gleich ist, 536^k Wasser durch den Dampf um $1°C.$ erwärmt; es ist also keine Kraft vernichtet und keine Wärme verloren gegangen.

Wir kommen jetzt auf das Wesen der Verbrennung zurück, die nunmehr mit Hülfe des Gesagten als ein höchst einfacher Prozess erkannt werden wird; zunächst müssen wir jedoch noch die Gesetze kennen lernen, welchen die chemischen Verbindungen, also auch die Verbrennung, unterliegen.

Des Unterschiedes zwischen einer mechanischen Mengung und einer chemischen Verbindung ist bereits eingangs gedacht worden, hier ist aber noch zu präzisiren, dass bei chemischen Verbindungen die Körper nur in ganz bestimmten Mengen, die mit ihren Aequivalent-Verbindungsgewichten bezeichnet werden, zusammentreten. So ist das Aquivalent des Wasserstoffs $= 1$, das des Sauerstoffs $= 8$ und das des Kohlenstoffs $= 6$. Im Wasser (H O) sind daher stets die Gewichtsverhältnisse 1 Wasserstoff (H) und 1 Sauerstoff (O) vertreten, ein anderes ist nicht denkbar. Stellen wir Wasser dar, indem wir Wasserstoff und Sauerstoff durch Verbrennung verbinden und nehmen 2 Gewichtstheile Wasserstoff und 8 Gewichtstheile Sauerstoff, so wird ein Gewichtstheil Wasserstoff unverbunden bleiben, weil das erforderliche Sauerstoffäquivalent von 8 Gewichtstheilen fehlt.

Das Aequivalent des Kohlenstoffs (C) ist $= 6$, das heisst also, Kohlenstoff verbindet sich mit anderen Elementen nur in einem Ge-

---

[1] John Tyndall a. a. O. S. 186.

wichtsverhältnisse von 6. Das Kohlensäuregas (CO_2) ist eine der Kohlenstoffverbrindungen; es bildet sich, indem sich 1 Aquivalent = 6 Gewichtstheile Kohlenstoff mit 2 Aequivalenten = 16 Gewichtstheilen Sauerstoff verbinden, seine chemische Formel ist daher $C + O_2 = CO_2$. Leitet man Kohlensäuregas oder Kohlendioxyd durch glühende Kohlen, so nimmt es noch 1 Aequivalent Kohlenstoff auf und es entsteht nun ein brennbares Gas nach der Formel $CO_2 + C = 2CO = $ Kohlenoxydgas.

Indem nun ungleichartige aber chemisch verwandte Körper die freie Existenz aufgeben und in eine Verbindung eingehen, aus der ein neuer Körper entsteht, nehmen die Atome derselben jene zentralisirende Bewegung an, welche im Zusammenprall, in der Vereinigung ihr Ende findet. Die Atome von 1^k Wasserstoff und 8^k Sauerstoff, in welchem Verhältnisse diese Gase Wasser bilden, stürzen mit einer solchen Energie aufeinander dass die aus der Bewegungshemmung entstehende Wärmemenge genügt um 33462^k Wasser um 1^0 C. zu erwärmen, woraus ein mechanischer Arbeitswerth resultirt der gleich ist dem Heben eines Gewichtes von fast 15 Millionen Kilogramm auf die Höhe eines Meters.[1]

„Die zwischen den Wasserstoff- und Sauerstoffatomen liegenden Entfernungen sind so klein, dass sie sich jeder Messung entziehen würden, und dennoch gewinnen die Atome indem sie diesen Weg zurücklegen, eine hinreichende Geschwindigkeit, um sich mit dieser ungeheueren Kraft aufeinander zu stürzen.[2]“

Selbstverständlich gilt das Gesagte nicht nur für die Verbindung des Wasserstoffs mit Sauerstoff, es findet auf alle chemischen Verbindungen Anwendung, wenn auch keine andere mit solch' immensen Wirkungen begleitet ist, wie die geschilderte.

Schon Newton hat aus der starken Strahlenbrechung des Diamanten den Schluss gezogen, dass dieser Edelstein „ein fetthaltiger, brennbarer“ Körper sein müsse, und in der That sind seine chemischen Eigenschaften von denen der Steinkohle durchaus nicht verschieden.

Was Newton indess nur vermuthete, was man Zweijahrhunderte hindurch vergeblich zu bestätigen suchte, dass der Diamant Kohlenstoff sei, wurde 1776 von Lavoisier dadurch und unumstösslich bewiesen,

---

[1] Nach Clausius ist die Bewegungsschnelligkeit der Atome bei der Temperatur des schmelzenden Eises in Fussen pro Minute:
     Wasserstoff 6050.   Sauerstoff 1514.   Stickstoff 1616.
[2] John Tyndall, a. a. O. S. 186.

dass er einen Diamanten im Sauerstoffgase verbrannte und als Produkt dieser Verbrennung Kohlensäure erhielt.

Bringt man einen glühend gemachten Diamanten in reines Sauerstoffgas, so verbrennt der Krystall mit glänzendem Lichte; der Kohlenstoff verbindet sich mit dem Sauerstoff, die Atome desselben stürzen sich von allen Seiten auf den Edelstein und jedes Sauerstoffatom, indem es die Oberfläche des Diamanten trifft und seiner Bewegung durch den Zusammenstoss beraubt wird, erzeugt denjenigen Zustand, welchen wir Wärme nennen. Und diese Wärme ist so heftig, die Anziehungskraft innerhalb dieser Molukularerscheinung ist so mächtig, dass der Krystall weissglühend wird und vollständig zu Kohlensäure verbrennt. [1])

Derselbe Prozess der bei der Verbrennung des Diamanten zur Wirkung kommt, spielt sich in ganz analoger Weise bei jeder Verbrennung ab, kurz; jede chemische Verbindung, speziell die Verbrennung, liefert Wärme durch den Zusammenstoss solcher Atome, die aus dem freien Zusande einer Verbindung zustreben.

Und damit gelangen wir denn zu dem unumstösslichen Satze, dass es eigentlich nur eine Wärmequelle giebt, die Bewegung, dass diese sowohl durch mechanische Arbeit als durch chemische Verbindung entsteht und dass der zur Erzeugung von Wärme verbrauchte Kraftaufwand genau dem Kraftprodukte entspricht.

Wir haben nunmehr noch die einzelnen Elemente, welche bei der Verbrennung zur Geltung kommen, zu betrachten, und zwar Sauerstoff, Stickstoff (N), Wasserstoff und Kohlenstoff.

Der Sauerstoff ist nicht nur ein Bestandtheil der atmosphärischen Luft, er kommt auch noch auf und in der Erde in zahlreichen Verbindungen vor, so mit Metallen, mit dem Wasserstoff im Wasser; er ist ferner ein wichtiger Bestandtheil aller Pflanzen und findet sich daher auch in den fossilen Brennstoffen. Seine Verbreitung ist so bedeutend, dass er fast die Hälfte des ganzen Erdgewichtes ausmacht.

Sauerstoff ist ein Gas ohne Geruch und ohne Geschmack, das seither weder durch Druck noch Kälte zu einer Flüssigkeit verdichtet werden konnte. Ein Liter Sauerstoff wiegt bei 0°C. und 0,760^m Barometer 1,4298^g, er ist daher 16-mal schwerer als ein gleiches Volumen Wasserstoff, von dem 1 l 0,08936 ^{g} wiegt. Das spezifische Gewicht des Sauerstoffs auf Luft = 1 als Einheit bezogen ist 1,1056. [2])

---

[1]) John Tyndall, a. a. O. S. 59.

[2]) Wenn man in ein mit Wasser gefülltes Gefäss ein Stück Eis oder Eisen hineinwirft, so schwimmt ersteres auf der Oberfläche während letz-

Der Sauerstoff verbindet sich mit allen einfachen Körpern mit Ausnahme des Fluors, ganz besonders lebhaft aber mit dem Wasserstoff und Kohlenstoff. Letztere Verbindung ist dann am lebhaftesten, wenn sie im reinen Sauerstoffgase vor sich geht, es entwickeln sich dann Wärme und Licht mit grosser Energie und zwar so heftig, dass ein Stück zuvor glühend gemachten Eisendrahtes mit Funkensprühen und ein Stück gewöhnlicher Kohle mit weissem, leuchtendem Lichte verbrennt.

Mit dem Sauerstoff tritt als mechanisches Gemenge in der Atmosphäre der Stickstoff auf, dessen Eigenschaften mit Bezug auf die Verbrennung vollständig indifferent sind. Auch dieses Gas ist geschmack- und geruchlos, hat noch nicht verdichtet werden können, besitzt ein specif. Gewicht von 0,972 und findet sich ausser in der atmosphärischen Luft noch in Thier- und Pflanzenstoffen, daher auch in den Brennmaterialien und in einigen Metallen.

Für die Verbrennung kommt er ganz besonders als Begleiter des Sauerstoffs in Betracht, dessen Energie er abschwächt. Der Stickstoff ist nicht brennbar und ein brennendes Licht erlöscht, wenn es in dieses Gas gebracht wird; desshalb wirkt er auch abschwächend bei der Verbrennung, die in dem Gemenge der atmosphärischen Luft, entsprechend ihrer Zusammensetzung aus 21 Theilen Sauerstoff und 79 Theilen Stickstoff, nur etwa den fünften Theil derjenigen Wärmemenge produzirt, welche die Verbrennung im reinen Sauerstoffgase entwickelt.

Diese den intensiven Wirkungen des Sauerstoffs entgegenstehenden Eigenschaften des Stickstoffs sind von grossem Werthe, da die heftige Hitzeentwickelung bei der Wärmeerzeugung mit reinem Sauerstoff unsere Feuerungsapparate sehr bald zerstören würde.

Der Wasserstoff ist, wie schon erwähnt wurde, von allen Stoffen der leichteste, er ist 14,47mal leichter als atmosphärische Luft und konnte seither nicht verdichtet werden, obgleich dieses Gas ein Metall ist, wie die neuere Forschung festgestellt hat. Wasserstoff ist geruch- und

---

teres zu Boden sinkt; man sagt dann: Eis sei leichter als Eisen. Ungleichartige Körper haben daher selbst bei gleichem Volumen ungleiche Schwere.

Zur Bestimmung des Eigen- oder spezif. Gewichtes der Körper wägt man gleiche Raumtheile und setzt bei festen oder flüssigen Substanzen das Wasser, bei gasförmigen aber die Luft als Einheit und die erhaltenen Gewichtsresultate in ein arthematisches Verhältniss zu derselben. Das Gewicht eines Vol. Sauerstoff ist also 1,1056 mal schwerer als ein gleiches Vol. Luft.

geschmacklos, sein specif. Gewicht beträgt 0,0692 und 1^1 desselben wiegt bei 0^0C 0,08936 g.

Wasserstoff findet sich im freien Zustande nur in kleinen Mengen in vulkanischen Gasen und bildet einen Hauptbestandtheil des Thier- und Pflanzenkörpers, die grösseste Menge davon aber findet sich mit Sauerstoff verbunden als Wasser vor.

Dieses Gas verbindet sich nur mit wenigen Elementen, mit dem Sauerstoff aber so energisch, wie es im Bereiche der Chemie nicht weiter vorkommt. Die Neigung dieser beiden Körper, sich miteinander zu verbinden, ist so gross, dass, wenn sie zusammengebracht und durch einen elektrischen Funken entzündet werden, eine heftige Explosion entsteht, und obgleich hierbei nur eine schwache Lichtentwickelung stattfindet, so ist doch die entstehende Hitze so bedeutend, dass ein Stück Platin, ein Metall, welches im stärksten Ofenfeuer unschmelzbar ist, in der Wasserstoffflamme sehr leicht schmilzt. Ein Stück Kreide wird darin so glühend, dass es ein weisses, glänzendes Licht ausstrahlt (Drummond'sehes Kalklicht).

Dass der Diamant aus reinem Kohlenstoff besteht, wurde schon gesagt, weniger rein tritt er als Graphit auf, ferner kommt er mit Sauerstoff verbunden als Kohlensäure in der Atmosphäre vor und endlich findet er sich in allen organischen Körpern, speziell in den Pflanzen, die ihn aus der als Nahrung aufgenommenen Kohlensäure abscheiden.

Der Kohlenstoff ist ein fester Körper, der bei der höchsten Temperatur weder schmelzbar ist noch für sich gasförmig wird, wohl aber geht er bei Gegenwart von Sauerstoff und einer Temperatur von 300^0 C. in Verbrennung über. Je nachdem nun bei der Verbrennung der Kohlenstoff oder der Sauerstoff im Ueberschuss ist, sind die entstehenden Verbrennungsprodukte entweder Kohlenoxydgas oder Kohlensäuregas.

Das Kohlenoxyd ist ein farb- und geruchloses Gas mit einem spezif. Gewichte von 0,969. Es besitzt äusserst giftige Eigenschaften, die tödtlich wirken (Erstickung durch Kohlendampf), und verbrennt mit karakteristisch blauer, kurzer Flamme unter Aufnahme von noch 1 Aequivalent Sauerstoff zu Kohlensäure.

Kohlensäure oder Kohlendioxyd bildet sich nicht nur, wenn Kohle oder kohlenstoffhaltige Körper bei reichlichem Luftzutritt verbrennen, sondern auch, wenn organische Substanzen verwesen. Dieses Gas findet sich im freien Zustande in der Atmosphäre und im Wasser gelöst in den meisten Mineralquellen. Unter starkem Drucke verdichtet sich die Kohlensäure zu einer farblosen Flüssigkeit, die bereits bei — 78⁰ C. findet. Die Kohlensäure hat ein specif. Gewicht von 1,529, ist also schwerer als atmosphärische Luft, wirkt erstickend und löscht eine Flamme, wenn sie in dieses Gas gebracht wird.

Die für die Wärmeerzeugung benutzten Brennstoffe bestehen der Hauptsache nach aus Kohlenstoff, Wasserstoff und Sauerstoff mit Stickstoff, deren Menge in 100 Theilen aschenfreier Substanz sich abgerundet folgenderweise beziffert:

	C	H.	O+N
Anthrazit	94	3	3
Steinkohle	83	5	12
Braunkohle	67	5	28
Torf	61	6	33
Holz	50	6	44

Unter der Voraussetzung, dass die Brennstoffe, resp. die brennbaren Bestandtheile derselben, Kohlenstoff und Wasserstoff, bei der Verbrennung vollständig zur Wärmeentwicklung gelangen, hat man die theoretischen Heizwerthe derselben auf Grundlage der sogen. Elementaranalyse festgestellt, die wieder auf den Berechnungen von Favre und Silbermann basirt, nach welchen bei der Verbrennung folgender Substanzen die in Wärmeeinheiten ausgedrückten Wärmemengen produzirt werden, und zwar aus 1^k der Substanz:

Wasserstoff	34462	W. E.
Kohlenstoff	8080	„
Kohlenoxyd	2403	„

Hiernach hat Schinz die Heizwerthe festgestellt für:

Holz mit 20 % Wasser	2994	W. E.
Holz, völlig getrocknet	3880	„
Torf mit 20 % Wasser	3529	„
Torf, völlig trocken	4545	„
Braunkohlen	5378	„
Steinkohlen	7509	„
Anthrazit	7987	„

Vergleicht man mit diesen Zahlen die obigen über die Zusammensetzung der Brennstoffe, so findet man, wie der Heizwerth derselben mit dem grösseren Gehalt Kohlenstoff steigt, derselbe kann deshalb als ein einigermassen sicherer Werthmesser dienen.

Die rationelle Wärmeerzeugung begründet sich auf Messung und um die Wärme messen zu können, hat man einen konventionellen

Maasstab angenommen und diejenige Wärmemenge, welche 1^k Wasser um 1^0 C. erwärmt, eine Wärmeeinheit oder Kalorie genannt.

Es erscheint natürlich, dass bei den grossen Differenzen hinsichtlich der chemischen Zusammensetzung und physikalischen Eigenschaften der Brennstoffe die Heizwerthe derselben sehr verschieden sein müssen, generelle Heizwerthbestimmungen unterliegen daher grossen Schwankungen und können nur einen relativen Werth haben.

Die Elementaranalyse bestimmt den Heizwerth eines Brennstoffes aus der Verbrennungswärme seines Kohlenstoffgehaltes und derjenigen Menge Wasserstoff, welcher übrig bleibt, wenn man den Wasserstoff in Abzug bringt, welchen der in dem Brennstoff enthaltene Sauerstoff absorbirt, um Wasser zu bilden, ohne nutzbar werdende Wärme zu geben. Dr. Brix suchte den Heizwerth eines Brennstoffes durch das Wasserverdampfungsvermögen desselben festzustellen, indem er bestimmte, abgewogene Mengen unter grossen Dampfkesseln verbrannte, die mit Messapparaten für Wärme und Wasser versehen, so konstruirt waren, dass das Wasser im Kessel alle Wärme, soweit dies überhaupt möglich ist, für die Verdampfung absorbirte. „Man blieb aber meist völlig im Unklaren darüber, welcher Bruchtheil des Wassers wirklich verdampft und welcher mechanisch mit fortgerissen wurde, wieviel Luft dem Feuer zugeführt, inwieweit der Brennstoff vollkommen verbrannt wurde, welche Wärme derselbe eigentlich zu entwickeln vermochte und mit welcher Temperatur die Rauchgase in den Schornstein entweichen.“ Aus nahezu 300 Versuchen von Brix ergiebt sich folgendes Resultat:

100 Klgr. Kiefern- oder Birkenholz mit 16,1 $^0/_0$ Wasser verdampfen
430 Klgr. Wasser,

100 „ Torf mit 28 $^0/_0$ Wasser verdampfen 365 Klgr. Wasser,

100 „ Steinkohlen m. 3 $^0/_0$ „ „ 720 „ „

Ueber die in neuerer Zeit bekannt gewordenen Heizwerthbestimmungen Gruner's, die in der Praxis noch keine rechte Würdigung gefunden zu haben scheinen, für dieselbe aber von grössester Bedeutung sind, wird noch ausführlicher die Rede sein.

Der auf analytischem Wege ermittelte Heizwerth eines Brennstoffes ist in der Praxis niemals erreichbar, denn hier wird die Erzeugung von Wärme von mancherlei Umständen abhängig. Speziell kommen hier der grössere oder geringere Gehalt an hygroskopischem Wasser, die Menge der unverbrennlichen Substanz, die physikalische Beschaffenheit eines Brennstoffes und die Konstruktion der Verbrennungsapparate als wesentliche Momente in Betracht.

Es ist schon gesagt, dass der chemische Prozess der Verbrennung nur bei erhöhter Temperatur, die für die verschiedenen Brennstoffe wieder variirt, vor sich gehe. Um die Verbrennung einzuleiten, ist eine Temperatur von etwa 300° C., die Entzündungstemperatur, erforderlich, da die Brennstoffe aber nicht einfache, sondern zusammengesetzte Körper sind, die für die Verbrennung verschieden hohe Hitzegrade bedürfen, so genügt die Entzündungstemperatur für eine vollkommene Verbrennung nicht, die Erhöhung derselben tritt aber im Verlaufe der Verbrennung von selbst ein und damit event. auch die Konsumirung der schwer verbrennlichen Bestandtheile eines Brennstoffes, die vorzugsweise als Produkte der trockenen Destillation zu betrachten sind.

Wie unterschiedlich das Entzündungsvermögen der verschiedenen Brennstoffe ist, lehrt uns die tägliche Gelegenheit, so entzündet sich bekanntlich ein Holzspahn weit schneller, als ein Stück Kohle und diese sich wieder leichter als Koks; feuchtes Holz brennt entweder schwer oder gar nicht, weil der Wassergehalt desselben einen Theil der Verbrennungswärme für die Dampfbildung konsumirt. Kurz, die grössere oder geringere Dichte eines Brennstoffs, sein Gehalt an leicht entzündlichen Gasen etc. sind für die Entzündbarkeit desselben maassgebend.

Wird ein Theil einer grösseren Menge Brennstoffs entzündet, so nimmt der andere die von jenem entwickelte Wärme so lange auf, bis er, gleichfalls auf die Entzündungstemperatur erhitzt, in Vorbrennung übergeht. Es bedarf aber nicht immer der direkten Entzündung durch Feuer, denn durch genügende Erhitzung des brennbaren Körpers oder der Verbrennungsluft kann die Entzündung gleichfalls eintreten. Andererseits ist es möglich, durch Abkühlung der Verbrennungstemperatur durch übergrosse Luftzuführung oder aber auch durch Aufschütten nassen Brennstoffs das Feuer zum Erlöschen zu bringen, im ersteren Falle wird es „ausgeblasen“, im letzteren „ausgegossen.“

Wenn Brennstoffe in geschlossenen Gefässen unter Abschluss der Luft einer starken Hitze ausgesetzt werden, so findet nicht Verbrennung, sondern eine Art der Verkohlung, die trockene Destillation statt. Es entwickeln sich gasförmige Kohlenstoffverbindungen und Wasserdampf, wobei ein grösserer Theil Kohlenstoff als fester Körper zurückbleibt (Koks). Dieser Prozess findet bei der Leuchtgasbereitung Anwendung, wobei die in den Retorten sich entwickelnden brennbaren Gase für Beleuchtungszwecke benutzt werden. Diese Gase bestehen vorzugsweise aus Kohlenwasserstoffverbindungen, aus denen sich im Moment der Verbrennung der Kohlenstoff als fester Körper wieder abscheidet, als solcher in der Flamme frei umherschwingt und derselben durch sein Glühen die Leuchtkraft ertheilt. In diesem neutralen Zustande schliesst er mit dem Sauerstoff der Luft eine neue Verbindung, das Kohlensäuregas.

Wenn Brennstoffe entzündet werden, so werden durch die Hitze zunächst die leicht entzündlichen Gase aufgeschlossen, welche mit lebhafter Flamme verbrennen. Dieses Stadium der Flammenbildung ist aber bei festen Brennstoffen von nur kurzer Dauer, es tritt alsdann das der Gluth ein, wobei der feste Kohlenstoff gasförmig wird und sich mit der atmosphärischen Luft, resp. dem Sauerstoff derselbeu zu Kohlensäure oder Kohlenoxyd verbindet, je nachdem die Luft in zureichender oder ungenügender Menge mit dem Kohlenstoff in Berührung kommt.

Im Anfang der Entzündung, wo die Temperatur des Verbrennungsraumes noch gering ist oder aber nach jeder neuen Beschickung des Feuers entwickelt sich Rauch in grösserer oder geringerer Menge. Dieser Rauch besteht nicht nur aus eigentlichen Verbrennungsprodukten, denn diese sind farblos, sondern aus Kohlenstofftheilchen und brennbaren Gasen, Produkten der trockenen Destillation, die wir noch näher kennen lernen werden, und welche nur bei höheren Temperaturen als der, bei welcher sie entwickelt wurden, verbrennbar sind.

Dieser Rauch bedingt einen Verlust, aber es ist nicht der einzige, den man bei der Verbrennung erleidet, es giebt noch weit grössere Verluste als dieser und im allgemeinen kann man annehmen, dass wir kaum $50\,^0/_0$ des theoretischen Heizwerthes der Brennstoffe nutzbar machen, indem wir sie verbrennen.

Neben der mangelhaften Konstruktion unserer gesammten Feuerungsanlagen sind es namentlich kleine aber zahlreiche Faktoren, welche den geringen Nutzeffekt bedingen, vor allen aber unvollständige Verbrennung mit Bildung unverbrannt entweichender Gase und grosser Wärmeverlust an die durch den Schornstein abziehende Verbrennungsluft.

Um eine möglichst günstige Verbrennung zu erreichen, sollte man den physikalischen Zustand des zur Verwendung kommenden Brennmaterials, die Form und Grösse der einzelnen Theile und auch den Gehalt an freien Wasser sorgfältiger ins Auge fassen. Möglichst gleichmässige, nicht zu kleine, aber auch nicht zu grosse Stücke verbrennen auf dem Feuerrost besser als ungleichförmige Massen. Grosse Stücke absorbiren zunächst eine grosse Menge Wärme, ehe sie sich entzünden und schwächen damit den Effekt des Feuers, ungleichmässige Stücke gestatten der atmosphärischen Luft einen ungehinderten Durchgang durch den Rost, und zwar in übergrossen Mengen, so dass diese sich auf Kosten der entwickelten Wärme erhitzt, ohne den Sauerstoff vollständig abgeben zu können, während zu fein zertheilte Brennstoffe den Rost verstopfen, die Zirkulation der Luft abschliessen und daher unvollkommen mit lebhafter Rauchbildung verbrennen.

Diese Gründe, welche für die geringe Nutzleistung der Brennstoffe angeführt worden, bedingen aber nur theilweise den ungünstigen Verlauf der Verbrennung. Die grossen Verluste bei der Wärmeerzeugung sind mehr oder weniger mit den in Aufnahme gekommenen Feuerungsapparaten verknüpft, sie finden aber auch noch eine Erklärung in der ungünstigen Art und Weise, wie wir die Brennstoffe verbrennen.

Es ist zunächst festzuhalten, dass jeder Brennstoff eine bestimmte, von seiner chemischen Zusammensetzung abhängige Wärmemenge liefert, wobei es gleichgültig ist, ob er rasch oder langsam, in reinem Sauerstoff oder in atmosphärischer Luft verbrannt wird, nur muss die Verbrennung durchaus vollständig sein. Das ist ein Erfahrungssatz der Wärmelehre, dessen Werth aber für die Praxis aus mehr als einem Grunde hinfällig wird, wie bereits gezeigt worden, nichtsdestoweniger hat dieser Satz für die Praxis seine Berechtigung.

Die zur Wärmeerzeugung verwendeten Brennstoffe sind nicht, wie schon erwähnt, einfache Körper, die einmal in Entzündung übergegangen, ruhig und ohne ihre Konstitution zu ändern, bis auf den unorganischen Theil, den Aschenbestand, verbrennen, es sind im Gegentheil Kombinationen aus verschiedenen Elementen, die unter dem Einflusse der Hitze sofort in eine Zersetzung, in eine Veränderung ihres Aggregatzustandes eintreten, nach welcher Umformung sie mannigfaltige neue Verbindungen schliessen.

Diese Zerstörung des natürlichen Zustandes, welche die Hitze vollführt, ist in erster Reihe die trockene Destillation, eine Art der Vergasung, und keine der seither angewandten Verbrennungsmethoden ist im Stande, diese zu hindern, dürfte es auch nicht wollen, denn eine Verbrennung fester Brennstoffe ohne voraufgehende Vergasung ist nicht gut möglich.

Es tritt sofort bei der Entzündung die Gasbildung ein, die Konstitution der hierbei gebildeten Gase ist aber je nach der einwirkenden Temperatur äusserst verschieden. Ein Beispiel giebt das im Tannenholze enthaltene Terpentinöl, eines der natürlichen zahlreichen Kohlenwasserstoffe, das bei 160⁰ C. als ein Produkt der trockenen Destillation in Dampfform entweicht. Bei dieser Temperatur kann dasselbe unverändert abdestillirt werden, leitet man dasselbe aber durch ein glühendes Eisenrohr, so entwickelt sich ölbildendes Gas (C_4H_2), dann Sumpfgas (C_2H_4) und endlich reines Wasserstoffgas, indem sich der Kohlenstoff an den Wänden des Eisenrohres absetzt.

Die in den Brennstoffen enthaltenen natürlichen Kohlenwasserstoffe werden bei Temperaturen, die weit unter der Rothglühhitze liegen, bei etwa 500⁰ C., also in den frischen Brennstoffaufschüttungen, dampfförmig, und entweichen trotz der Gegenwart von Sauerstoff mit den Feuergasen oder verdichten sich an den kälteren Stellen des Feuerheerdes oder der Kanäle zu Theer. Auch Naphtalin und Paranaphtalin, gleichfalls Produkte der trockenen Destillation, verwandeln sich bei 300⁰ C. in Dämpfe und verbrennen erst bei noch höheren Temperaturen. Aber auch die erst während der eigentlichen Verbrennung gebildeten Kohlenwasserstoffgase gelangen nicht immer zur Verbrennung, das Wasserstoffgas brennt schon bei Rothgluth, eine Verbindung desselben mit Kohlenstoff, das Sumpfgas, verbrennt aber erst bei Weissglühhitze.

Im Leuchtgase besitzen wir die gasförmigen Produkte der trockenen Destillation, vorzugsweise Kohlenwasserstoffverbindungen und ein Stück Kohle unterscheidet sich hinsichtlich seiner chemischen Beschaffenheit kaum von einer Quantität Leuchtgas, denn dieses ist nur eine veränderte Aggregatform der Steinkohle, wohl aber zeigen beide Substanzen in ihrem Verhalten während der Verbrennung ganz bedeutende Unterschiede: das Gas verbrennt im Moment ohne Rauch zu Kohlensäure, die Kohle aber macht alle Stadien des trägen Verbrennungsprozesses durch und verbrennt in atmosphärischer Luft nie ganz vollständig zu Kohlensäure.

Die Eigenschaft der Brennstoffe, nicht in ihrer natürlichen festen Form zu verbrennen, sondern erst aus dieser in den gasförmigen Zustand überzugehen und dann erst zu verbrennen, ist für eine rationelle Wärmeerzeugung von den nachtheiligsten Konsequenzen begleitet, die eine vollständige Verbrennung als unmöglich erscheinen lassen, weil unsere Verbrennungsmethoden und Verbrennungsapparate jener Eigenschaft der Brennstoffe nicht angemessen disponirt sind.

Die Natur der Brennstoffe selbst aber weis't uns auf das Verfahren hin, welches wir einzuschlagen haben, um dieselben mit dem günstigsten Erfolge zu verbrennen, und dieses ist die Trennung der beiden Momente des Verbrennungsprozesses, die demselben voraufgehende Gasbildung und die Verbrennung der brennbaren Gase selbst, eine Methode, die bei der Leuchtgasbereitung die weiteste Anwendung findet und die für Heizungszwecke als Gasfeuerung bekannt ist.

Die Gasfeuerung beruht auf dem Prinzipe, dass die brennbaren Bestandtheile der Brennstoffe vor der eigentlichen Verbrennung durch Einwirkung der Hitze aus dem festen in den gasförmigen Zustand umgeformt werden.

Diese Umformung des Aggregatzustandes vollzieht sich in einem, im Prinzip von einem gewöhnlichen Ofen nicht abweichenden Apparate, dem Gasgenerator oder Gaserzeuger, in welchem als Agens des Vergasungsprozesses ein glühender, resp. verbrennender Théil des in dem Generator in grösserer Menge enthaltenen Brennstoffs in der Weise wirkt, dass aus den erhitzten Theilen sich die brennbaren Gase abscheiden.

Die auf diesem Wege gebildeten Gase, die sogen. Generatorgase unterscheiden sich hinsichtlich ihrer chemischen Konstitution wesentlich vom Leuchtgase, wie beide Systeme der Vergasung denn auch dadurch merklich unterschieden sind, dass bei der Darstellung des Leuchtgases, der Vergasung in Retorten, viel fester Kohlenstoff als Koks zurückbleibt, während bei der des Generatorgases aller Brennstoff für die Vergasung konsumirt wird, so dass nur unverbrennliche Substanz, die Asche, zurückbleibt.

Diese im Generator ontwickolten Gaso, die vorzugsweise aus Kohlenoxyd bestehen, strömen vermittelst eines Kanales kontinuirlich nach dem Verbrennungsheerde, dem Gasofen, wo sie mit atmosphärischer Luft gemengt verbrennen.

Leider ist die Gasfeuerung noch nicht für alle Verhältnisse anwendbar und mancherlei Schwierigkeiten bieten sich noch in der Handhabung des etwas komplizirten Apparates, die man indess in den meisten Fällen als schwieriger darzustellen beliebt, als sie thatsächlich ist. Ohne Zweifel aber ist die Gasfeuerung das Heizsystem der Zukunft und wie das Beleuchtungswesen sich aus der ursprünglich so primitiven Form des Heerdfeuers oder des qualmenden Holzspanes zu der veredelten der Leuchtgasflamme aufgeschwungen hat, so werden wir wohl auch in nicht allzuferner Zeit der natürlichen Beschaffenheit der Brennstoffe Rechnung tragend, nur noch die indirekte Verbrennung, die Gasfeuerung, in Anwendung bringen, wo die Verhältnisse es nur irgend gestatten.

Heute ist das Feld noch neu, man kann es im eigentlichen Sinne des Wortes noch ein Versuchsfeld nennen, wenigstens gilt dies für die Anwendung der Gasfeuerung auf einzelne Zweige der Keramik, wie das Brennen von Porzellan- und Thonwaaren, wogegen die Glasfabrikation bereits ganz immense Erfolge durch die Anwendung der Gasfeuerung zu verzeichnen hat; und nach dieser Seite hin hat sich denn auch thatsächlich der Schwerpunkt der Untersuchungen und praktischen Arbeiten hinüber geneigt, während sich für die Thonwaarenindustrie im weitesten Umfange eine weniger rege Bethätigung der Technik offenbart. Und doch würde gerade hier eine That, wie s. Z. die Einführung des Ringofens, von grossen Erfolgen begleitet sein und nicht allein nur nach der ökonomischen Seite hin, von ganz besonderer Bedeutung würde sie auch für eine edlere Gestaltung der Fabrikation werden, denn diese hat durch die Anwendung der kontinuirlichen Brennöfen mit direkter Feuerung (Ringofenstreufeuerung), unbeschadet ihres grossen wirthschaftlichen Werthes, mindestens keine Fortschritte gemacht.

An einer regen Interessebethätigung seitens der Thonwaarenindustriellen für die Einführung der Gasfeuerung fehlt es nicht, wohl aber noch an einem Apparate, der sicher und rationell funktionirt, daher bleibt für die Technik auf diesem Felde noch viel Verdienst zu erwerben.

II.

Die fossilen Brennstoffe und ihre Bedeutung für die Gasfeuerung.

Die fossilen Brennstoffe, Steinkohlen, Braunkohlen und Torf, sind organischen Ursprungs, es sind Umwandlungsprodukte von abgestorbenen Pflanzen, welche unter Mitwirkung der verschiedenartigsten chemischen und physikalischen Einflüsse eine Zustands- und Eigenschaftsveränderung, eine Zersetzung erlitten, als deren wahrscheinlich letztes Produkt wir diese brennbaren Fossilien zu betrachten haben.

Nach den allgemein geltenden Ansichten der geologischen Wissenschaft entstand die Steinkohle aus tropischen Landpflanzen, deren Artenzahl zwar nicht gross, deren schnelle und massenhafte Entwickelung aber durch ein heisses und dabei feuchtes Klima begünstigt wurde, das wahrscheinlich über die ganze Erde gleichmässig verbreitet war. Bis nach Spitzbergen hinauf, wo noch Kohlenflötze lagern, muss diese Tropentemperatur und ihre üppige Vegetation gedacht werden.

Man hat aus den Versteinerungen und mit Hülfe der alles vermögenden Phantasie die Steinkohlenwälder rekonstruirt; „in den Bäumen sang kein Vogel, auf den Wedeln der Riesenfarren wiegte sich kein lebendes Wesen, keine Blüthe schmückte die Pflanzen, aus den modernden Pflanzenmassen stiegen reichlich die gasförmigen Produckte der Zersetzung auf und unheimliche, drückende Schwüle lag auf der einsamen Erde."

Diese Ansichten über die Entstehung der Steinkohle aus Landpflanzen und die tropischen Verhältnisse jener Schöpfungsperiode haben neuerdings durch Friedrich Mohr[1] eine bedenkliche Erschütterung

---

[1] Geschichte der Erde. Ein Lehrbuch der Geologie auf neuer Grundlage von Friedrich Mohr, Prof. an der Universität Bonn. Zweite durchaus umgearbeitete und stark vermehrte Auflage. Bonn, Verlag von Max Cohen und Sohn. 1875.

erlitten, sie sind nicht blos angezweifelt, sondern mit allen Mitteln des Scharfsinns und schlagender Beweise über den Haufen geworfen worden.

Es kann nicht in der Aufgabe dieses Buches liegen, in das Für und Wider wissenschaftlicher Untersuchungen und Streitfragen einzutreten, aber es hiesse die Autorität über die freie Forschung stellen, wenn man nicht Anmerkung nehmen wollte von den Resultaten einer ernsten Forscherarbeit, welche die Wissenschaft der Geologie den realen Verhältnissen unendlich viel näher zu rücken scheint.

Mohr liefert an der Hand scharfsinniger Schlüsse und Untersuchungen den Beweis, dass die Steinkohle niemals wie Braunkohle und Torf aus holzfaserhaltigen Landpflanzen, sondern nur aus holzfaserfreien Meerespflanzen, den Algen, zu denen die Tange gehören, entstanden sein kann, welche in kolossalen Mengen und über Tausende von Quadratmeilen verbreitet, in den Tiefen des Meeres vegetiren. Diese Meerespflanzen sterben zum Theil ab, werden von den Meeresströmungen in ihre Fluthungen aufgenommen, nach bestimmten Richtungen geflösst und an geeigneten Stellen des Meeresbodens niedergelegt. Diese Tangmassen gehen in Zersetzung über, es treten Verhältnisse ein, welche die Ablagerung von Schlamm, der dem Meere vom Festlande aus zugeführt wird, über der Tangschicht zur Folge haben, dann bildet sich wieder Tangmasse und wieder folgt ein Verschütten derselben, und zwar finden diese Ablagerungen immer in verschiedener Höhe statt; der Tang wird Kohlenflötz, der Schlamm Kohlensandstein; durch Hebung des Meerbodens treten die Kohlenflötze mit den unorganischen Zwischenlagerungen in das Festland, bald horizontal geschichtet, bald gewaltsam zerklüftet. Einzelne Baumstämme und Gefässpflanzenreste werden mit den Meeresströmungen aus fernen Ländern herbeigeschleppt, wie es heute noch auf Spitzbergen der Fall ist, und mit den Tangen abgelagert; sie kommen also zufällig hierher, sind nicht an ihrer Lagerstelle gewachsen und können überhaupt nach Mohr's Ansichten keine Steinkohle bilden.

Das hohe spezif. Gewicht der Steinkohle, ihr alleinstehendes Verhalten der Schmelzbarkeit in der Hitze, ihre Dichte, das sind Momente, die offenbar mit der Abwesenheit der absolut unschmelzbaren Holzfaser und der Anwesenheit leicht flüssig werdender Kohlenhydrate zusammenhängen. Niemals hat man eine Uebergangsform von Lignit (Braunkohle) in Steinkohle, oder eine Steinkohle, die noch Spuren von Lignitsubstanz an sich trüge, wahrgenommen; die in der Steinkohle enthaltenen Holzstämme sind von der Steinkohlenmasse durchdrungen und zeigen keine Lignitform, die ihr sonst zukommen würde.

Mit der Kohlenvegetation weist Mohr auch die Tropentemperatur der nördlichen Hemisphäre zur Zeit der Steinkohlenbildung ganz entschieden zurück. Sie ist die schwächste Seite der Geologie, überaus unwahrscheinlich und einfach als Konsequenz der Theorie der Steinkohlenbildung aus solchen Pflanzen zu betrachten, welche zu ihrer Existenz eine hohe Temperatur, ein tropisches Klima bedürfen. Die Thatsache, dass noch heute um Spitzbergen herum trotz der dort herrschenden Kälte, die kaum Moose aufkommen lässt, ungeheuere Massen von Meerespflanzen auf dem Boden des wärmeren Meeres gedeihen, die nach Mohr's Ueberzeugung unablässig für die Steinkohlenbildung wirken, macht die hypothetische hohe Temperatur früherer Perioden für die Theorie der Steinkohlenbildung auf maritimen Wege überflüssig.

Wesentlich verschieden von der Steinkohlenbildung ist die Entstehung der Braunkohle und des Torfes aus holzfaserhaltiger organischer Substanz.

Alle höher entwickelten Pflanzen enthalten einen eigenthümlichen Körper, die Holz- oder Pflanzenfaser, welche wieder aus Kohlenstoff, Wasserstoff und Sauerstoff besteht und sich chemisch-rein als Zellulose darstellen lässt. Die Holzfaser oder holzfaserhaltige organische Stoffe, wie Holz, Laub, Stroh etc., in denen der Lebensprozess aufgehört hat zu wirken, gehen an freier Luft und unter Mitwirkung der Feuchtigkeit früher oder später in einen Zustand über, den wir Fäulniss oder Verwesung nennen. Dieser Prozess ist der Verbrennung sehr ähnlich, nur geht diese viel rascher vor sich, als die Verwesung; in beiden Fällen verbinden sich der Kohlenstoff und der Wasserstoff der faulenden oder verbrennenden Substanz mit dem Sauerstoff der atmosphärischen Luft zu Kohlensäure und Wasser, und ein geringer Theil Wasserstoff mit Stickstoff zu Ammoniak. Bei der Verwesung findet ausserdem noch die Verbindung eines Theiles des vorhandenen Kohlenstoffs mit Sauerstoff statt, deren Produkt der Humus ist, welcher als unveränderlich zurückbleibt.

Etwas anders, als die Verwesung an der freien Luft gestaltet sich die Zersetzung organischer Substanzen bei gänzlichem Mangel oder beschränktem Zutritt der Luft, wie z. B. unter Wasser oder unter Schlamm, es hat dieser Vorgang eine grosse Aehnlichkeit mit

der trockenen Destillation hinsichtlich der entstehenden gasförmigen
Produkte und festen Rückstände, wie folgendes Schema zeigt:

Die Holzfaser wird umgeformt

a) bei der trockenen
   Destillation in:
   1) Leuchtgas,
   2) Kohlensäure,
   3) theilweis unver-
      brannte Stoffe,
   Koks, Theer.

b) bei der Zersetzung
   in:
   1) Sumpfgas,
   2) Kohlensäure,
   3) theilweis verfaulte
      Stoffe, Torf, Schlamm.

Diese bei der Zersetzung stattfindenden chemischen Verbindungen
gehen besonders auf Kosten des Wasserstoffs und Sauerstoffs der
Holzfaser, weniger auf die des Kohlenstoffs derselben vor sich, weshalb dieser Vorgang eigentlich als eine Konzentration des Kohlenstoffs zu betrachten ist, wodurch sich die Zersetzung denn auch wesentlich von der trockenen Destillation unterscheidet, bei der Kohlenstoff
in grösserer Menge zurückbleibt.

Dieser Prozess der Zersetzung hat im grossartigsten Maassstabe
bei der Bildung der älteren fossilen Brennstoffe, Anthrazit, Stein- und
Braunkohle stattgehabt und vollzieht sich noch heute bei der fortschreitenden Entstehung der Torfmoore. Je länger derselbe wirkt,
desto wasserstoff- und sauerstoffärmer, aber um so kohlenstoffreicher
werden die Produkte dieser natürlichen Pflanzenverkohlung, wobei die
ursprüngliche Struktur der Pflanzen eine wesentliche Veränderung,
ja eine vollständige Zerstörung erleidet, namentlich dann, wenn neben
der Einwirkung eines hohen Druckes darüber lagernder Erd- oder
Gebirgsschichten die atmosphärische Luft ganz abgeschlossen ist. In
diesem Falle ist die einstige Pflanzenform ganz unkenntlich geworden
und nur eine harte, mineralisch-kompakte Masse übrig geblieben. Es
war in diesem Falle aber auch das Entweichen der bei der Zersetzung
freiwerdenden gasförmigen Produkte, namentlich des Sumpfgases,
wenn auch nicht gänzlich unmöglich so doch sehr beschränkt, und
deshalb besitzen solche unter Luftabschluss gebildete Brennstoffe eine
grössere Flammbarkeit, die dem Gehalte an konservirten, leicht brennbaren Wasserstoffgasen zuzuschreiben ist.

Andererseits finden sich unter den fossilen Brennstoffen solche,
welche noch die einstige Pflanzenform sehr deutlich zeigen und die
Jahresringe der Waldbäume noch genau erkennen lassen (bituminöses
Holz); ob dieser Umstand allein darin seine Erklärung findet, dass

die bei der Zersetzung entstandenen Gase sich leicht und ungehindert in die Atmosphäre verflüchtigen konnten, oder ob besondere Umstände konservirend auf die Pflanzenform einwirkten, kann hier nicht weiter untersucht werden.

Dass ausserordentlich verschiedene Verhältnisse bei der Entstehung der fossilen Brennstoffe obwalteten, ist als unbestreitbare Thatsache anzunehmen, und je nachdem chemische und physikalische Einflüsse mannigfaltigster Art, viel oder wenig Wasser, Wärme, Luft etc. bei der Pflanzenverkohlung einwirkten, gestalteten sich die entstehenden Brennstoffe im höchsten Grade verschiedenwerthig. Der Umstand, dass manche Kohlenarten grosse Flammbarkeit, andere gar keine besitzen, dass die einen in der Hitze eine flüssige Masse bilden (Backkohle), andere wieder in Pulver zerfallen (Sandkohle), diese viel, jene wenig Asche (unorganische Substanz) bei der Verbrennung hinterlassen, lässt auf die verschiedenartigsten Bildungsverhältnisse schliessen.

Die chemische Zusammensetzung der fossilen Brennstoffe entspricht im wesentlichen derjenigen der Holzfaser, wenn wir einen Theil ihres Gehaltes an Wasserstoff und Sauerstoff ausgeschieden denken, dagegen eine entsprechende Vergrösserung des Kohlenstoffs annehmen, wie es thatsächlich der Fall ist; diese Konzentration des Kohlenstoffs, resp. die Abscheidung gasförmiger Produkte findet noch ohne Unterbrechung statt, wie die „schlagenden Wetter“ der Kohlenbergwerke (Sumpf- oder Grubengas) genügend beweisen. In welchem Umfange diese Destillation die chemische Zusammensetzung der Brennstoffe beeinflusst, zeigt die folgende Analyse derselben von der Holzfaser aufwärts bis zum Anthrazit, der ältesten Metamorphose der Steinkohle, den wir hier nach den älteren Ansichten als aus Holzfaser entstanden betrachten:

Benennung der Brennstoffe	Kohlen-stoff	Wasser-stoff	Sauer-stoff mit Stickstoff
Holzfaser	52,65	5,25	42,10
Torf aus Irland	60,02	5,88	34,10
Braunkohle von Köln	66,96	5,27	27,76
Braunkohle von Dux	74,20	5,90	19,90
Steinkohle von St. Kolombe, zweite Formation	76,18	5,64	18,07
Kannelkohle von Wigan	85,81	5,85	8,34
Hartleykohle von Newkastle	88,42	5,61	5,97
Steinkohle von Rive de Gier	90,50	5,05	4,40
Anthrazit von Wales	94,05	3,38	2,27

Für die Gasfeuerung interessiren uns zunächst nur die fossilen Brennstoffe, Steinkohlen, Braunkohlen und Torf; von ersteren sind es wieder gewisse Sorten, welche sich durch besondere der Vergasung vorzugsweise günstige Eigenschaften auszeichnen. Als ein Vorzug der Steinkohle in Hinsicht auf die Gasfeuerung ist ihr grösserer Gehalt an flüchtigen, brennbaren Bestandtheilen, als ein grosser Nachtheil aber ihre Schmelzbarkeit, das Vermögen zu verschlacken, zu betrachten. Eine Steinkohle, welche für die Leuchtgasbereitung, die Vergasung in der Retorte, sehr werthvoll sein mag, kann für die Gasfeuerung, die Vergasung im Generator, fast unbrauchbar sein. Dies sind namentlich die backenden, in der Hitze leicht flüssig werdenden Steinkohlen, die für die Gasfeuerung nur dann Verwendung finden können, wenn sie mit mageren Brennstoffen, z. B. Anthrazit, zuvor vermengt sind. Dasselbe gilt für solche Braunkohlen, welche zur Schlackenbildung geneigt sind, dagegen bietet die Verwendung des Torfes für die Gasfeuerung keinerlei Hindernisse, so dass derselbe nach und nach in die Reihe der bevorzugteren Brennstoffe getreten ist.

Die Vergasung des Holzes findet eine natürliche Beschränkung in den hohen, täglich steigenden Preisen und in der Verringerung desselben. Die direkte Verbrennung des Holzes ist in der keramischen Industrie noch vielfach in Gebrauch, da gerade die lange, schwefelfreie Flamme des Holzes für Poteriebrände sehr werthvoll ist. Es gab eine Zeit, wo man von der Ansicht ausging, dass nur die Holzfeuerung geeignet sei, gute Poteriebrände zu liefern, es hat deshalb die Einführung der fossilen Brennstoffe auf diesem Gebiete mit den grössesten Schwierigkeiten zu kämpfen gehabt, und ganz allgemein hat dieselbe überhaupt noch nicht stattgefunden, denn sowohl der grössere Theil des gewöhnlichen Töpfergeschirres als des Steingutzeugs und der Faïence werden noch immer mit Holz gebrannt, zum Theil wohl gezwungen durch die Konstruktion der Brennöfen. Ebenso arbeiten zahlreiche Glashütten, die wir in den meisten Fällen noch in waldreichen Gegenden finden, noch ausschliesslich mit Holz und die hohen Preise desselben sind wohl meist schuld daran, dass diese Industrien mit einem so geringen Nutzen arbeiten.

Die industrielle Entwickelung und die gebieterische Nothwendigkeit drängen immer mehr dahin, für diese Industrien geringwerthige fossile Brennstoffe in Anwendung zu bringen, was indess in den weitaus meisten Fällen nur durch die Einführung der Gasfeuerung zu ermöglichen sein wird, da die direkte Verbrennung der geringeren Sorten dieser Brennstoffe wesentliche Schwierigkeiten bietet, gerade aber diese ordinären Brennstoffe in grosser Menge vertreten und weit verbreitet sind.

Gehen wir nun zu einer näheren Charakteristik der in Frage kommenden Brennstoffe über, so haben wir zunächst den Anthrazit zu betrachten, der das längste Stadium der Zersetzung erfahren hat; das hohe Alter desselben bedingt seinen Kohlenstoffreichthum und den geringen. Gehalt an **Wasserstoff und Sauerstoff**, jenem Umstande verdankt er seine grosse Heizkraft, diesem das gänzliche Mangeln der Flammbarkeit. Schinz hat die Analyse von 8 verschiedenen Anthraziten zum Theil aus französischen und amerikanischen Gruben mitgetheilt, aus denen sich folgende Mittelzahlen ergeben:

Theoret. Wärmeeffekt

C	H	O	Asche	W. E.	Spezif. Gewicht
91,54.	2,79.	2,64.	2,99.	8150.	1,490.

Das spezif. Gewicht des Anthrazits bedingt seine grosse Dichtigkeit und diese, sowie seine chemische Zusammensetzung sind die Gründe, weshalb diese Kohlenart so schwer verbrennlich ist und dieselbe als Brennstoff so lange Zeit eine sehr untergeordnete Rolle spielte, bis man nach und nach seine werthvollen Eigenschaften erkannte und die Bedingungen kennen lernte, welche bei der Verbrennung des Anthrazit's beachtet werden müssen.

Der Anthrazit besitzt in sich wenig freien, bei der Verbrennung thätig werdenden Sauerstoff, weshalb demselben zur Verbrennung eine grössere Menge atmosphärischer Luft zugeführt werden muss, als bei anderen Brennstoffen nöthig ist, und da die Dichtigkeit desselben der oxidirenden Wirkung des Sauerstoffs grosse Widerstände entgegensetzt, so hat sich allmählich der Grundsatz Anerkennung erworben, dass der Anthrazit mit dem stärksten Zuge verbrannt werden müsse, eine Theorie, die zwar in fast alle Lehrbücher der Feuerungstechnik übergegangen ist, die aber trotz ihrer scheinbaren Richtigkeit der physikalischen Beschaffenheit dieser Kohle viel zu wenig Rechnung trägt, als dass sie in dieser abstrakten Form irgend welchen Erfolg in der Praxis haben könnte.

Um den Anthrazit zu seiner vollen wärmeentwickelnden Wirkung kommen zu lassen, ist es unbedingt erforderlich, denselben einmal entzündet, im lebhaften Glühen zu erhalten, was am besten in kontinuirlichen Feuerungen zu ermöglichen und zu befördern ist, wenn man den Feuerheerd, am geeignetsten ist die Schachtofenform, an der Verbrennungsstelle mit schlechten Wärmeleitern umschliesst, eiserne

Oefen, falls sie nicht mit Ziegelsteinen ausgefüttert sind, empfehlen sich daher bei der Verbrennung des Anthrazits nicht.

Da die Dichtigkeit des Anthrazits dem Eindringen der Luft in das Innere desselben entgegensteht, so ist es erforderlich, die Stücke bis auf Nussgrösse zu zerkleinern, da hierdurch der Luft eine weit grössere Oberfläche für die Oxidation geboten wird.

Werden diese Bedingungen erfüllt, dann ist der Anthrazit seiner gleichmässigen, lang andauernden Wärmeentwickelung wegen ein ausgezeichneter Brennstoff, zumal er nicht raucht, keine Schlacken bildet, kein brenzliches Oel entwickelt und nur wenig Asche hinterlässt. Diese Eigenschaften machen ihn auch für die Gasfeuerung sehr geeignet, namentlich für kontinuirliche Gasentwickelung, nur empfiehlt es sich, ihn mit fetterer Kohle zu mischen.

Die Anthrazitgase bestehen, entsprechend der chemischen Beschaffenheit dieser Kohle, fast nur aus Kohlenoxydgas, dessen Bildung einen grossen Wärmeverlust bedingt, eine Menge Stickstoff herbeiführt und das daneben nur wenig Flammbarkeit besitzt.

Um den Effekt der Anthrazitgase zu steigern und ihnen ein grösseres Flammvermögen zu verleihen, ist eine Mengung des Anthrazits mit fetteren, wasserstoffreicheren Steinkohlen oder die Zuführung erhitzten Wasserdampfes in den Generator erforderlich. Der Wasserdampf zersetzt sich in den glühenden Schichten der vergasenden Kohle in seine Elemente Sauerstoff und Wasserstoff, ein Vorgang, der zwar von keinerlei Wärmegewinn begleitet ist, der aber den Bedarf an atmosphärischer Luft ganz wesentlich verringert und den Gasen eine grössere Menge Wasserstoffgas zuführt. Für die mechanische Einführung des Wasserdampfes hat man besondere Apparate konstruirt, welche weiter unten beschrieben werden.

Die eigentliche Steinkohle ist eine jüngere geologische Bildung als der Anthrazit und in mächtigen, geschlossenen Lagern fast über die ganze Erde verbreitet. In Europa kommt sie zwischen dem 37. bis 56 ^{0}; in Amerika zwischen dem 32. bis 50. ^{0} N. B. vor, ausserdem findet sie sich in Australien, Neu-Seeland, China, Japan, Süd-Amerika etc. und grosse Lager davon mögen noch ungemuthet in den Tiefen der Erde vorhanden sein.

Die Steinkohle ist der mächtigste Hebel der Industrie, des Verkehrs, überhaupt des Nationalwohlstandes und kohlenreiche Landgebiete sind ohne Ausnahme die Stätten der entwickeltsten mechanischen Industrien (England, Sachsen, Westphalen etc.), während kohlenarme Länder in den weitaus meisten Fällen hinter dem hohen industriellen und merkantilen Aufschwunge jener weit zurückstehend, dem Ackerbau, der Klein- und Hausindustrie obliegen. [1]

„Deutschlands bedeutendste Kohlenlager, deren Schätze bei einer Förderung von gleicher Intensität, wie die heutige Englands, noch in vielen Jahrhunderten sich nicht erschöpfen werden, sind die Becken der Saar, von Aachen, der Ruhr, von Zwickau, von Ober- und Niederschlesien.

Am ältesten dürfte der Kohlenbergbau in dem Becken von Aachen sein, indem hier die Reviere der Inde und Worm die Fortsetzung jener Kohlenlager von Lüttich bilden, wo wahrscheinlich am frühesten im ganzen kontinentalen Europa, nämlich schon im 11. oder 12. Jahrhunderte, Kohlen gefördert wurden. Nicht viel jüngeren Datums, als in der Aachener Gegend ist die Kohlengewinnung in einigen Gegenden Westphalens, sowie bei Zwickau in Sachsen, [2] während der Kohlenbergbau an der Saar erwiesenermaassen im Jahre 1529 seinen Anfang nahm. Auch in Niederschlesien und vielleicht sogar in Oberschlesien hatte, wenngleich es an genaueren Angaben hierüber gebricht, der Abbau der Kohle noch vor dem dreissigjährigen Kriege begonnen; er wurde aber hier wie in den erstgenannten Revieren unter den Schrecknissen dieses, die deutschen Lande politisch und wirthschaftlich zerrüttenden Krieges wieder erstickt, ehe er sich zu grösserer Blüthe entfalten konnte.

Unserem vorherrschend den Werken des Friedens gewidmeten Zeitalter war es vorbehalten, die zu Stein gewordenen Reste einer vorweltlichen Vegetation auch in Deutschland von neuem und in Massen zu heben, um dieselbe in Wärme und Licht und vor allem in Kraft umzusetzen. Ein auf wissenschaftlicher Grundlage beruhender Kohlenbergbau in Deutschland ist genau gleichalterig mit der epochemachenden Einführung der Dampfmaschine in die Dienste der Industrie,

---

[1] Die folgenden, für den Techniker, wie für den Industriellen gleich interessanten geschichtlich-statistischen Mittheilungen über die Kohlenproduktion Deutschlands entnehme ich dem offiziellen Berichte der Wiener Weltausstellung über mineralische Kohle, herausgegeben von J. Pechar und Dr. A. Peez, Wien, Druck und Verlag der K. K. Hof- und Staatsdruckerei. 1873.

[2] Die Entdeckung des Lütticher Steinkohlenlagers fällt nach Villenfagne in das Jahr 1049, die des Zwickauer Steinkohlenlagers einer Sage nach in das 10. Jahrhundert, aber erst im Jahre 1348 geschieht des letzteren Erwähnung in dem Zwickauer Stadtrecht, wo es wörtlich heisst: „Daz sullet ir wizzen, daz alle smide, die niderthalb der muer sitzen, mit nichte sullen smiden mit steinkolen."   St.

datirt also aus den letzten Jahren des vorigen Jahrhunderts. Durch die Napoleonischen Kriege zurückgehalten, begann jedoch die regelmässige Ausbeutung der wichtigsten Kohlenlager Deutschlands erst im zweiten Decennium dieses Jahrhunderts. Seitdem folgten sich die Erschliessungen immer neuer Reviere, seitdem haben Stein- und Braunkohle das Holz als Brennmaterial nicht blos aus der Eisenhütte und Werkstätte, sondern auch aus dem Wohnhause mehr und mehr verdrängt, seitdem ist der Kohlenbergbau zum weitaus wichtigsten Zweige der Montanindustrie in Deutschland geworden.

Deutschland nimmt unter den Produktionsländern der Kohle die zweite Stelle ein. Seine Gesammtförderung hat sich von 28,16 Millionen metr. Tonnen im Jahre 1866 auf 42,32 Millionen metr. Tonnen im Jahre 1872, also in sieben Jahren um 50,27% gehoben. Bei einer Bevölkerung von rund 41 Millionen fallen auf den Kopf 2061,68 Pfund produzirter Kohle, eine Zahl, die hinter England und Belgien zwar noch weit zurückbleibt, jedoch der Verbrauchsziffer der Vereinigten Staaten ungefähr gleichsteht, alle anderen Länder aber bedeutend übertrifft.

Hinsichtlich des Antheiles der einzelnen Länder des deutschen Reiches an der Kohlenförderung geben wir folgende, aus amtlichen Quellen geschöpfte Zusammenstellung der Produktion im Jahre 1872:

Produktions-Länder.	Produktion in mtr. Tonnen, à 20 Ctr.				Zusammen.	
	Steinkohlen.		Braunkohlen.			
	Menge	Proz.	Menge	Proz.	Menge	Proz.
Preussen	29,523,776	88,64	7,449,636	82,61	36,973,412	87,36
Sachsen	2,946,261	8,85	601,448	6,67	3,547,709	8,38
Anhalt	—	—	467,454	5,18	467,454	1,11
Bayern	412,412	1,24	12,067	0,13	424,479	1,00
Elsass-Lothringen	290,205	0,87	2,223	0,02	292,438	0,69
Thür. Staaten	14,779	0,04	249,279	2,76	264,058	0,62
Braunschweig	498	—	185,295	2,06	185,793	0,44
Schaumb.-Lippe	106,770	0,32	—	—	106,770	0,25
Hessen	—	—	46,576	0,52	46,576	0,11
Baden	11,715	0,04	—	—	11,715	0,03
Mecklenburg	—	—	4,065	0,05	4,065	0,01
Oldenburg	2	—	—	—	2	—
Summa:	33,306,418	100	9,018,053	100	42,324,471	100

Aus dieser Tabelle wird vor allem der überwiegende Antheil Preussens an der Kohlenförderung des Reiches ersichtlich. Die Quote

Preussens ist bei Steinkohle 88,64 %, bei Braunkohle 82,61 %, und bei der gesammten Kohlenproduktion 87,36 %. Preussen, welches im Jahre 1785 121,600 Tonnen Kohlen förderte, sieht seine Produktion bis zum Jahre 1872 auf 36,973,412 metr. Tonnen oder um 30305,42 % gestiegen.

Nach Preussen folgt Sachsen, welches an der Steinkohlenproduktion mit 8,85 %, an der Braunkohlenförderung mit 6,67 %, an der Gesammtförderung mit 8,38 % partizipirt.

Süddeutschland ist bekanntlich arm an Kohlenlagern; Bayern verdankt seine Quote von 1,00 % der Gesammtförderung wesentlich den Ausläufern, welche das Saarbecken in die Rheinpfalz entsendet. In den kleinen norddeutschen Ländern Braunschweig und Anhalt findet eine ziemlich bedeutende Braunkohlengewinnung statt, so zwar, dass letzgenanntes Ländchen mit 1,11 % an der gesammten Kohlenförderung Deutschlands partizipirte."

Man hat die Steinkohlen, behufs ihrer Klassifizirung in sehr verschiedene Arten eingetheilt, wobei man bald ihre physikalischen oder chemischen Eigenschaften, bald beide zusammen berücksichtigte, von grösserem Werth aber ist es für die Karakteristik einer Steinkohle, wenn man als Grundlage derselben ihr Verhalten während der Verbrennung, ihre pyrometrischen Eigenschaften, in Betracht zieht, wie Peclet, der fünf verschiedene Kohlenarten unterscheidet und diese mit mager oder fett, mit flammig oder nichtflammig bezeichnet.

Nach folgender Klassifikation lassen sich alle Steinkohlen in sechs Arten eintheilen:

	Langflammige sauerstoffreiche Kohlen			Kohlenstoffreiche kurzflammige Kohlen		
	a. Magere Flamm-Kohlen	b. sinternde Flamm-Kohlen	c. backende Flamm-Kohlen	d. Fett-Kohlen	e. Ess-Kohlen	f. Anthrazitkohlen
	Mittlerer Gehalt der organischen Theile					
C	80,8	83,4	84,8	89,0	90,7	92,0
H	5,2	5,4	5,2	5,0	4,5	4,0
O u. N	14,0	11,2	10,0	6,0	4,8	4,0

Zu den langflammigen Kohlen gehören die Steinkohlen von Oberschlesien (meist mager), von Waldenburg (backend und sinternd), von

Saarbücken (mager und sinternd im hangenden, schwach backend im liegenden Flötzzuge), sowie die obere Parthie des westphälischen Beckens (Backkohlen und Gaskohlen im Hangenden des Leitflötzes Diomedes, besonders in der Gelsenkirchener Mulde vertreten). Kurzflammige Kohlen enthalten die untere und mittlere Parthie des westphälischen Beckens, sowie die Bassins der Inde und Worm.

Unter den neueren wissenschaftlichen Arbeiten über die Eigenschaften der Steinkohlen mit besonderer Rücksicht auf die Feststellung ihres Heizwerthes verdient namentlich eine Studie des französischen Generalbergwerkinspektors M. L. Gruner, die er in den Ann. des Mines. 5 livre de 1873, veröffentlichte, und die ich im Auszuge nach deutschen Uebersetzungen hier wiedergebe, besondere Aufmerksamkeit.

Der wirkliche Werth einer Steinkohle hängt von ihrem Heizeffekt und einer Summe zugehöriger Eigenschaften als Kohäsion, Menge und Zusammensetzung der Asche, Agglomeration in der Hitze etc., ab. Es müsste deshalb eine rationelle und strenge Klassifikation der Steinkohlen auf diese Eigenschaften basirt werden. Leider kennt man zur Zeit den wirklichen Wärmeeffekt noch nicht genau; Dulong suchte denselben durch die Elementaranalyse zu bestimmen, durch Ermittelung des Kohlenstoffs und des Wasserstoffs welcher übrig bleibt, wenn sich aller Sauerstoff der Kohle selbst mit dem Wasserstoff verbunden hat. Aber man kann vom kalorischen Standpunkte aus eine ternäre chemische Verbindung einem einfachen Gemenge von Kohlenstoff und Wasserstoff nicht gleichstellen, da letzterer nicht allein an Sauerstoff gebunden ist. Nach den Untersuchungen von Favre und Silbermann, Regnault, Berthelot u. A. variirt die Verbrennungstemperatur sowie die spezifische Wärme nach der Dichtigkeit. Während z. B. die poröse Holzkohle 8080 W. E. entwickelt giebt der dichte Graphit nur 7797 W. E. Professor Stein in Dresden hat in seiner Schrift über die Steinkohlen Sachsens gesagt, dass die Elementaranalyse die wirklichen Eigenschaften einer Steinkohle nicht erkennen lasse. Dieser Ausspruch ist zu absolut und steht im Widerspruch mit den Resultaten der Untersuchungen von Regnault, welche ergeben haben, dass die Elementaranalyse der Kohlen der Steinkohlenformation bei den Kohlen gleicher Qualität nur in geringen Grenzen variirt. Diese sich widerstreitenden Behauptungen finden darin eine Erklärung, dass Professor Stein nur sächsische Steinkohlen von Plauen, Flöha, Zwickau etc. untersuchte, welche sehr reich an Asche sind oder Russkohle enthalten, man darf deshalb die Schlüsse Stein's nicht generalisiren. Soviel steht heute fest, dass die Elementarzusammensetzung der Steinkohle nicht immer mit ihren wesentlichen Eigenschaften harmonirt, d. h. nicht mit dem Agglomerationsvermögen und dem Wärmeeffekt. Dass dieses namentlich hinsichtlich des letzteren der Fall ist, ergeben die Untersuchungen von Brix, Scheurer-Kestner, Meunier u. A. und hat seinen Grund in der variablen Verbindungsweise der Elemente einer Steinkohle.[1]

Schon seit längerer Zeit (Ann. des min. 5. ser. tom. II. pag. 511) habe ich auf Grund der Prüfung von Steinkohlen des Loirebassins den Schluss gezogen, dass der wirkliche Werth einer Steinkohle besser gefunden werden kann durch eine unmittelbare Analyse als durch eine Elementaranalyse. Erstere besteht darin die Kohlen in einer Retorte zu destilliren und den Rückstand zu veraschen. Man erfährt dabei das Agglomerationsvermögen, sowie Natur und Menge der Asche. Bei eigentlichen Steinkohlen fällt und steigt das kalorische Vermögen

---

[1] Die Berechnung der Wärmemenge die ein Brennstoff bei vollständiger Verbrennnng liefert, wurde früher fast ausschliesslich (auch wohl in den meisten Fällen noch heute) nach der Elementaranalyse berechnet, für die sich folgende Formel ergiebt. Ist C der Kohlenstoff, H der Wasserstoff, O der Sauerstoff, so ist die Verbrennungswärme W für 1^k Brennmaterial

$$W = 8080\,C + 34462\,\left(H - \frac{O}{8}\right).$$

Versuche über die wirkliche Verbrennungswärme, welche Scheurer-Kestner und Meunier angestellt haben mit Hülfe des etwas modifizirten Favre-Silbermann'schen Verbrennungskalorimeters beweisen die Unrichtigkeit der gewöhnlichen Annahme für Steinkohlen und Braunkohlen — für Holzfaser stimmen die Resultate der direkten Versuche mit der Rechnung nach der gegebenen Formel ziemlich gut überein.

Bei Steinkohlen sind die wahren Verbrennungswärmen durchgehends höher, nicht nur als die nach dieser Formel berechneten Werthe sondern sogar als die welche man erhält, wenn man die Verbrennungswärme des ganzen Wasserstoffs rechnet, also wenn man setzt:

$$W = 8080\,C + 34462\,H.$$

Der Ueberschuss der beobachteten über die nach dieser Formel berechneten Verbrennungswärme beträgt im Mittel aus 19 Bestimmungen etwa 5,4 %, im Minium 1,3, im Maximum 10,6 %. So lange man also nicht direkte Bestimmungen der Verbrenungswärme vornimmt, diese im Gegentheil aus der Elementarzusammensetzung berechnet, wird man für Steinkohlen nach der letzten Formel etwas zu niedrig, aber wesentlich richtiger als nach der ersten rechnen.

Bei Braunkohlen sind die wahren Verbrennungswärmen durchgehends kleiner als die nach der letzten Formel berechneten, es erscheint deshalb angezeigt, in Ermangelung direkter Bestimmungen die Verbrennungswärmen von Braunkohlen nach der ersten Formel zu berechnen.

Dinglers polyt. Journal Band 219, Seite 22 ff.

mit der beim Destilliren zurückbleibenden festen Kohlenstoffmenge, aber nicht immer bei Braunkohlen und Anthraziten.

Nach Elementaranalysen übersteigt der Sauerstoffgehalt in der Zellulose den Kohlenstoff um $1/10$, während in älteren Brennstoffen wie Anthrazit derselbe nur ein $1/40$ dieses Gehaltes erreicht. Die relative Abnahme des Wasserstoffs ist auch merklich, aber doch weniger stark. Man findet in der Zellulose auf 1000 Kohlenstoff 139 Wasserstoff, in Steinkohlen 75—40, in Anthraziten 40—25. Der Sauerstoff verschwindet rascher als Wasserstoff mit dem Alter der Brennstoffe.

Die verschiedenen Brennmaterialien können karakterisirt werden durch das Verhältniss von O:H oder nach der Menge Kohle, welche die Destillation eines als trocken und aschenfrei angenommenen Brennstoffs gewährt. Diese Thatsachen stellen sich in folgender Tabelle dar, dazu bestimmt, die Typen zu markiren:

	O:H.	Trockene reine Koks erfolgt bei der Destillation:
Zellulose	8	0,28—0,30
Holz (Zellulose und inkaustirende Materie)	7	0,30—0,35
Torf und fossiles Holz	6—5	0,35—0,40
Braunkohlen	5	0,40—0,50
Steinkohlen	4—1	0,50—0,90
Anthrazite	1—0,75	0,90—0,92

Die wichtigsten Brennstoffe sind die Steinkohlen. Aschenarme haben 1,25 — 1,35 spezif. Gewicht und die kohlenstoffreichsten sind die dichtesten. Gewicht von $1^{kbm.}$ in Stücken 700 bis 900^k. Vom industriellen Standpunkte aus kann man 5 Typen unterscheiden, die an den Grenzen in einander übergehen. Nachstehende Typentabelle ist das Resultat aus vielen Untersuchungen und Analysen:

Klassen oder Typen der Kohlen	C	H	O	O:H
Trockene Kohlen mit langer Flamme (Sandkohlen)	75—80	5,5—4,5	19,5—15	4—3
Fette Kohlen mit langer Flamme (Gaskohlen, Sinterkohlen)	80—85	5,8—5	14,2—10	3—2
Fette oder Schmiedekohlen (Backkohlen)	84—89	5—5,5	11—5,5	2—1
Fette Kohlen mit kurzer Flamme (Verkokskohlen)	88—91	5,5—4,5	6,5—5,5	1
Magere Kohlen oder Anthrazite mit kurzer Flamme	90—93	4,5—4	5,5—3	1

Man verwechselt häufig trockene und magere Kohlen. Der erstere Ausdruck gilt für Kohlen, welche infolge hohen Sauerstoffgehaltes nicht fritten, wie Braunkohlen, während der Name mager den wenig fetten, den Anthraziten sich nähernden Kohlen zukommt infolge grossen Kohlenstoff- und geringen Wasserstoffgehaltes.

Die 5 Typen der Tabelle karakterisiren sich schon durch äussere Kennzeichen, welche aber durch die Destillation kontrolirt werden müssen.

Die den Braunkohlen sich nähernden Steinkohlen mit langer Flamme sind verhältnissmässig hart, beim Anschlagen klingend, zähe, von unebenem Bruch, mattschwarz und von mehr braunem als schwarzem Strich. Mit abnehmendem Sauerstoff und damit mit abnehmendem Wassererfolg beim Destilliren wird die Kohle zerreiblicher, weniger klingend, schwärzer und dichter. Der Glanz nimmt mit dem Wasserstoff und damit auch das Agglomerationsvermögen zu. Die den Anthraziten sich nähernden Kohlen sind rein schwarz und im allgemeinen ein wenig mürber als fette Kohlen mit kurzer Flamme. Die Eigenschaften werden indess durch erdige Beimengungen beeinflusst, Dichtigkeit und Härte wachsen mit dem Aschengehalte, während der Glanz sich vermindert.

Die Brennbarkeit und Länge der Flamme hängt von flüchtigen Bestandtheilen der Kohlen ab. Die den Braunkohlen sich nähernden Steinkohlen entzünden sich leicht und brennen mit langer, russender Flamme. Die an flüchtigen Bestandtheilen ärmeren, namentlich wasserstoffarmen entzünden sich schwer und verbrennen weniger leicht, halten lange an, die Flamme ist kurz und wenig rauchig. Ausserdem hängt die Brennbarkeit von der Natur der Asche ab. Eisenhaltige und kalkige Aschen verstopfen den Rost, thonige, kieselige bleiben pulverig und beeinträchtigen die Verbrennung weniger. In thonreichen Aschen findet man stets eine geringe Menge Alkali. Phosphorsaurer Kalk zeigt sich häufig und macht neben Alkalien die Asche zum Düngen geeignet.

Die von Gruner vorgenommene Analyse der in obiger Tabelle karakterisirten 5 Steinkohlensorten vermittelst der trockenen Destillation, welche er die Immediatanalyse nennt, ergiebt folgende Resultate:

Klassen oder Typen der Kohlen	Flüchtige Substanzen			
	Ammoniakwasser	Bitumen	Gas	Koks
Trockene Kohlen mit langer Flamme (Sandkohlen)	12—5	18—15	20—30	50—60
Fette Kohlen mit langer Flamme (Gaskohlen, Sinterkohlen)	5—3	15—12	20—17	60—68
Fette oder Schmiedekohlen (Backkohlen)	3—1	13—10	16—15	68—74
Fette Kohlen mit kurzer Flamme (Verkokskohlen)	1—1	10—5	15—12	74—82
Magere Kohlen oder Anthrazite mit kurzer Flamme	1—0	5—2	12—8	82—90

Aus nächstfolgender Tabelle (S. 38) ist unter anderen ersichtlich, wie die Menge der festen Bestandtheile einer Kohle mit der Abnahme der flüchtigen Substanzen steigt und wie der Wärmeeffekt der Kohle hiermit im graden Verhältnisse steht.

Die Gruner'sche Immediatanalyse ergiebt demnach für Steinkohlen weit höhere Heizeffekte als die Elementaranalyse sie konstatirt hat.

Eine beachtenswerthe Bestätigung geben die Steinkohlenklassifikation S. 32 und die Untersuchungen Gruners für die Beobachtungen des Prof. Fleck[1]), die er an zahlreichen Steinkohlenarten machte, dass nämlich die Ursache des Backens einer Kohle im direkten Zusammenhange stehe mit einem Ueberschuss von Wasserstoff, der sich bei der Verbrennung mit dem Sauerstoff der Kohle selber nicht verbindet, für die Wärmeentwicklung also nutzbar wird; diesen frei werdenden Wasserstoff nennt er den disponiblen, den Rest den gebundenen.

Professor Fleck theilt die Steinkohlen in folgende 4 Klassen ein:

1. Backkohle, über $4\,^0/_0$ disponiblen und unter $2\,^0/_0$ gebundenen Wasserstoff;

2. Back- und Gaskohle, über $4\,^0/_0$ disponiblen und über $2\,^0/_0$ gebundenen Wasserstoff;

3. Gas- und Sandkohle, unter $4\,^0/_0$ disponiblen und über $2\,^0/_0$ gebundenen Wasserstoff;

4. Sinterkohlen, Anthrazite, unter $4\,^0/_0$ disponiblen und unter $2\,^0/_0$ gebundener Wasserstoff.

Die Kohlen 1 und 2 haben infolge des grösseren Gehaltes an

---

[1]) Dinglers polyt. Journal Band 180, S. 460.

Klassen oder Typen der Kohlen.	Menge der Koks pro 100 Theile Kohle	Menge der flüchtigen Substanzen i. 100 Theilen Kohle	Beschaffenheit und äusseres Ansehen der Koks	Wirklicher Wärmeeffekt W. E.	Verdampfungsvermögen. Menge des pro k einer Kohle b. 112⁰ C. verdampften Wassers von 0⁰ C. in Kilogrammen	Gewicht per 1 Hektoliter in Kilogr.	Spezifisches Gewicht
Trockene Kohlen mit langer Flamme (Sandkohlen.)	50—60	45—40	Pulverförmig oder höchstens gefrittet	8000—8500	6,7—7,5	70	1,25
Fette Kohle mit langer Flamme (Gaskohlen, Sinterkohlen)	60—68	40—32	Geflossen, zusammengebacken, sehr aufgebläht.	850C—8800	7,6—8,3	70—75	1,28—1,30
Eette od. Schmiedekohlen (Backkohlen)	68—74	32—26	Geflosssen, mehr oder weniger aufgebläht	8800—9300	8,4—9,2	75—80	1,30
Fette Kohlen mit kurzer Flamme(Verkokskohlen)	74—82	26—18	Geflossen und dicht, sehr kompakt wenig blasig	9300—9600	9,2—10,0	80	1,30—1,35
Magere Kohlen oder Anthrazite mit kurzer Flamme	82—90	18—10	Schwach gefrittet oder pulverförmig	9200—9500	9,0—9,5	85	1,35—1,40

disponiblen Wasserstoff die Eigenschaft, in der Hitze zu schmelzen, so dass der nach Abscheiden der flüchtigen, mit Flamme verbrennenden Substanz zurückbleibende feste Rückstand einen geflossenen, aufgeblähten Koks bildet; ausserdem zeichnen sich diese Kohlen durch ihre grosse Flammbarkeit vor allen anderen wesentlich aus.

Sinkt die Menge des Wasserstoffs in beiden Verhältnissen wie bei der Kohle 4, so karakterisirt sich dieselbe bei der Verbrennung zunächst dadurch, dass sie nicht backt, sondern höchstens einen gefritteten, meist aber nur einen pulverförmigen Koks hinterlässt, dann aber ganz besonders noch dadurch, dass sie keine oder nur wenig Flamme entwickelt.

Für die Gasfeuerung eignen sich besonders die trockenen Kohlen wie 3, die noch eine lebhafte Flamme geben und sich dadurch auszeichnen, dass sie nicht backen. Beachtung verdienen für diese Art der Feuerung auch noch die Kohle 4, doch empfiehlt es sich, wie schon erwähnt, dieselben bei der Vergasung bis zur Hälfte mit wasserstoffreicheren Kohlen zu vermischen.

Die Steinkohlen, anscheinend vorzugsweise die mageren mit langer Flamme, erleiden durch längeres Lagern im Freien, namentlich im Feuchten, eine Einbusse am Heizwerth durch die Fortsetzung des natürlichen Destillationsprozesses und die dadurch bewirkte Verflüchtigung brennbarer Substanzen, was durch eine Selbsterhitzung wesentlich gesteigert wird; diese kann sich unter günstigen Verhältnissen bis zur Selbstentzündung steigern, wie ich durch das Inbrandgerathen eines grossen Kohlenlagers auf einer Zuckerfabrik beobachten konnte. F. Varrentrap[1]) hat durch vielfältige, allerdings nur im kleinen Maassstabe ausgeführte Versuche die fortwährende Bildung von Kohlensäure bei Stein- und Braunkohlen nachgewiesen, die mit steigender Temperatur rasch zunahm.

Mit dem Verlust an Heizkraft tritt gleichzeitig bei längerem Lagern der Kohle ein Gewichtsverlust auf; Grundmann[2]) will bei einer Kohle nach neunmonatlichem Lagern im Freien einen Gewichtsverlust von $58\,^0/_0$ gefunden haben, eine Zahl die denn doch sehr in Zweifel gezogen werden muss und die keinenfalls das Resultat einer wissenschaftlichen Beobachtung sein kann.

Dass dieser Verlust an Heizwerth und Gewicht thatsächlich eintritt, ist nicht zu bezweifeln, derselbe hält sich aber in weit engeren

---

1) Dinglers polyt. Journal, Band 178, S. 379.
2) Daselbst Band 178, S. 161.

Grenzen, als die Angabe Grundmanns vermuthen lässt, was neuere Untersuchungen, wie die folgende eine, genügend beweisen; die beobbachteteu Steinkohlen waren mit Ausnahme einer englischen aus westdeutschen Revieren und wurden einer zwölfmonatlichen Lagerung im Freien ausgesetzt, nach welcher Zeit durchweg ein eingetretener Verlust an Gewicht, Heizwerth und am Ausbringen von Koks in folgenden Verhältnissen konstatirt werden konnte:

1) Englische Peases-West-Kokskohlen erlitten keine Einbusse an Gewicht und Heizeffekt;

2) Kohle des v. d. Heydt'schen Schachtes bei Ibbenbühren verloren $1{,}4\,^0/_0$ an Gewicht, $6\,^0/_0$ an Heizeffekt und $4{,}6\,^0/_0$ am Ausbringen von Koks;

3) Kohlen der Zeche Karl bei Dortmund erlitten keinen Gewichtsverlust aber $2{,}6\,^0/_0$ Einbusse am Heizwerth und $2{,}1\,^0/_0$ am Ausbringen von Koks;

4) Kohlen der Zeche Hibernia bei Gelsenkirchen erlitten $0{,}4\,^0/_0$ Verlust am Gewicht, $0{,}6\,^0/_0$ am Heizwerth und $2{,}1\,^0/_0$ am Ausbringen von Koks;

5) Kohlen der Zeche Konstantin bei Bochum erlitten $0{,}4\,^0/_0$ Gewichtsverlust, $0{,}4\,^0/_0$ Einbusse am Heizwerth, $00\,^0/_0$ am Ausbringen von Koks;

6) Kokskohlen von Borgloh bei Osnabrück erlitten $2\,^0/_0$ Gewichts- und $6\,^0/_0$ Heizwerthverlust und $0{,}5\,^0/_0$ Einbusse am Ausbringen von Koks [1].

Die Braunkohle steht zwar hinsichtlich ihres Heizwerthes und ihrer allgemeinen Verwendbarkeit hinter der Steinkohle zurück, sie übertrifft aber in ersterer Beziehung Torf und Holz nicht unwesentlich.

Welche wirthschaftliche Bedeutung die Braunkohle im Laufe der Zeit gewonnen, geht am schlagendsten aus der mit der industriellen Entwickelung im engsten Zusammenhange stehenden Zunahme der Förderungsquoten speziell in Preussen hervor, wo versuchsweise zuerst 1756 in der Provinz Brandenburg die ersten Braunkohlen gewonnen wurden; doch begann die eigentliche bergmännische Förderung hier erst viel später, nämlich 1803. Im Jahre 1816 betrug das geförderte Quantum $1^1/_2$ Millionen Zentner, 1837 8 Millionen, 1847 22 Millionen 1857 55 Millionen und 1867 110 Millionen, während das Jahr 1871 die hohe Ziffer von 137 Millionen Zentner erreichte.

---

[1] Berggeist 1873, No. 49; Chem.-techn. Repertorium von E. Jakobsen 1874, II. S. 53.

Die Braunkohle bildet das vermittelnde Glied zwischen dem fossilen Brennstoff der jetzigen Schöpfungsperiode, dem Torf, und jenem der Primärzeit, der Steinkohle, womit indess keineswegs ein gleicher Bildungsverlauf für Braunkohlen und Torf angenommen werden darf, denn für beide kommen wesentlich veränderte Gesichtspunkte in Betracht. Die Braunkohle entstand aus Pflanzen (Palmen, Nadelhölzer, Zypressen, in der spätesten Periode erst Laubhölzer), die sich durch ihren grossen Harzgehalt auszeichnen, woher denn auch bei manchen Braunkohlen die Menge des flüchtigen Bitumens rühren mag, obwohl die Meinungen hierüber noch getheilt sind. Wiegmann, dessen werthvolle, mit wissenschaftlicher Schärfe geführten Untersuchungen über die Entstehung des Torfes [1]), die der Braunkohle allerdings nur nebensächlich berühren, ging von der Ansicht aus, dass das Bitumen sich während der Umbildung des Holzes in Kohle selbst gebildet habe, eine Ansicht, die schon von Voigt [2]) angedeutet, aber nicht weiter begründet wurde. Durch vorzeitige, gewaltige Nordweststürme, meint Wiegmann, wurden ganze Wälder vernichtet und niedergelegt, diese wurden nach längerer Zeit, nachdem sich bereits Humussäure gebildet haben konnte, durch andere Katastrophen mit an lösbaren Basen armen Erdschichten bedeckt. Die unter Zutritt der atmosphärischen Luft und feuchten Niederschläge sich aus den weicheren Theilen der Pflanzen entwickelt habende Humussäure durchdrang, da sie keine Basen fand, mit welchen sie sich verbinden konnte, als freie Humussäure das wahrscheinlich grösstentheils harzige Holz, wurde auf irgend eine Weise ihres Sauerstoffs beraubt und in bituminösen Zustand versetzt [3]).

Jedenfalls sind einzelne Varietäten der Braunkohle reicher an Bitumen als alle neueren fossilen Brennstoffe, daher erklärt sich auch die leichte Entzündlichkeit und die Entwickelung einer lebhaften, oft stark russenden Flamme der bituminösen Braunkohlen, die sich nebenbei auch durch einen grösseren Gehalt an Wasserstoff gegenüber der mageren Kohle auszeichnen.

Die Braunkohlen sind hinsichtlich ihrer chemischen Zusammensetzung und ihrer äusseren, in die Augen fallenden Eigenschaften, als

---

[1]) Ueber die Entstehung, Bildung und das Wesen des Torfes etc. von Dr. A. F. Wiegmann sen., Braunschweig, Druck und Verlag von Fr. Vieweg und Sohn, 1837.

[2]) Voigt, Versuch einer Geschichte der Steinkohlen, Braunkohlen und des Torfes, Weimar 1802, S. 294.

[3]) Wiegmann a. a. O. S. 65.

Struktur, Farbe, Dichte etc. äusserst verschieden, man unterscheidet
z. B. das bituminöse Holz, mit deutlich erhaltener Holzstruktur; die
Bastkohle, eine faserige Substanz, die man sich gewagter Weise, wie
mir scheint, aus dem Bast gewisser Bäume entstanden denkt; die
Nadelkohle, das Produkt einer nunmehr in die heisse Zone verscho-
benen Palmenvegetation (?), die Moorkohle, wohl das Zersetzungsprodukt
einer niederen Pflanzengattung, mit erdigem Ansehen, aber noch wesentlich verschieden von der erdigen Braunkohle und öfter in tertiären
Torfbildungen auftretend, endlich die Pechkohle, die älteste Braun-
kohlenvarietät, hinsichtlich ihrer Eigenschaften der Steinkohle scheinbar so nahe stehend, dass man sie als tertiäre Steinkohle bezeichnet.

Die Braunkohlenflötze haben eine Mächtigkeit bis zu 30 ^{m}, im
Kainachthal in Steiermark sogar 38 ^{m}; oft sind dieselben aber auch so
gering, dass der Abbau nicht lohnend, ja nicht einmal möglich erscheint. Die Braunkohlenbecken sind meist mulden- oder inselförmig,
die ergiebigsten sind z. B. das rechtsrheinische bei Bonn und Köln,
das hessisch-rheinische im Westerwald, das thüringisch-sächsische bei
Halle a. d. Saale, das braunschweigische bei Helmstedt und Schöningen,
das oberschlesische und ganz besonders das umfangreiche böhmische
von Karlsbad, Dux und Teplitz.

Unorganische Bestandtheile sind vielfach in den Braunkohlen enthalten, die entweder aus den Pflanzen oder aus mechanischen Beimengungen resultiren; von letzteren sind es namentlich Sand, Schiefer,
Thonerde, Schwefelkiese, Eisenoxyd, Kieselsäure etc., deren Menge
den Wärmeeffekt einerseits und den Aschengehalt andererseits mehr
oder weniger bestimmen. Der Gehalt an Kohlenstoff und Wasserstoff
ist geringer, an Sauerstoff aber grösser als der der Steinkohle. Schinz
hat die Elementaranalyse von 21 verschiedenen, meist deutschen
Braunkohlen mitgetheilt, aus denen sich folgende Mittelwerthe ergaben:

				Theoret. Heizwerth.
C	H	O+N	Asche	W. E.
61,87.	4,90.	23,85.	9,38.	5625.

Frisch geförderte Braunkohle enthält viel Wasser, unter Umständen bis 50 %, lufttrocken sind darin noch immerhin 20 % und
mehr vorhanden. Der Aschengehalt ist bei den Braunkohlen oft bedeutend aber sehr schwankend, denn während die Kohle von Laubach,
allerdings wohl die aschenärmste, nur 0,51 % Asche enthält, finden
sich in der Braunkohle des neuen Flötzes von Messel bei Darmstadt
nach den Untersuchungen Wagner's 34—56 % Asche[1].

---

[1] Gewerbeblatt für d. Grossherzogthum Hessen, 1876, S. 56.

Bei der trockenen Destillation entwickeln sich aus der Braunkohle sehr bedeutende Quantitäten von dampf- und wasserförmigen Produkten, die sauer reagiren im Gegensatz zur Steinkohle, deren Destillate alkalisch reagiren. Sehr wesentlich unterscheidet sich die Braunkohle noch dadurch von der Steinkohle, dass sie keinen eigentlichen, gebackenen Koks giebt, sondern bei der Destillation einen auseinanderfallenden Rückstand liefert; eine Ausnahme machen hiervon nur einige backende Sorten, die denn auch wie in Ullersdorf (Böhmen) verkokst werden.

Sind nun auch die besseren Braunkohlen ein allgemein für Rostfeuerungen verwendbares Brennmaterial, so gilt dies doch nicht für die, übrigens in grosser Menge vorhandenen erdigen Braunkohlen, die durch ihre kompakte Schichtung auf dem Roste der Verbrennung so grosse Widerstände entgegensetzt, dass dieselbe nur sehr träge und mit geringem Effekt von statten geht. Um diesen Uebelstand zu beseitigen, presst man die erdigen Braunkohlen mit den Ziegelpressen ähnlichen Maschinen in Formen, sogen. Briquettes, die dann allerdings weit vortheilhafter zu verwenden sind.

Die rationellste Benutzung aber würde die erdige Braunkohle, die z. B. massenhaft im thüringisch-sächsischen Becken vorkommt, nur durch die Gasfeuerung finden, denn für die Vergasung bietet die erdige Beschaffenheit dieser Kohle keine nennenswerthen Schwierigkeiten, obwohl bei der Konstruktion von Gasfeuerungsanlagen Rücksicht auf die besonderen Eigenschaften der erdigen Braunkohle zu nehmen sind; vorzugsweise macht sich auch bei der Vergasung der Uebelstand geltend, dass durch Verstopfung des Generatorrostes die Destillation träge und langsam verläuft, wenn dieselbe nicht durch kräftigen Zug befördert wird. Man wird deshalb für solche Gasfeuerungsanlagen sehr hohe Schornsteine oder mechanisch wirkende Zug- oder Blasapparate anwenden müssen. Für die Vergasung erdiger Braunkohle hat Fr. Neumann in Sachsa a. Harz ein sehr interessantes aber komplizirtes Generatorsystem mit Exhaustoren aufgestellt, doch grade hier sollte man keine solchen anwenden, denn es liegt auf der Hand, dass diese Apparate, durch welche die Generatorgase ihren Weg nehmen, sehr bald durch Kondensationen derartig verunreinigt werden, so dass öftere Reinigungen und deren Konsequenzen, Unterbrechungen des Ofenbetriebes, unumgänglich sind, wenn man nicht Reserveexhaustoren anwenden will [1]).

---

[1]) Die Vergasung erdiger Braunkohle, herausgegeben von Friedrich Neumann. Halle, Verlag von G. Knapp, 1873.

Hier würden speziell die Dampfstrahlunterwindgebläse mit Erfolg anzuwenden sein, und thatsächlich leisten gerade bei Vergasung erdiger Braunkohle diese Apparate ausgezeichnete Dienste; sie bewirken eine lebhafte, leicht regulirbare Gasentwickelung und sind infolge ihrer günstigen Anbringung unterhalb des Generatorrostes keinerlei Betriebsstörungen durch Verunreinigung unterworfen.

Gegen die Anwendung dieser Dampfgebläse, speziell bei der Vergasung von Braunkohle, hat man scheinbar nicht ohne Grund den Umstand geltend gemacht, dass das an sich schon stark mit Wasserdampf gesättigte Gas durch den Gebläsedampf noch wesentlich verschlechtert wird.

Thatsächlich enthält Generatorgas aus Braunkohlen, die man als abgelagert und trocken bezeichnet, annähernd 25 Volumenprozente Wasserdampf, rechnet man dazu die Menge Stickstoff, welche das Gas mit sich führt, so hat man einen Maassstab für die Geringwerthigkeit des Braunkohlengases, wenn man es nach seinem Volumen werthschätzet.

Nun haben aber die Versuche der Gebrüder Körting in Hannover, welche Dampfstrahlunterwindgebläse fabriziren, dargethan, dass 1^k Wasserdampf im Stande ist, 6—10000 Kbf. Luft anzusaugen, dass aber, sobald der Dampf mit der angesaugten Luft in Berührung kommt, eine Kondensation desselben eintritt und dass hiernach nur noch $^1/_3$ des Dampfes im gasförmigen Zustande in den Generator gelangt; dies macht etwa $3^0/_0$ Dampf in 100 Volumentheilen atmosphärischer Luft; das Gas wird also, selbst wenn man annimmt, dass dieser Wasserdampf im Generator sich nicht zersetzt, nicht wesentlich verschlechtert.

Den grössesten Nutzeffekt bei der Verwendung der Braunkohle für die Gasfeuerung wird man nur dann erzielen können, wenn man die Gase vor ihrer Verbrennung in geeigneter Weise abkühlt, wodurch sich der Wasserdampf, der in den Gasen enthalten ist, kondensirt. Denn es dürfte einleuchtend erscheinen, dass die grosse Menge von Wasserdampf der Gase bei der Verbrennung im höchsten Grade nachtheilig wirken muss, namentlich aber dann, wenn man Braunkohlengas zum Brennen von Ziegelsteinen, Thonwaaren etc. verwendet, die während des Brennprozesses noch eine grosse Quantität Wasserdampf entwickeln.

Das jüngste, sich noch unter unseren Augen bildende brennbare Fossil ist der Torf, der in derselben Weise durch Zersetzung organischer Substanz entsteht, wie die anderen fossilen Brennstoffe.

Der Torf entsteht überall da, wo geographisch-physikalische Verhältnisse günstig sind, in sumpfigen und feuchten Gegenden, an den Ufern träger Flüsse, an Landseen, in Bergthälern, selbst auf hohen Gebirgen (Hochmoore): überall wo stillstehende Gewässer mit wasserdichtem Unterboden die Entwickelung der Torfflora, jener eigenthümlichen artenreichen Vegetation, begünstigen.

Die Torfbildung, welche stets das Vorhandensein von Wasser oder doch grosser Feuchtigkeit bedingt, geht bei Haide- oder Moostorfmooren in der Weise vor sich, dass die in und auf dem Wasser sich ansiedelnden Pflanzen, zunächst Wassergewächse, Algen etc., nach einer kürzeren oder längeren Vegetationsperiode absterben, zu Boden sinken und dadurch einer anderen nicht nur stets sich üppig verjüngenden, sondern auch in ihren Arten sich stets erweiternden Pflanzenwelt Platz machen. Eine Pflanzengeneration entsteht nach der anderen, in ihrer Fortentwickelung immer durch die Ueberreste der früheren begünstigt und allmählich wird das ganze Wasser von den Theilen der abgestorbenen und dem Wurzelgeflecht der noch lebenden Pflanzen derartig angefüllt, dass dasselbe nur noch aus einer dickbreiigen, elastischen Masse, das Moor, besteht, auf dem sich nach und nach grössere Pflanzen entwickeln, welche den eigentlichen Mooren jenes eigenthümliche Gepräge geben. Dieses sind ausser Moosen Riedgräser, das Wollgras, verschiedene Eriken, der Sumpfpost, die Andromeda, die Sumpf- und Rauchbeere etc., doch treten diese Pflanzen fast ausschliesslich nur auf Haide- und Sumpfmooren auf, während auf den Wiesen- oder Grönlandsmooren eine andere, fast ausschliesslich aus Gräsern bestehende Flora sich ansiedelt.

Der Torf kommt fast ausschliesslich in der gemässigten und kälteren Zone vor, grosse Hitze wie Kälte scheinen die Torfbildung aufzuhalten. „Erstere bewirkt Verdunstung und trocknet die einzelnen Wassersammlungen aus, und so mangelt die Hauptbedingung der Torfbildung: stehendes Wasser; der Frost hindert die Zersetzung der Pflanzentheile und wirkt auf diese Art der Torfbildung entgegen[1]);

---

[1]) Wiegmann, a. a. O. S. 55 vertritt über den Einfluss der Hitze und Kälte auf die Torfbildung eine entgegengesetzte Ansicht und meint, dass beide, namentlich aber der Frost bei der Entstehung des Torfes wesentlich mitwirken, dass namentlich der Frost es sei, der die humosen, moderigen Substanzen in kohlenstoffreichere Verbindungen überführe. Dass Temperaturextreme aber die Entstehung des Torfes aufheben, giebt W. selber zu, indem er auf die Moore der heissen Länder wie z. B. Brasilien hinweist, die fast ausschliesslich aus Schlamm, nicht aber aus vegetabilischer Substanz bestehen.

darum haben der heisse Süden und der kalte Norden wenig oder keinen Torf [1]". „Das Austrocknen der Sümpfe während der wärmeren Jahreszeit in den heissen Zonen erklärt, dass sich dabei kein Torf bilden kann. Schon die pontinischen Sümpfe, die Maremmen am Ausfluss des Arno, die Sümpfe von Mondego, des Voruga in Portugal haben deshalb keinen oder doch nur sehr unvollkommenen Torf" [2].

Der Torf bedeckt grosse Länderstrecken und Deutschland besitzt wohl den grössesten Torfreichthum. Hier ist er besonders in Bayern, Baden, Schleswig-Holstein, Mecklenburg, Oldenburg, Preussen und Hannover verbreitet. Nicht minder bedeutend ist das Vorkommen des Torfes in Böhmen, in Russland, in Grossbritannien und Irland, in Frankreich, in Dänemark und im skandinavischen Norden.

Das Gewinnungsverfahren des Torfes entsprach bis auf die neuere Zeit im wesentlichen noch der Methode der Chauken, jenem alten Volksstamme, der zwischen Ems und Elbe, dem grössten deutschen Torfgebiete, lebte. Es findet sich hierüber eine Nachricht bei Plinius, zugleich die älteste über die Benutzung des Torfes als Brennmaterial [3]. An die Stelle der ursprünglichen Torfbereitung durch Ausstechen von Torfziegeln direkt aus dem Moore (Stechtorf) oder das Formen der breiigen Torfmasse in Formkasten (Backtorf), ist in der neuesten Zeit immer mehr die Aufbereitung mit Maschinen getreten. — Es hat sich dieser Angelegenheit in den letzten Jahren eine Summe geistiger und materieller Kraft zugewendet, die wirklich in Erstaunen setzt; wissenschaftliche Arbeiten sind mit praktischen Hand in Hand gegangen, aber wenn man all' die aufgewendete Kraft mit den Erfolgen in Vergleich stellt, so muss man unwillkürlich fragen, ob nicht die Theorie dabei mehr als die Praxis gewonnen habe.

Bei der mechanischen Torfbereitung kommt es neben der billigeren Gewinnung grösserer Mengen besonders darauf an, das Volumen des Torfes durch Pressung soviel als möglich zu vermindern, um so nicht nur den Torf fester, versandtfähiger zu machen, sondern auch durch das Zusammendrängen der brennbaren Theile der Verbrennung und

---

[1] Der Torf und seine Wichtigkeit für Deutschland. Von Dr. J. B. Mayer, Koblenz, Verlag von R. F. Hergt. 1841. S. 42.

[2] Der Torf. Von Dr. Jakob Nöggerath, Berlin, E. G. Lüderitz'sche Verlagsbuchhandlung 1875. S. 5.

[3] Plinius, Naturgeschichte 16, 1:

„Sie (die Chauken) flechten Netze aus Binsen und Schilf zum Fischfange; sie formen Schlamm mit den Händen um ihn am Winde mehr als an der Sonne zu trocknen. Diese Erde brennen sie, um ihre Speisen zu kochen und ihre von Kälte starrenden Glieder zu erwärmen."

Wärmeentwickelung eine grössere Intensität zu geben. Ausserdem nimmt mit der Verdichtung des an und für sich porösen Torfes die hygroskopische Eigenschaft desselben wesentlich ab, der Heizwerth aber bedeutend zu, was folgende durch K. Stiffe mit Torf von Haspelmoor angestellte und anderweitig bestätigte Ermittelungen beweisen; es verdampfen nämlich:

100^k lufttrockener gewöhnlicher Torf 350^k Wasser
100^k lufttrockener Stechtorf 325—350^k „
100^k „ Maschinentorf 500^k „
100^k künstlich getrockn. Maschinentorf 700^k „
100^k beste englische Steinkohle 800^k „ [1]

Es kann natürlich nicht Aufgabe dieses Buches sein, die verschiednen, sehr zahlreichen mechanischen Torfbereitungsmethoden auch nur anzudeuten, noch viel weniger zu beschreiben, die Torfliteratur ist so reich und zum Theil auch so werthvoll, dass man durch ihr Studium alles Wissenswerthe wird erfahren können [2]. Die beste Aufbereitungsmethode wird aber immer die sein, welche mit möglichst einfachen Mitteln bei grosser Leistungsfähigkeit den Torf sehr stark verdichtet, hierbei wird allerdings ein grösserer Theil brennbarer Substanz verloren, dabei aber auch eine Menge Wasser entfernt, so dass der Vortheil grösser sein möchte als der Verlust, nie aber wird die Maschinenfabrikation die Handbereitung ganz beseitigen können, denn es giebt für jene Grenzen, die sie nicht wohl überschreiten kann.

Der grösseste Uebelstand des Torfes bleibt immer seine wäss'rige Natur, die grosse Menge von Feuchtigkeit, welche die homogene und poröse Torfmasse energisch festhält. Der frische, aus der Torfgrube kommende Torf enthält 80—90 $^0/_0$ Wasser, seine Anhänglichkeit für dasselbe ist so gross, dass es kaum möglich ist, durch Pressung mehr als 40—50 $^0/_0$ Wasser aus dem Torf zu entfernen. Die Verdunstung eines Theiles des nach der Pressung zurückbleibenden Wassers oder

---

[1] Torfmossarnes användbarhet etc. af A. F. Westerlund. Stockholm, Sigfrid Flodins Förlag, 1868. S. 36.

[2] Es empfehlen sich für das Studium der Technik und der Naturgeschichte des Torfes:

Rationelle Torfverwerthung. Ein Leitfaden für die Anlage von Torfdarr- und Torfverkohlungsöfen und für die Konstruktion von Torfverdichtungs-Maschinen von Dr. Ernst Schenk zu Schweinsberg. Braunschweig, Friedrich Vieweg und Sohn. 1862.

Der Torf, seine Natur und Bedeutung. Eine Darstellung der Entstehung, Gewinnung, Verkohlung, Destillation und Verwendung als Brennmaterial. Braunschweig, George Westermann. 1859.

bei Handtorf die gesammte Grubenfeuchtigkeit bis auf den Procentsatz hygroskopischen Wassers ist die Aufgabe der Trocknung an der freien Luft oder auf künstlichem Wege. Das Trocknen an der Luft ist so umständlich wie langwierig und nimmt bei ungünstiger Witterung Wochen in Anspruch, das künstliche Trocknen aber ist kostspielig und nur für Presstorf mit weniger Feuchtigkeit, nicht aber für grubenfeuchten Handtorf geeignet. Die seither für die künstliche Trocknung des Torfes konstruirten Apparate sind aber noch so unvollkommen und tragen der Natur dieses Materials so wenig Rechnung, dass man hier das Richtige noch erst wird finden müssen. [1]

Es lässt sich annehmen, dass der gewöhnliche poröse Torf im lufttrockenen Zustande noch immer 25 % hygroskopisches Wasser enthält, ein Quantum das sich selbst bei Verminderung durch forzirtes Trocknen (Darren) wieder kompletiren würde, wenn man den Torf den Einflüssen der atmosphärischen Luft aussetzt. Nach den Ermittelungen, welche der „Verein zur Unterstützung des Gewerbfleisses in Preussen“ in den Jahren 1847—1850 über den Heizwerth der Brennstoffe anstellen liess, enthielten fünf Torfsorten aus der Gegend von Fehrbellin 24,5—38,03 Prozent hygroskopisches Wasser.

Neben diesen grossen Mengen von Feuchtigkeit enthält der Torf grössere oder kleinere Quantitäten unorganischer Substanz z. B. Kieselerde, Kalk, Thonerde, Eisenoxyd etc., die Zusammensetzung des Torfes ist aber so sehr veränderlich, dass nicht nur jede einzelne Torfsorte, sondern fast jede Schicht eines und desselben Moores eine andere Beschaffenheit zeigt. Im Mittel schwankt der Kohlenstoffgehalt zwischen 50—60 %, der Wasserstoffgehalt zwischen 5—6 %, die Menge des Sauerstoffs zwischen 30—40 %, der Aschengehalt aber bewegt sich in weiten Grenzen, denn während derselbe im Mittel von 10 untersuchten Torfsorten nur 6,30 % ausmacht, beträgt er bei einem Torf aus der Gegend von Bremen nur 1,56 %, bei einem anderen von Sindelfingen aber 23,42 %.

Der theoretische Heizwerth des Torfes folgt diesen Verhältnissen und ist bei besseren Sorten etwa gleich dem der geringeren Braunkohle, im allgemeinen aber etwas höher als der des Holzes.

---

[1] Grosse Beachtung verdient ein dem Ingenieur Otto Bock in Braunschweig patentirter Trockenofen für kontinuirlichen Betrieb, der vielleicht berufen ist, das Problem der künstlichen Trocknung des Torfes in rationeller Weise zu lösen.

Prof. Dr. H. Ritthausen[1] hat neuerdings die Elementaranalyse von sechs verschiedenen preussischen Torfsorten bekannt gemacht, es waren dies

1) Moostorf von Labiau, eine äusserst voluminöse, in der Zersetzung, welche die Bildung des Torfes zur Folge hat, wenig vorgeschrittene Masse des Sphagnum pallustre;

2—4) Torf aus der Brand'ter Haide bei Postnicken am Kurischen Haff; Torf No. 2 aus der Tiefe bis zu 2 Fuss, No. 3 aus 2—4 Fuss, No. 4 aus 4—6 Fuss Tiefe; das Moor durchweg mit Kiefern bestanden;

5) Torf von Waldau aus dem zwischen Waldau und Stangau gelegenen Torfbruch;

6) Torf von Wolla bei Marienwerder, beide von gewöhnlicher Beschaffenheit, doch zeigte die Masse von 6 in Ziegelform eine grössere Festigkeit als die von 5.

Nachdem die Proben im gepulverten Zustande lufttrocken gemacht waren, wurden 1) der Gehalt an hygroskopischem Wasser, 2) an Asche, 3) an Kohlenstoff, Wasserstoff und Sauerstoff bestimmt. Aus den hierbei erhaltenen Zahlen berechnet sich nun folgende Zusammensetzung:

I.

	No. 1.	2.	3.	4.	5.	6.
Hygroskopisches Wasser[2]	13,36.	16,94.	18,19.	14,89.	16,42.	14,75 %
Asche	1,37.	1,72.	1,73.	1,74.	11,92.	5,18 -
Kohlenstoff	43,61.	45,16.	44,33.	45,86.	41,02.	46,83 -
Wasserstoff	5,17.	4,65.	4,48.	4,65.	4,27.	4,52 -
Stickstoff	1,51.	1,13.	1,12.	1,27.	2,58.	1,87 -
Sauerstoff	35,98.	30,40.	30,15.	30,59.	23,79.	26,85 -

Nach Abrechnung des hygroskopischen Wassers, also völlig wasserfrei, bei 110° C. getrocknet, enthalten sie

---

[1] Bericht über die Verhandlungen und Exkursionen der Versammlung von Torfinteressenten zu Königsberg in Pr. am 11. und 12. Juli 1873. Königsberg in Pr. Druck der Universitäts- Buch- und Steindruckerei von E. J. Dalkowsky. 1873. Ich verdanke diesen Bericht, der für die Torffrage manches Werthvolle enthält, aber leider nicht im Buchhandel erschienen ist, dem Herrn Franz Claassen in Tiegenhof, einem westpreussischen Torfindustriellen.

[2] In der Praxis wird man stets ein grösseres Quantum hygroskopisches Wasser finden, da das Trocknen von Torfpulver nicht mit dem Trocknen eines Torfziegels vergleichbar ist.

II.

No.	1.	2.	3.	4.	5.	6.
Asche	1,58.	2,07.	2,11.	2,04.	14,26.	6,07 %
Kohlenstoff	50,33.	54,38.	54,13.	53,90.	49,00.	54,93 -
Wasserstoff	5,96.	5,59.	5,50.	5,50.	5,10.	5,30 -
Stickstoff	1,81.	1,36.	1,37.	1,49.	3,08.	2,19 -
Sauerstoff	40,32.	36,60.	36,89.	37,07.	28,56.	31,51 -

Nach Abrechnung der in den einzelnen Materien gefundenen Menge Asche ergiebt sich als Zusammensetzung der reinen organischen Substanz:

III.

No. des Torfes.	Kohlenstoff.	Wasserstoff.	Stickstoff.	Sauerstoff.
1.	51,13 %	6,05 %	1,83 %	40,99 %
2.	55,52 -	5,70 -	1,49 -	37,29 -
3.	55,29 -	5,62 -	1,40 -	37,19 -
4.	55,02 -	5,61 -	1,52 -	37,85 -
5.	57,15 -	5,94 -	3,59 -	33,32 -
6.	58,48 -	5,64 -	2,34 -	33,54 -

Es geht hieraus ziemlich deutlich hervor, dass je weiter die Zersetzung der organischen Materie bei der Torfbildung vorschreitet, sie um so reicher an Kohlenstoff, ärmer an Sauerstoff wird, wie die Torfe 5 und 6 beweisen, welche von den untersuchten die ältesten sind.

Nach·Abzug des hygroskopischen Wassers und der unorganischen Substanz, der Asche, des Stickstoffs und einer dem vorhandenen Sauerstoff äquivalenten Menge Wasserstoff resultiren für die Wärmeerzeugung folgende Mengen Kohlenstoff und Wasserstoff in 100 Theilen, mit dem theoretischen Wärmeeffekt (W. E.):

IV.

No.	1.	2.	3.	4.	5.	6.
Kohlenstoff	43,61.	45,16.	44,33.	45,86.	41,02.	46,83.
Wasserstoff	0,68.	0,85.	0,79.	0,83.	1,30.	1,17.
Wärmeeffekt	3723.	3906.	3791.	3955.	3730.	4154.

Der Torf ist an und für sich ein sehr mittelmässiges, durch die während der Verbrennung auftretenden, meist kondensirenden Destillationsprodukte für die Geruchsnerven höchst unangenehm wirkendes Brennmaterial, das nur wenig intensive und konstante Hitze entwickelt; es haben sich deshalb auch die grossen Erfolge, die man sich von der Benutzung desselben in der Industrie, speziell in der Hüttenindustrie, versprach, keineswegs erfüllt. So sind Hüttenwerke in Voraussicht dieser vermeintlichen Erfolge mit Ausserachtlassung aller anderen Interessen in der unmittelbaren Nähe grosser Torfmoore begründet worden, die sich schliesslich überzeugen mussten, dass man dem Torf zu viel gute Eigenschaften zugetraut hatte. Man griff dann wohl zur Umformung des Torfes in Koks, über dessen wirklichen Werth die widersinnigsten Ansichten verbreitet sind, Thatsache aber ist, dass der Torfkoks Steinkohlenkoks oder Holzkohle nie ersetzen kann; er sprüht seiner Leichtigkeit wegen vor dem Gebläse des Hohofens auseinander, wird von der Erzsäule zusammengedrückt und wenn er auch als Koks eine weit intensivere Hitze entwickelt als im ungekohlten Zustande, so wirkt doch gerade seine Porosität im Hüttenprozesse dadurch sehr nachtheilig, dass die durch die Verbrennung entstehende Kohlensäure alle Poren sehr energisch durchdringt, wobei eine reichliche Kohlenoxydgasbildung eintritt, ein Vorgang, der viel Wärme bindet und dadurch den Schmelzprozess verlangsamt.

Ein mir bekanntes Hüttenwerk hat im Verlaufe von 20 Jahren alle Stadien der Verwerthung seiner grossen Torfmoore durchgemacht, die kostspieligsten Versuche mit Maschinen, Trockenöfen etc. führten zu keinen befriedigenden Resultaten, bis man diese endlich in der Einführung der Torfgasfeuerung fand.

In der That bietet der Torf für die Gasfeuerung sehr günstige Eigenschaften und kein anderes Feuerungssystem wird denselben auch nur annähernd so vortheilhaft verwerthen können; seine Grobstückigkeit, das Fehlen jeder Neigung zur Schlackenbildung, der Umstand, dass die Asche leicht durch den Rost fällt, daher ungestörter Fortgang des Vergasungsprozesses, das sind alles Vorzüge des Torfes, die sich bei Stein- und Braunkohlen selten bei einander finden, die aber für die Gasfeuerung sehr werthvoll sind.

Die Hüttenindustrie hat von der Torfgasfeuerung bereits umfassende Anwendung gemacht und damit vorzügliche Resultate erreicht, was z. B. auf dem Hüttenwerke der Oldenburgischen Eisenhütten-Gesellschaft zu Augustfehn der Fall ist, wo bereits 1865 dieselbe nach dem Siemens'schen Regenerativsystem eingeführt wurde. Nach einer mir von dem Direktor dieses Werkes, dem Herrn A. Culmann, zugegangenen Mittheilung verwendet man hier ausschliesslich Stechtorf der verschiedensten Art, nicht aber Presstorf, der sich, abgesehen davon, dass er zu theuer ist, weniger für die Vergasung eignen soll.

Auch die Glasindustrie hat die Torfgasfeuerung mit Erfolg eingeführt; gerade hier war man früher fast ausschliesslich auf Holzbrand angewiesen und die Berichte der Handelskammern etc. konstatiren noch heute einen ganz enormen Brennholzkonsum dieser Industrie neben der stehendgewordenen Klage der Glasindustriellen, dass sie nicht zu existiren vermögen, wenn die Preise des Holzes nicht einen bedeutenden Rückgang erleiden. Das ist nun wohl nicht zu erwarten, diese Verhältnisse aber werden die Glashütten entweder zu einer Ortsveränderung oder zur direkten oder indirekten Anwendung mineralischer Brennstoffe zwingen, wie z. B. in dem relativ holzreichen Böhmen, wo man schon zur Braunkohlengasfeuerung überging, wie im Bayerischen Hochwalde, wo man vielfach die Torfgasfeuerung und zwar mit grossem Nutzen einführte, denn diese erspart gegenüber der direkten Holzfeuerung 30—50 %.

Nach einer Mittheilung des Herrn Goetzke, Direktor der Neufriedrichsthaler Glashüttenwerke bei Uscz, die mit Torfgasfeuerung arbeiten, verbraucht ein Glasschmelzofen mit Torfgasfeuerung nach dem Regenerativsystem mit 8 Schmelzhäfen und pro Schmelze 3200 ^{k} Glas liefernd, in 7 Tagen:

ca. 77 Klafter leichten Torf à 6 M. . . . . . 462 M.

ca. 7 „ Astholz à 9 M. . . . . 63 „

525 M.

ein gleich grosser Ofen mit derselben Leistungsfähigkeit, aber mit direkter Holzfeuerung verbraucht dagegen:

ca. 56 Klafter Scheitholz à 13,50 M. . . . . 756 M.

ca. 7 „ Astholz à 9 M. . . . . 63 „

819 M.

also pro Woche mehr 294 M. [1]

Das ist jedenfalls ein Resultat, welches Anrege zur Nachahmung geben möchte.

---

[1] Bericht über die Verhandlungen etc. von Torfinteressenten, S. 53.

III.

Theorie und Systeme der Gasfeuerung.

Die elementare Erscheinung der Verbrennung, das Feuer, ist eine so bekannte, dass vielleicht gerade in ihrer Alltäglichkeit der Umstand eine Erklärung findet, wie es zuging, dass man der praktischen Seite dieser Erscheinung bis auf die neuere Zeit so wenig Beachtung schenkte.

Wir wissen nunmehr, dass die Verbrennung ein durch Wärme eingeleiteter chemischer Prozess ist, welcher eine Verbindung des Kohlenstoffs und Wasserstoffs der Brennmaterialien mit einer ihrer Menge äquivalenten Quantität Sauerstoff bewirkt, wobei Wärme und Licht entstehen, Kohlensäure und Wasserdampf als flüchtige und Asche als feste Verbrennungsprodukte gebildet werden.

Die Thatsache, dass die Asche nur einen kleinen Bruchtheil der Masse des durch die Verbrennung konsumirten Brennstoffes beträgt, hat schon frühe der Ansicht Raum gegeben, dass die brennbare Substanz des Brennmaterials während der Verbrennung sich aus ihrer ursprünglichen Verbindung frei machen, ihren Aggregatzustand ändern müsse, da ein fester Stoff als solcher nicht verloren gehen kann. Und deshalb war die Theorie der Phlogistiker das Resultat der, wenn auch falschen Beobachtung eines wirklichen Vorganges, mit dessen einseitiger Kenntnissnahme man sich begnügte, ohne auf den Zusammenhang dieser Erscheinung tiefer einzugehen.

Es ist eine nunmehr wissenschaftlich begründete Thatsache, dass die Brennstoffe, gleichviel ob sie fest oder flüssig seien, in ihrer ursprünglichen Form nicht verbrannt, sondern durch die Hitze zunächst in den gasförmigen Zustand übergeführt und nur als Gase verbrannt werden.

Ein einfacher Vorgang, den zu beobachten wir täglich Gelegenheit haben, bietet eine ebenso interessante wie zutreffende Erklärung

des Verbrennungsprozesses. Eine Paraffinkerze besteht, wie hinlänglich bekannt sein wird, aus festen Kohlenwasserstoffen, die aus den
Produkten der trockenen Destillation bituminöser Brennstoffe gewonnen
werden, und dem Docht aus Baumwolle, der aber ebenso gut aus anderen zweckentsprechenden Stoffen bestehen könnte. Nachdem der
Docht entzündet, vergeht ein allerdings kaum bemerkbarer Moment
bis zur vollkommenen Lichtentwickelung, der durch einen Akt mechanischer Arbeit ausgefüllt wird, welcher darin besteht, dass die Wärme
des brennenden Dochtes zunächst das Paraffin schmilzt, es aus dem
festen in den flüssigen Zustand umformt. Als Flüssigkeit steigt es
nun vermöge der Kapillaranziehungskraft des Dochtes in die Höhe
und durch die Hitze der Flamme erfährt es eine weitere Zustands-
veränderung, es wird in Gas verwandelt und als solches verbrannt.

Jeder Verbrennung fester oder flüssiger Brennstoffe geht der hier
geschilderte Vorgang, die Veränderung des Aggregatzustandes vorauf;
mit dem Moment der Entzündung geht unter der Einwirkung der zer-
setzenden Kraft der Wärme die Gasentwickelung und bei Vorhandensein von Luft resp. Sauerstoff auch die Verbrennung des Gases
vor sich.

Alle Methoden, durch Verbrennung Wärme zu erzeugen, beruhen
demnach auf demselben, durch die chemische Natur der Brennstoffe
bedingten Prinzipe, man kann aber hinsichtlich der technischen Anordnung speciell der industriellen Feuerungseinrichtungen folgende drei
Heizsysteme unterscheiden:

1) Die Verbrennung erfolgt auf Rosten, gleichgültig welcher Konstruktion, welche einmal dazu dienen, durch die Spaltöffnungen dem
Feuer nicht nur die genügende Menge Verbrennungsluft zuzuführen,
sondern auch die unverbrennlichen Theile, die Asche durchfallen zu
lassen (Dampfkesselfeuerungen, Ziegelöfen älteren Systems, häusliche
Heizeinrichtungen etc.).

2) Das Brennmaterial wird lagenweis mit anderen Substanzen,
speziell Erzen, für den Schmelzprozess in schachtähnlichen Oefen sehr
hoch aufgeschichtet und die Verbrennung von unten nach oben geleitet, so dass die Beschickung unten durch den Abfluss der geschmolzenen Erze immer abnimmt, während im oberen Theile des Ofens
Brennstoff und Erze nachgefüllt werden. Die eigentliche Verbrennung
findet nur in den tiefsten Theilen des Ofens statt und die dem Feuer
zugeführte Luft wird in der Verbrennungszone ihres Sauerstoffgehaltes
vollständig beraubt, es bildet sich daher Kohlensäure, die in den
höheren Schichten der Beschickung sich mit Kohlenstoff zu Kohlen-

oxydgas verbindet. Das Kohlenoxydgas inmitten der übrigen Verbrennungsgase entweicht meist mit einer so bedeutenden Temperatur aus dem Ofen, dass es sich an der Gicht desselben unter Zutritt der atmosphärischen Luft zu entzünden vermag (Gichtflamme). Es resultirt hieraus ein bedeutender Brennstoffverlust, wenn man die Gichtgase nicht anderweitig nutzbar macht, nichtsdestoweniger sind doch mit diesem Feuerungssystem sehr hohe Temperaturen erreichbar, nicht nur, weil in vielen Fällen die Verbrennungsluft stark erhitzt durch Gebläse in den Ofen eingeführt wird, sondern auch weil die Menge der zugeführten Luft verhältnissmässig gering ist, so dass die Wärme weniger Gelegenheit findet, aus dem Heerde zu entweichen. Daher Erzeugung hoher Temperaturen auf Kosten unvollständiger Verbrennung (Eisenhüttenhohofen, Kalk- und Zementöfen etc.).

3) Was bei dem vorigen System zum Theil unbeabsichtigt erreicht wird, unvollständige Verbrennung, daher Bildung von brennbaren Gasen, das ist der vorausgesetzte Zweck dieser Feuerungsmethode: Vergasung des gesammten Brennstoffs durch Einwirkung einer partiellen Verbrennung in dem tiefsten Theile einer höheren Brennstoffsäule mit gänzlichem Verbrauch des Brennstoffs und Verbrennung des gebildeten Gases an einem von der Vergasungsstelle entfernten Orte (indirekte- oder Gas-Feuerung).

Jedes Feuerungssystem kann unter gewissem Voraussetzungen zweckentsprechend funktioniren, dasjenige aber kann nur das vortheilhafteste sein, welches, den Eigenschaften der Brennstoffe und den Gesetzen des Verbrennungsprozesses angemessen konstruirt, die vollkommenste Verbrennung ermöglicht, und da diese wieder abhängig ist von einer innigen Mengung der Verbrennungssubstanz mit dem Sauerstoff, diese Bedingung aber durch die Rostfeuerung nicht einmal annähernd vollkommen erfüllt wird, so ist es zweifellos, dass die Gasfeuerung, welche die brennbare Substanz der Brennstoffe in Gasform an den Verbrennungsort überträgt, wo zugleich die Mischung derselben mit Sauerstoff stattfindet, das rationellste Feuerungssystem sein muss.

Ich habe, um das eben Gesagte noch zu begründen, schon früher darauf hingewiesen, dass die Veränderung des Aggregatzustandes während der Verbrennung für die direkte Feuerung eine Quelle namhafter Verluste sei, welche zumeist durch unvollkommene Verbrennung entstehen. Denn indem die Verbrennung bei Rostfeuerungen vom Rost aus nach oben hin fortschreitet, müssen in den oberen, von unten auf stark erhitzten Brennstoffschichten nothwendig chemische Vorgänge, Destillation und Gasbildung eintreten. Da aber in diesen höheren Schichten namentlich nach jeder neuen Beschickung mit Brennstoff die Temperatur am niedrigsten ist, andererseits die dampf- und gasförmigen Zersetzungsprodukte sich schnell in dem durch den Schornsteinzug luftverdünnten Feuerraum ausbreiten, wodurch diese schon zum Theil ihre Verbindungsfähigkeit mit dem Sauerstoff verlieren, da ferner die für die Verbrennung dieser gasförmigen Substanzen erforderliche Luft gewöhnlich schon in der glühenden Kohlenschicht, welche sie zu passiren hat, ihres Sauerstoffgehaltes beraubt worden ist: so erscheint es einleuchtend, dass, wenn man nicht mit bedeutendem Luftüberschuss verbrennen will, die Gase zum Theil entweder unverbrannt entweichen oder aber im günstigsten Falle zu Kohlenoxydgas verbrennen.

Es ist eine jedenfalls bemerkenswerthe Thatsache, dass das unter 3 genannte Heizsystem, die Generatorgasfeuerung, nicht nur das jüngste ist, was nur dadurch seine theilweise Erklärung finden kann, dass man dem Verbrennungsprozesse und den damit verbundenen Vorgängen zu wenig Beachtung schenkte, sondern auch, dass dasselbe sich auf einem sehr weiten Umwege bis zu seiner jetzigen, scharf ausgeprägten Form ausgebildet hat, im Gegensatz zur Gasbeleuchtung, deren Prinzipien von grundaus auf einer wissenschaftlich beobachteten Thatsache beruhen.

Für die Darstellung brennbarer Gase zunächst aus Steinkohlen hat ohne Zweifel die Natur selbst die erste Anrege gegeben in der unaufhörlichen natürlichen Destillation der Steinkohlen im Innern der Erde. Ich will hier nicht auf die grossartigen Gasfeuerungsanlagen der Natur zurückgreifen, wie es anderweitig geschehen ist, denn es fehlt jeder Nachweis, dass man über das Anstaunen dieser Phänomene hinaus zur rechten Zeit zu einer ruhigen Betrachtung derselben und einer wissenschaftlichen Untersuchung ihrer Ursachen gekommen ist, jedenfalls aber ist das Entstehen des Gasbeleuchtungswesens nachweisbar auf eine solche Beobachtung der natürlichen Steinkohlendestillation zurückzuführen und wenn auch diese Beobachtung für die Anwendung der Gasfeuerung so gut als ungeschehen blieb, so gab sie doch der Wissenschaft die erste Anrege, sich mit der Zusammensetzung und Natur der Steinkohle zu beschäftigen. [1])

---

[1]) Der Engländer Shirly scheint der Erste gewesen zu sein, der von dieser natürlichen Destillation der Steinkohle in wissenschaftlicher Weise Akt nahm. Derselbe entdeckte in dem reichen Steinkohlenflötz von Wigan (Lankashire) eine Quelle brennbarer Gase, worüber es in einer, 1667 der Royal Soziety übergebenen Schrift heisst: „Description of a Well and Earth in Lankashire, taking fire by a candle approached to it." Im Jahre

Die Generatorgasfeuerung entwickelte sich in der natürlichsten, wenn auch nicht direkten Weise aus der Hohofenfeuerung, denn indem man die bei hüttenmännischen Schmelzprozessen aus den Hohöfen entweichenden Gichtgase, die nach vielfach vorgenommenen Analysen bis 30 % brennbare Bestandtheile enthalten, an der Gicht des Ofens auffing und für andere pyrotechnische Zwecke nutzbar zu machen suchte, wird man zweifellos auf den Gedanken gekommen sein, brennbare Gase durch direkte Vergasung der Brennstoffe darzustellen, wenn man auch nicht gleich mit der praktischen Ausführung dieses Gedankens zur Stelle war.

Die Benutzung der Hohofengase in der angegebenen Weise scheint zuerst in Frankreich von Aubertot im Jahre 1814 eingeführt zu sein, welcher dieselben nicht nur wieder für hüttenmännische Prozesse, sondern auch zum Brennen von Kalk- und Ziegelsteinen verwerthete. Die Vortheile, welche man aus der Wiedergewinnung, resp. Nutzbarmachung der Gichtgase zu ziehen vermochte, waren einleuchtend und so erklärt es sich denn auch, dass die Aufmerksamkeit der Hüttentechnik mit einem grösseren Nachdruck auf dieses Gebiet gerichtet wurde. Uns können die mannigfachen Arbeiten hierin nicht weiter interessiren, wahrscheinlich aber leiteten vielfach missglückte Versuche und geringe Erfolge unmittelbar zur Anwendung der Generatorfeuerung hinüber, deren Begründung, denn von einer Erfindung oder Entdeckung kann nicht wohl die Rede sein, von hüttenmännischer Seite ausging.

Dem Hüttendirector Bischof gebührt das Verdienst, der Erste gewesen zu sein, welcher der Generatorgasfeuerung nicht nur eine praktische Unterlage gab, indem er sie 1839 auf dem Hüttenwerke Mägdesprung im Harz in Anwendung brachte, sondern auch ihre Theorie und Bedeutung in einer 1848 erschienenen Schrift darlegte.[1] „Bischof hatte hierbei hauptsächlich die Verwendung von Torf im Auge und machte schon damals erfolgreiche Versuche, um mit den daraus entwickelten Gasen Eisen zu puddeln. Er erkannte aber auch

---

1733 wies der Engländer Lothar das Aufsteigen brennbarer Gase aus einem Brunnenschachte nach, 1793 untersuchte ein Dr. Clayton diese Gase und nahm darnach Veranlassung, die künstliche Herstellung brennbarer Gase aus Steinkohlen durch Glühen derselben in einer verschlossenen Retorte zu versuchen, was ihm vollständig gelang, so dass derselbe damit das Problem der Leuchtgasbereitung löste, die, wenn auch erst 50 Jahre später, nach seinem Vergasungsverfahren zur praktischen Anwendung gelangte.

[1] Bischof II. Die indirekte aber höchste Nutzung der rohen Brennmaterialien etc. 2. Auflage. Quedlinburg, Verlag von Gottfried Basse, 1856.

bereits sehr wohl, welchen Nutzen diese Art Brennmaterial für andere technische Zwecke gewähren würde, bei denen es darauf ankommt, die Verbrennungsgase (!) sowohl staubfrei, als auch mit dem gerade gewünschten Verhältniss von Luft gemischt zu verwenden."[1])

Es liegt wohl in der Natur der Sache, dass die konstruktive Grundlage, welche Bischof der Gasfeuerung gegeben, im wesentlichen unverändert dieselbe geblieben ist; dies gilt indess selbstredend nur für den Gasgenerator, dessen jetzt so mannigfaltige Formen doch sämmtlich durch den Zweck desselben eine einheitliche Basis besitzen.

Der Gasgenerator richtet sich hinsichtlich seiner Einrichtung in erster Reihe nach der Beschaffenheit des zu vergasenden Brennstoffs und im weiteren auch wohl nach den individuellen Ansichten der Gastechniker; die Form bleibt dabei zunächst nebensächlich, in den Vordergrund aber tritt die Durchführung des der Vergasung zu Grunde liegenden Prinzipes, dass diese unter Einwirkung einer beschränkten Verbrennung, die auf dem Feuerroste unterhalten wird, inmitten einer starken Brennstoffschichte im unteren Theile des Generators vor sich geht, dass sich weiter im oberen Theile desselben die gasförmigen Stoffe sammeln, welche nun von hier aus mittelst der Saugkraft des Schornsteins, eines Ventilators oder anderer mechanischer Zugerreger, durch den Gaskanal nach dem Gasofen geführt werden, wo sie mit atmosphärischer Luft gemischt, zur Verbrennung gelangen.

Das zu vergasende Brennmaterial wird in bestimmten, durch Verhältnisse bedingten Zwischenräumen durch eine oder mehrere Oeffnungen von oben in den Generator gestürzt, der mit Brennstoff stets so hoch angefüllt sein muss, dass aller Sauerstoff der den Generator vermittelst der Rostspalten passirenden Luft schon in den unteren brennenden oder glühenden Schichten mit Kohlenstoff chemische Verbindungen einzugehen gezwungen ist. Zu diesem Zwecke und um eine energische Verbrennung nicht aufkommen zu lassen, darf die Luft nur in beschränkter Menge zugeführt werden, oder es muss die Brennstoffsäule eine konstant so hohe sein, dass die Widerstände, welche die Luft beim Passiren des Brennstoffs findet, für die Menge derselben ein natürliches Korrektiv bildet.

Vorwaltend in den Generatorgasen ist das Kohlenoxydgas, das aus dem Produkt der lokalen Verbrennung, der Kohlensäure gebildet wird, indem diese Sauerstoff an den gasförmig werdenden Kohlenstoff abgiebt, wodurch auch die Kohlensäure zu Kohlenoxydgas reduzirt

---

[1]) Die Töpferei von Dr. Karl Wilkens, Weimar 1870. Verlag von Bernhard Friedrich Voigt. S. 89.

wird. Neben diesem Gase entwickeln sich noch einige andere in geringerer Menge und die Produkte der trockenen Destillation.

Der Vergasungsprozess lässt sich nicht in allen seinen Einzelheiten verfolgen, da die Beschaffenheit der Generatorgase, namentlich die der Kohlenwasserstoffgase, sehr wesentlich von dem Grade der Temperatur abhängig ist bei welcher sie gebildet werden; die Vergasung im Generator aber mit der in Retorten in Vergleich stellen zu wollen, ist schon deshalb unzulässig, weil die Gasentwickelung hier in ganz anderer Weise verläuft und die Retortengase vorwaltend aus Kohlenwasserstoffen bestehen, während dabei das Kohlenoxydgas in den Hintergrund tritt.

Um den Verlauf des Vergasungsprozesses näher zu veranschaulichen, bedienen wir uns der Zeichnung eines schachtförmigen Gasgenerators, Fig. 1, der in der angegebenen Höhe mit Kohle angefüllt sein möge, die im unteren Theile dieser Schüttung lebhaft brennt, nach oben hin aber abnehmend erhitzt ist, so dass sich im oberen Theile des Generators, dem Rumpfe a, keine Gluth, wohl aber die aus dem Brennstoffe aufsteigenden Gase befinden, welche von hier ab kontinuirlich durch den Gaskanal b nach dem Gasofen entweichen. Es sei angenommen, dass die ideale Darstellung der Eintheilung des im Generator befindlichen Brennstoffs in fünf verschiedenen Zonen oder Schichten in der Wirklichkeit vorhanden sei, und wir entfernen uns mit dieser Annahme thatsächlich nicht sehr weit von den realen Verhältnissen, so müssen die in diesen Schichten vorhandenen verschiedenen Temperaturen nothwendig sehr verschiedene

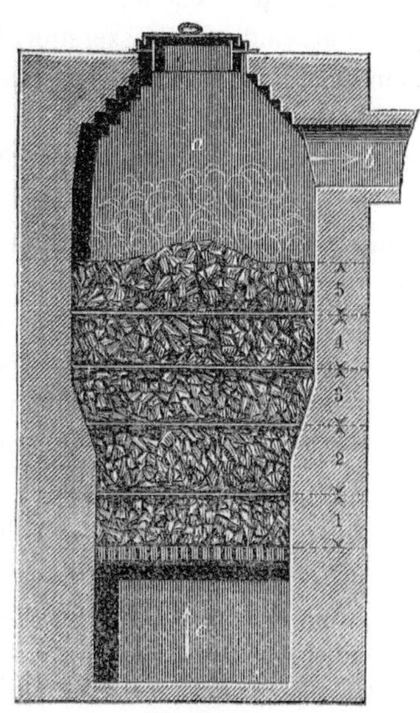

Figur 1.

chemische Reaktionen in dem Laboratorium des Gasgenerators hervorrufen, die sich annähernd richtig analysiren lassen.

Die erste Schichte über dem Roste wirkt als Agens des ganzen Vergasungsprozesses und da hier die Kohle wirklich verbrannt wird, so kann man sie als Verbrennungsschichte bezeichnen. Die atmosphärische Luft, welche durch den Rost, resp. den Aschenraum c, zwar in beschränkter aber für die partielle Verbrennung genügender Menge in den Generator tritt, giebt hier den grösseren Theil ihres Sauerstoffs an den Kohlenstoff ab, mit welchem er Kohlensäure bildet, und da anzunehmen ist, dass die Kohle hier keinen chemisch gebundenen Wasserstoff mehr enthält, so kann die einzige hier entstehende Gasart nur Kohlensäure sein, die mit dem etwa nicht konsumirten Sauerstoff, von Stickstoff als indifferente Luftart abgesehen, in die zweite, die glühende Schicht, übergeht, wo die Kohlensäure noch 1 Aequivalent Kohlenstoff bindet, während der freie Sauerstoff hier noch eine unvollkommene Verbrennung mit Bildung von Kohlenoxydgas unterhält, welches die höheren Schichten durchdringt, ohne seine Konstitution zu ändern.

Was in der zweiten oder dritten Schichte, nachdem je 8 Gewichtstheile des in der Kohle enthaltenen Sauerstoffs mit je 1 Gewichtstheil des chemisch gebundenen Wasserstoffs zu Wasserdampf verbrannt sind, an Wasserstoff disponibel wird, verbindet sich bis auf einen kleinen Theil in veränderlichen Mengen mit Kohlenstoff zu Kohlenwasserstoffgasen, was sich an Wasserstoff mit Kohlenstoff aber nicht verbindet, geht als einfaches Gas mit über.

Der Kohlenstoff geht mit Wasserstoff eine grössere Reihe gasförmiger Verbindungen ein, von denen in den Generatorgasen namentlich folgende vertreten sind:

a) Sumpfgas oder Methan (C_2H_4 spezif. Gewicht 0,559), bildet sich bereits bei niedrigen Temperaturen als natürliches Destillationsprodukt der Steinkohle und verursacht als solches die schlagenden Wetter in den Steinkohlenbergwerken, indem es sich mit dem doppelten Volumen Sauerstoff oder dem zehnfachen Luft zu einem höchst explosibelen Gase verbindet. Ausserdem entwickelt sich dieses Gas in grösserer Menge aus dem Schlamme stehender Gewässer, bei der Zersetzung und trockenen Destillation organischer Substanzen.

Das Sumpfgas, auch Grubengas genannt, ist farblos und ohne Geruch; es verbrennt mit bläulicher, mattleuchtender Flamme zu Kohlensäure und Wasserdampf, indem es dabei das Doppelte seines Volumens Sauerstoff aufnimmt und damit 1 Volumen Kohlensäure bildet, so dass ein Volumen Sauerstoff zur Wasserbildung verbraucht wird.

Der theoretische Heizeffekt des Sumpfgases ist in abgerundeter Zahl 13000 W. E.

b) Azetylen (C_4H_2 spezif. Gewicht 0,92), entsteht bei der Zersetzung organischer Körper durch Hitze und bei unvollkommener Verbrennung vieler kohlenstoff- und wasserstoffhaltiger Substanzen und ist daher ein wesentlicher Bestandtheil des Leucht- und Generatorgases.

Dieses Gas ist gleichfalls farblos, entwickelt aber einen ätherischen Geruch und verbrennt mit leuchtender, indess stark russender Flamme und einem theoretischen Wärmeeffekt von 7300 W. E. Es verbindet sich direkt mit noch 2 Aequivalenten Wasserstoff zu

c) Aethylen, schweres Kohlenwasserstoffgas (C_4H_4 specif. Gewicht 0,978), auch ölbildendes Gas genannt, weil es mit Klorgas eine ölartige Flüssigkeit bildet. Es entsteht bei der trockenen Destillation organischer Substanzen und bildet einen wesentlichen Bestandtheil des Leucht- und Generatorgases, der festen und flüssigen Beleuchtungsstoffe, welche der Anwesenheit dieses Kohlenwasserstoffs ihre leuchtende, reine Flamme verdanken. Mit 3 Volumen Sauerstoff oder der fünfzehnfachen Menge Luft gemischt, explodirt es mit grosser Heftigkeit. Der theoretische Wärmeeffekt beträgt 12000 W. E.

Zum Theil wohl schon in der dritten, vorzugsweise aber in der vierten Schichte spielt sich derjenige Theil des Vergasungsprozesses ab, den wir als trockene Destillation bezeichnen, dessen Produkte, gleichfalls Kohlenwasserstoffverbindungen, aber nicht als eigentliche Gase sondern als Dämpfe auftreten.

Die Reihe dieser Kohlenwasserstoffe, denen sich bisweilen noch gewisse Mengen Sauerstoff substituiren, ist zahlreich, im Generator aber werden sich vorzugsweise folgende entwickeln:

a) Naphthalin, H 6,12 %, C 93,88 % entwickelt sich aus Steinkohlen, verflüchtigt sich langsam bei mittleren Temperaturen und verbrennt mit russender aber leuchtender Flamme;

b) Paranaphtalin, H 6,12 % C 93,88 %, entsteht wie das vorige und verdampft bei 300° C.;

c) Paraffin, H 14,03 %, C 85,97 %, entwickelt sich bei der trockenen Destillation besonders bituminöser Brennstoffe, aus Braunkohlen, Torf, verdampft bei 380° C. und verbrennt mit leuchtender Flamme.

Die Produkte der trockenen Destillation sind es namentlich, welche zu einer theerartigen Masse kondensiren, wenn sie unter ihre Verdampfungstemperatur abgekühlt werden, was stets in längeren Gaskanälen der Fall sein wird, ein Uebelstand, der sich verschlimmert, wenn die Generatorgase viel Wasserdampf enthalten.

Dieser wird namentlich in der obersten Schichte auftreten, wo eigentliche chemische Reaktionen nicht mehr statthaben können, wenn die Hitze aus den unteren Parthien nicht zu energisch nach oben dringt.

Es liegt auf der Hand, dass die Gase umsomehr Wasserdampf enthalten müssen, je feuchter das zur Vergasung kommende Brennmaterial ist; andererseits kann auch ein sehr trockener Brennstoff eine grössere Menge Wasserdampf entwickeln, wenn er reich an Sauerstoff ist, der sich in dem bekannten Verhältnisse mit Wasserstoff zu Wasser verbindet. Dagegen werden wasserstoffreiche aber sauerstoffarme Brennstoffe ein besseres Gas liefern als solche, die fast nur aus Kohlenstoff bestehen, weil diesen nicht nur die Kohlenwasserstoffverbindungen und der freie Wasserstoff mangeln, sondern die Gase derselben auch mehr Stickstoff enthalten, da sauerstoffarme Brennstoffe für die Gasbildung mehr atmosphärische Luft konsumiren als solche, die eine grössere Menge Sauerstoff gebunden enthalten.

Die Resultate der aus einem Gewichtstheile Brennstoff entstehenden Gase, der für die Bildung und Verbrennung derselben erforderlichen Luftmenge etc. ergeben sich nach C. Schinz aus nachstehender Tabelle, (S. 63) wobei indess angenommen ist, dass aller frei werdende Wasserstoff sich mit Kohlenstoff zu Kohlenwasserstoff (Aethylen) verbindet, was in der Wirklichkeit indess nicht zutrifft, da stets ein Theil Wasserstoff frei bleiben wird.

Es erscheint wohl einleuchtend, dass die örtlich scharf begrenzte Trennung des Verbrennungsprozesses, wie es bei der Gasfeuerung Bedingung ist, einen Verlust an Wärme zur Folge haben muss, was von den Gegnern der Gasfeuerung mit grossem Nachdruck hervorgehoben wird. Diese wollen indess bedenken, dass der besagte Verlust kaum so gross ist wie der, welcher bei der direkten Feuerung allein durch unvollständige Verbrennung eintritt. Wenn man diesen Verlust aber bedingungslos auf Rechnung der Vergasung, der Umformung des Kohlenstoffs in Kohlenoxydgas stellt, so ist das ein Irrthum, denn es ist für die Wärmeerzeugung ganz gleichgültig, ob man den Kohlenstoff zunächst in Kohlenoxyd und dieses in Kohlensäure oder direkt in Kohlensäure verbrennt. Ein grösserer Theil der im Generator durch die Vergasung freiwerdenden Wärme geht thatsächlich durch Strahlung etc. verloren, ein anderer Theil aber wird durch die Gase mit in den Gasofen übertragen und eine gewisse Wärmequantität wird in dem Generator lokalisirt, um die Vergasung zu unterhalten.

Durch die Umformung des festen Kohlenstoffs in gasförmige Verbindungen, Kohlenoxyd und Kohlensäure, tritt allerdings ein grösserer Verlust an Wärme ein, den wir aber nur dann in Rechnung

	Torf.		Lignit.	Steinkohle.	Anthrazit.
	Wasserleer.	20%Wasser.			
Zusammensetzung der Brennstoffe.					
Asche	0,0600	0,0480	0,0930	0,0520	0,0280
Elemente des Wassers .	0,3844	0,5075	0,2699	0,0973	0,0332
Freier Wasserstoff . . .	0,0146	0,0117	0,0202	0,0358	0,0234
Kohlenstoff zur Bildung von Kohlenwasserstoff	0,0876	0,0702	0,1212	0,2148	0,1404
Kohlenstoff zur Bildung von Kohlenoxyd . . .	0,4534	0,3626	0,4957	0,6001	0,7750
Zur Bildung der Gase nöthige Luft.					
Sauerstoff zu Kohlenoxyd	0,6045	0,4835	0,6609	0,8001	1,0333
Mitgehender Stickstoff .	1,9899	1,5916	2,1756	2,6338	3,4015
Luft . . .	2,5944	2,0751	2,8365	3,4339	4,4348
Zusammensetzung der Gase.					
Kohlenoxydgas	1,0579	0,8461	1,1566	1,4002	1,8083
Kohlenwasserstoffgas . .	0,1022	0,0819	0,1414	0,2506	0,1638
Wasser . . , ...	0,3844	0,5075	0,2699	0,0973	0,0332
Stickstoff	1,9899	1,5916	2,1756	2,6338	3,4015
Zur Verbrennung nöthige Luft.					
Sauerstoff für das Kohlenoxyd	0,6045	0,4835	0,6609	0,8001	1,0333
Sauerstoff für den Kohlenwasserstoff	0,3504	0,2808	0,4848	0,8592	8,5616
Mitgehender Stickstoff .	3,1434	2,5159	3,7715	5,4621	5,2501
Luft . .	4,0983	3,2802	4,9172	7,1214	6,8450
Verbrennungsprodukte.					
Kohlensäure aus Kohlenoxyd und Kohlenwasserstoff	1,9837	1,5869	2,2620	2,9880	3,3565
Wasser aus Kohlenwasserstoff und in den Gasen vorhanden	0,5158	0,6128	0,4517	0,4195	0,2438
Stickstoff, neu zugeführt und in den Gasen vorhanden	5,1337	4,1073	5,9475	8,0964	8,6521
Totale	7,6332	6,3070	8,6612	11,5039	12,2524

stellen können, wenn wir auch die Vergasungswärme des Kohlenstoffs berücksichtigen. Es findet auch für diesen Fall dasjenige Anwendung, was schon früher erwähnt wurde, dass nämlich die Veränderung des natürlichen Aggregatzustandes eines Körpers, z. B. die Umformung des Wassers aus dem flüssigen in den dampfförmigen Zustand, mit einem Aufwand von Wärme verbunden ist, die für das Gefühl verschwindet, latent wird, die aber wieder erscheint, wenn, wie in diesem Falle der Wasserdampf sich wieder verdichtet; da wir aber den Kohlenstoff aus dem gasförmigen nicht wieder in den festen Zustand verdichten können, wenn wir ihn als Wärmestoff benutzen, so erscheint die Vergasungswärme des Kohlenstoffs als Verlust, der aber in der Praxis nicht in Rechnung gebracht werden kann, weil durch denselben der Kohlenstoff erst für die Wärmeerzeugung zweckdienlich wird.

In der Zahl 8080 W. E. welche ein Gewichtstheil Kohlenstoff bei der Verbrennung zu Kohlensäure frei macht, haben wir die reine Verbrennungswärme desselben, und da nur diese zum Vorschein kommt und für die Praxis allein Werth besitzt, so mag hierin der zunächstliegende Grund gefunden werden, wie es kommt, dass man erst in allerneuester Zeit nach der Vergasungswärme des Kohlenstoffs gefragt resp. dieselbe genau beziffert hat. [1]

Die Verbrennung von einem Gewichtstheil Kohlenstoff zu Kohlenoxyd giebt unter Zugrundelegung der auf 8000 W. E. abgerundeten Verbrennungswärme des ersteren eine Wärme von 2400 W. E. und $2\frac{1}{3}$ Gewichtstheile Kohlenoxydgas, von dem wiederum ein Gewichtstheil zu Kohlensäure verbrannt 2400 W. E. liefert, die Verbrennungswärme dieser $2\frac{1}{3}$ Gewichtstheile Kohlenoxyd ist daher $2400 \times 2\frac{1}{3} = 5600$, und da wir in diesem Falle die gleiche Gewichtsmenge Kohlenstoff verbrennen wie im ersten, nur mit dem wesentlichen Unterschiede, dass wir dort einen festen, hier aber einen gasförmigen Körper für die Wärmeerzeugung benutzen, so muss die Differenz in der Verbrennungswärme beider verschiedenen Aggregatzustände die Vergasungswärme des Kohlenstoffs ergeben, nämlich $5600 - 2400 = 3200$, W. E. und daher ist die absolute Verbrennungswärme des Kohlenstoffs $8000 + 3200 = 11200$, W. E., von denen 8000 nutzbar und 3200 latent werden.

---

[1] Vergl. Das Welter'sche Gesetz und die latente Vergasungswärme des Kohlenstoffs; von G. Bethke und F. Lürmann. Dingler's polyt. Journal, Band 220, S. 182.

Es findet daher bei der Vergasung des Kohlenstoffs ein Verschwinden von $\dfrac{3200}{11200} = 28^4/_7\ \%$ Wärme statt.

Dieser Verlust, den wir füglich als einen idiellen bezeichnen können, ist ein konstanter und nicht zu umgehen, derjenige aber, welchen wir bei der Gasfeuerung wirklich erleiden und den wir in erster Reihe auf Rechnung der Funktionen des Gasgenerators zu stellen haben, nicht aber der Vergasung des Kohlenstoffs zur Last legen können, ist ein veränderlicher, den man unter günstigen Umständen wenn auch nicht ganz beseitigen so doch wesentlich verringern kann.

Die Grösse dieses Verlustes ergiebt sich, wenn man die Verbrennungswärme des aus einer Gewichtsmenge Brennstoffs entwickelten Generatorgases derjenigen gegenüber stellt, welche derselbe bei der direkten Verbrennung ergeben haben würde; in Wahrheit ist diese Differenz, wie schon angedeutet, nicht in ihrem ganzen Umfange als Verlust zu betrachten, denn die Gase führen stets einen Theil der im Generator frei gewordenen Wärme mit sich und ausserdem wird darin eine Quantität Wärme zurück gehalten, die, wie wir später noch finden werden, in der günstigsten Weise nutzbar gemacht werden kann.

Um den Werth dieses Verlustes zu ermitteln und die Mittel aufzufinden durch welche derselbe verringert werden kann, bedarf es eingehender Untersuchungen und Berechnungen, als deren Grundlage die folgende Analyse einer Steinkohle dient, welche in 100 Gewichtstheilen aschenfreier Substanz enthält:

Kohlenstoff	84,380
Wasserstoff	6,168
Stickstoff	2,554
Sauerstoff	6,898
	100,000.

Aus 100^k dieser Kohle wird folgende Gasquantität entwickelt:

Kohlenoxydgas	$155,874^k$
Kohlensäure	42,386 -
Wasserstoff	3,741 -
Kohlenwasserstoffgas	8,023 -
Stickstoff	392,145 -
	$602,169^k$.

Auf Wasser, welches kondensirt und sich in den Gaskanälen absetzt, kann man $3,789^k$ rechnen. [1])

---

[1]) Es ist hierbei vorausgesetzt, dass von den $6,898^k$ Sauerstoff, welche

Die spezifische Wärme dieser Gase ist:

Kohlenoxydgas	$155{,}874 \times 0{,}2479$	$=$	$38{,}657$
Kohlensäure	$42{,}386 \times 0{,}2164$	$=$	$9{,}173$
Wasserstoff	$3{,}741 \times 3{,}4046$	$=$	$12{,}734$
Kohlenwasserstoffgas	$8{,}023 \times 0{,}5929$	$=$	$4{,}755$
Stickstoff	$392{,}145 \times 0{,}2440$	$=$	$95{,}684$
			$161{,}003.$

Durch die Verbrennung des Kohlenstoffs in Kohlenoxyd und Kohlensäure und eines Theiles Wasserstoff im Wasser sind im Generator frei geworden:

66,803 Kohlenstoff in Kohlenoxyd   165671 W. E.

11,560   „   „ Kohlensäure   93405 „ „

0,421 Wasserstoff in Wasser   14508 „ „

273584 W. E.

Die totale Verbrennungswärme von 100^{k} der analysirten Steinkohle beträgt;

84,380 Kohlenstoff in Kohlensäure   681790 W. E.

6,168 Wasserstoff in Wasser   212560 „ „

894350 W. E.

Theilt man die Zahl der im Generator entwickelten Wärmeeinheiten in diejenige der totalen, welche die Steinkohle hätte geben können, so erhalten wir den Verlust an Wärme, der im Generator eintritt, nämlich

$$\frac{273584}{894350} = 0{,}3057 = 30{,}57\,^0/_0.$$

Dieses Resultat erfährt aber eine Modifikation, wenn man annimmt, dass die in der Kohle enthaltenen 6,898 Gewichtstheile Sauerstoff sich mit einer äquivalenten Menge Wasserstoff verbinden um Wasser zu bilden, also $6{,}898 + 0{,}862$, das sich in dem einfach durch Wärme verdampften Zustande befindet, in dem es keine pyrometrische Kraft äussert; es bleiben daher für die nutzbar werdende Wärmeentwickelung an Wasserstoff noch $6{,}168 - 0{,}862 = 5{,}306$ Gewichtstheile übrig und diese geben $5{,}306 \times 34462 = 182855$ W. E., welche den 681790 W. E., die von der Verbrennung des Kohlenstoffs herrühren, hinzugefügt werden müssen, so dass nunmehr die totale Verbrennungswärme von 100^{k} Steinkohlen $681790 + 182855 = 864645$ W. E. beträgt.

Man würde unter dieser Voraussetzung 259076 W. E., nämlich

---

die Kohle enthält, sich 3,368 k mit der äquivalenten Menge Wasserstoff $=$ $0{,}421^{k}$ verbinden, um $3{,}789^{k}$ Wasserdampf zu bilden.

165671+93405 = 259076 W. E. bei der Bildung der Generatorgase frei machen und daher in diesem Falle verlieren

$$\frac{259076}{864645} = 29\%.$$

Diese beiden Annahmen variiren also nur wenig und führen uns zu den Zahlen 30,57 % und 29 %, welche den Verlust beziffern, der im Generator eintritt.

Die Gase von 100^k Steinkohlen geben beim Verbrennen:

155,874^k Kohlenoxyd in Kohlensäure	374098
8,023^k Kohlenwasserstoffgas in Wasser	104804
3,741^k Wasserstoff in Wasser	128922
	607824 W.E.

Für die Verbrennung der 167,638^k Gas in Kohlensäure und Wasser sind unter Zurechnung eines Ueberschusses von 20 % 788,691^k atmosphärische Luft und zwar 181,309^k Sauerstoff erforderlich, welche 607,382^k Stickstoff mit in den Gasofen führen.

Die Produkte der Verbrennung mit 20 % Luftüberschuss betragen in Gewichten

Kohlensäure	309,393^k
Wasser	47,205^k
Stickstoff	999,527^k
Sauerstoff frei	30,218^k
	1386,343^k

und die Wärmekapazität dieser Gase ist:

Kohlensäure	309,393×0,2164 =	66,952
Wasser	47,205×0,4750 =	22,430
Stickstoff	999,527×0,2440 =	243,885
Sauerstoff	30,318×0,2182 =	6,588
		339,845

Die Verbrennungstemperatur, welche ein Brennstoff entwickelt, ist gleich seiner in Wärmeeinheiten angegebenen Heizkraft, getheilt durch die Gewichtsmenge der Verbrennungsprodukte, vervielfältigt mit der spezifischen Wärme derselben; daher geben die Gase, indem sie verbrennen, eine Temperatur von

$$\frac{607,824}{339,845} = 1788^0 \text{ C.}$$

Es ist für die Praxis nicht ohne Werth, eine Parallele zu ziehen zwischen dem Nutzeffekt eines mageren Brennstoffes, dessen Analyse wir vorhin gegeben haben, und dem eines bituminösen sowie der Anwendung des Wasserdampfes für die Gasfeuerung.

Für die nachfolgenden theoretischen Betrachtungen bedienen wir uns der Percy'schen Analyse einer bituminösen, sehr gasreichen Steinkohle, der Kannelkohle von New-Kastle, die sich von den früher untersuchten wesentlich durch die grössere Menge des disponibelen Wasserstoffs auszeichnet.

Die Kannelkohle enthält in 100 Gewichtstheilen aschenfreier Substanz

$$
\begin{array}{ll}
\text{Kohlenstoff} & 88,86 \\
\text{Wasserstoff} & 6,53 \\
\text{Sauerstoff} & 2,53 \\
\text{Stickstoff} & \underline{2,08} \\
& 100,00.
\end{array}
$$

Zieht man von dem vorhandenen Wasserstoff diejenige Menge ab, welche mit 2,53 Gewichtstheilen Sauerstoff Wasser bildet, also 0,316 Gewichtstheile, so bleiben $6,214^k$ Wasserstoff disponibel und es ist nun zu untersuchen, wieviel Kohlenstoff dieser Wasserstoff binden wird, um Kohlenwasserstoffgas zu bilden.

Von den Kohlenwasserstoffgasen giebt es, wie wir gesehen haben, mehrere Arten, man pflegt aber in den Generatorgasen gewöhnlich nur zwei derselben zu berechnen und zwar: a. Sumpfgas und b. schweres Kohlenwasserstoffgas. Das Verhältniss des letzteren wird in den freigewordenen Generatorgasen gegen $10^0/_0$ des ersteren geschätzt und um so mehr wird sich hiervon bilden, desto mehr Kohlenstoff und Wasserstoff im Generator zur Wirkung kommen. Wasserstoffarme Brennstoffe werden daher mehr Kohlenoxydgas produziren, eine Umformung, welche viel Wärme im Generator frei macht und viel Stickstoff in den Gasofen führt.

Das Sumpfgas ist aus 75 Gewichtstheilen Kohlenstoff und 25 Gewichtstheilen Wasserstoff zusammengesetzt, die disponibel werdenden $6,214^k$ Wasserstoff binden also $18,642^k$ Kohlenstoff und es bleiben $88,860 - 16,642 = 70,218^k$ Kohlenstoff für die Verbrennung in Kohlendoxyd über. Durch die Umformung des Kohlenstoffs in Kohlenoxydgas werden 174140 W. E. frei, und es bleiben 393220 W. E. für die Verbrennung dieses Gases in Kohlensäure disponibel, welchen man die aus $24,856^k$ Sumpfgas erzeugten 324694 W. E. hinzurechnet; man benutzt also

$$393220 + 324694 = 717914 \text{ W. E.}$$

und verliert 174140 W. E.

$$\frac{174140}{717914 + 174140} = \frac{174140}{892054} = 19,5^0/_0$$

der totalen Wärme der Steinkohle, wobei indess vorausgesetzt ist, dass sich kein theeriger Niederschlag in den Gaskanälen bildet, was natürlich in der Praxis stets der Fall sein wird.

Ein Kilogramm dieser Kohle giebt mit 20 % Luftüberschuss an Verbrennungsprodukten

$$3,261^k \ \text{Kohlensäure}$$
$$9,405^k \ \text{Stickstoff}$$
$$\underline{0,588^k \ \text{Wasser}}$$
$$13,254^k$$

und erzeugt durch ·die Verbrennung der daraus entwickelten Gase eine Temperatur von 2190⁰ C.

Man sieht hieraus, dass ein bituminöser wasserstoffreicher Brennstoff 80,50 % Nutzeffekt hervorbringt, während ein trockener, magerer Brennstoff 30,57 % verliert und nur 69,43 % Nutzeffekt gewährt.

Die 174140 W. E. welche in diesem Falle durch die Bildung von Kohlenoxydgas frei geworden sind, dienen dazu, die $24,856^k$ Kohlenwasserstoffgas zu verflüchtigen, es bleibt aber noch eine Quantität Wärme übrig, welche bedeutend genug ist, eine gewisse Menge Wasserdampf, der in den Generator eingeführt wird, in seine Bestandtheile Sauerstoff und Wasserstoff zu zerlegen, wodurch man, abgesehen von der Erhöhung der Verbrennungswärme der Gase durch Bildung von Wasserstoffgas auch die Entstehung übergrosser Mengen theeriger Produkte verhindern kann.

Ein Kilogramm Kohlenstoff zu Kohlenoxydgas verbrannt, giebt bekanntlich 2480 W. E. und da dieselbe Menge Kohlenstoff bei vollständiger Verbrennung 8080 W. E. entwickelt, so bleiben 5600 W. E. disponibel, welche durch die Verbrennung des Kohlenoxydgases in Kohlensäure frei werden. Jene 2480 W. E. dienen nun dazu:

1) die Kohlen im Generator bei einer genügend hohen Temperatur zu erhalten, bei welcher Zersetzungen und chemische Verbindungen stattfinden können; man kann diese Temperatur zu etwa 800⁰ C. annehmen. Der Rest der im Generator freigewordenen Wärme kann

2) dazu dienen, Wasserdampf zu zersetzen.

Um die Gase, welche aus 1^k Kohlen entwickelt werden, auf 800⁰ C. zu erhitzen bedarf man 1514 W. E., es bleiben also 2480— 1514=966 W. E., die für die Zersetzung einer Quantität Wasserdampf verbraucht werden können.

Für die Zersetzung von 1^k Wasserdampf in seine Elemente sind 2168 W. E. erforderlich, es kann daher der Ueberschuss von 966 W. E. eine Menge zon $0,445^k$ Wasserdampf zerlegen; wenn wir nun bei der Vergasung von Koks, der bekanntlich fast nur Kohlenoxydgas liefert, auf jedes Kilogramm Brennstoff 0,250^k Wasserdampf in den Generator bringen, so erhält man 0,0277^k Wasserstoff mit einer Verbrennungswärme von 800 W. E., welche nutzbringend in den Gasofen gelangen. Die Verbrennungswärme des Generatorgases aus Koks ist daher 5600+800 = 6400 W. E., welche sich der des Kohlenstoffs von 8080 W. E. bis auf 79 $^0/_0$ nähert; der Verlust beträgt also in diesem Falle nur 21 $^0/_0$ und ist dem bei der Vergasung bituminöser Brennstoffe annähernd gleich.

Die Verbrennungswärme dieses Gases beträgt 2075^0 C., während Gas aus Koks durch atmosphärische Luft gebildet nur eine Temperatur von 1908^0 C. entwickelt.

Die Differenz von 167^0 C. in der Verbrennungswärme dieser Gase rührt nicht allein daher, dass bei der Anwendung von Wasserdampf Wasserstoff entsteht, sondern auch weniger Stickstoff in den Gasofen gelangt, da der Sauerstoff, welcher aus dem zersetzten Wasser resultirt, keinen Stickstoff enthält.

Dieses günstige, zum Theil durch die Anwendung des Wasserdampfes herbeigeführte Resultat berechtigt aber nicht zu der Schlussfolgerung, dass die Anwendung des Wassers den Effekt der Verbrennung überhaupt steigern könne, denn wenn auch 1 Volumentheil Wasserdampf fünfmal mehr brennbare Gase erzeugt als dieselbe Menge atmosphärische Luft, so ist es doch eigentlich nur diese oder vielmehr der Sauerstoff derselben, welcher wirklich Wärme produzirt, nicht aber derjenige, welchen wir durch Zersetzung des Wassers erhalten; denn man darf nicht vergessen, dass diese Zersetzung einen Aufwand von Wärme bedingt, der gleich ist dem Nutzeffekt des zersetzten Wasserdampfes, der Verbrennungswärme des frei gewordenen Wasserstoffs.

Die Zersetzung des Wassers in seine Elemente Sauerstoff und Wasserstoff findet nur einigermassen sicher und vollständig in der hohen Gluthschicht des Gasgenerators statt, nicht oder doch nur in sehr geringem Umfange bei Rostfeuerungen, wo die Verhältnisse weit ungünstiger sind. Aber selbst abgesehen hiervon, so gehen doch mit jedem Kilogramm des in den Verbrennungsheerd gebrachten Wassers, gleichviel ob es zunächst in Dampf verwandelt wurde oder nicht, 636 W. E., die gesammte Wärme des Wasserdampfes (von 0^0 C.) verloren. Es tritt also in allen Fällen, wo Wasser den Heerd passirt, ein unvermeidlicher Verlust ein.

Das Gleiche gilt auch für den Fall, wenn man nasse Brennstoffe verwendet oder trockenen Brennstoffen Wasser zusetzt, das natürlich dann nicht zerlegt sondern einfach verdampft wird auf Kosten der in dem Feuerheerde entwickelten Wärme, wodurch der Effekt der Verbrennung bedeutend verringert wird, wie es aus folgenden Beispielen ersichtlich ist.

Ein Gewichtstheil Kohlenstoff erfordert um vollständig zu verbrennen, 2,667 Gewichtstheile Sauerstoff, wodurch 3,667 Gewichtstheile Kohlensäure entstehen, und da die Verbrennungstemperatur ermittelt wird wenn man die in Wärmeeinheiten angegebene Heizkraft eines Brennstoffes mit dem Gewicht der Verbrennungsgase multiplizirt und das Produkt durch die spezifische Wärme derselben theilt, so ist die Verbrennungstemperatur des Kohlenstoffs im reinen Sauerstoffgase:
$$\frac{8080}{3{,}667 \times 0{,}216} = 10202^0 \text{ C.}$$

Verbrennt aber Kohlenstoff in atmosphärischer Luft, dann wird durch das Hinzutreten von 9 Gewichtstheilen Stickstoff (spezif. W. 0,244) die Verbrennungstemperatur nur sein:
$$\frac{8080}{3{,}667 \times 0{,}216 + 9 \times 0{,}244} = 2704^0 \text{ C.}$$
Da die einfache Luftmenge aber im günstigsten Falle nur für die Gasfeuerung genügt, für die direkte Feuerung aber mindestens das doppelte Luftquantum (spezif. W. 0,238) erforderlich ist, wenn die Verbrennung annähernd vollständig sein soll, so vermindert sich die Verbrennungstemperatur auf
$$\frac{8080}{3{,}667 \times 0{,}216 + 9 \times 0{,}244 + 11{,}667 \times 0{,}238} = 1402^0 \text{ C.}$$

Mischt man nun aber den Kohlenstoff mit einer gleichen Gewichtsmenge Wasser und verbrennt auch diese Komposition im reinen Sauerstoff, so wird die entstehende Temperatur nach Ferd. Fischer's Berechnung
$$\frac{8080 - (536 + 52{,}5\,^{[1]})}{3{,}667 \times 0{,}216 + 1 \times 0{,}475} = 6710^0 \text{ C.}$$
statt 10202^0 C., wenn trockener Kohlenstoff verbrannt wird. Geht die Verbrennung aber mit der einfachen Menge atmosphärischer Luft vor sich, dann werden nur entwickelt
$$\frac{8080 - (536 + 52{,}5)}{3{,}667 \times 0{,}216 + 9 \times 0{,}244 + 1 \times 0{,}475} = 2452^0 \text{ C.}$$
statt 2704^0 C. wenn kein Wasser zugesetzt wird.

Resümirt man das Gesagte, so lässt sich kurzerhand der Schluss ziehen, dass die Anwendung des Wassers, gleichviel in welcher Form es auch geschehe, bei der Wärmeerzeugung durch Verbrennung auf die

---

[1]) Weil Wasserdampf eine geringere spezif. Wärme hat als Wasser.

resultirenden Verbrenungstemperaturen nur nachtheilig wirken kann, wenn nicht, wie bei der Gasfeuerung im Generator ein Ueberschuss an Wärme vorhanden ist, den man unbeschadet des regelmässigen Verlaufes des Vergasungsprozesses für die Zersetzung einer Quantität Wasserdampf benutzen kann, so dass man mit der überschüssigen Wärme hier Wasserstoff produzirt, um ihn im Gasofen zu verbrennen. Dies ist aber auch nur, wie schon erwähnt, einigermassen sicher bei der Gasfeuerung der Fall, nicht bei anderen, speziell den gewöhnlichen Rostfeuerungen, wo die Brennstoffschütthöhe in den meisten Fällen viel zu unbedeutend ist, um den durchgehenden Wasserdampf zerlegen zu können.

Aus den früheren Untersuchungen über die Verbrennungswärme der Generatorgase haben wir die Temperaturen 1908 resp. 2075⁰ C. für Gase aus Koks und 1783 resp. 2190⁰ C. für Gase aus Steinkohlen gefunden, welche zwar in Wirklichkeit noch durch mancherlei Verluste herabgedrückt werden, die aber für zahlreiche industrielle Schmelz- und Brennprozesse genügen.

Es giebt indess pyrometrische Prozesse, für welche jene Temperaturen nicht ausreichen, und für diese hat man eine Steigerung der Hitze in wahrhaft genialer Weise dadurch zu erreichen gewusst, dass man das Gas und die Luft vor ihrer Verbrennung bedeutend erhitzte, wodurch nicht nur der Effekt der Verbrennung direkt erhöht wird, sondern auch die chemische Verbindung der brennbaren Gase und des Sauerstoffs wesentlich energischer verläuft.

Dieses System der Steigerung der Verbrennungstemperaturen durch die Erhitzung der Brennsubstanzen von ihrer Entzündung ist die regenerative Gasfeuerung, deren grosse Wirkungen auf die Ursache der Temperaturdifferenzen und der rationellen Nutzanwendung dieser Erscheinung zurück zu führen sind.

Alle Körper haben bekanntlich die Eigenschaft gleiche Temperaturen anzunehmen, oder was dasselbe ist, die Wärme sucht sich gleichmässig auf alle Körper zu vertheilen; wird daher ein erhitzter Körper mit einem kälteren in Berührung gebracht, so wird jener an diesen so lange und so viel Wärme übertragen, bis die Differenz der Wärme in beiden Körpern ausgeglichen ist. Dieses Gesetz nun finden wir bei der regenerativen Gasfeuerung hinsichtlich seiner praktischen Bedeutung dadurch verwirklicht, dass die dem Gasofen entströmenden sehr heissen Verbrennungsgase in geeigneter Weise mit einem kälteren Körper in Berührung gebracht werden, an welchen sie so lange Wärme abgeben, bis die gegenseitige Temperaturdifferenz ausgeglichen ist. In diesem Momente des passiven Wärmezustandes wird der Kontakt der beiden Körper unterbrochen, die Feuergase erhalten eine andere Passage und nunmehr kommen der kältere Gas- und Luftstrom mit dem erhitzten Körper in unmittelbare Berührung; infolge dessen tritt sofort das Bestreben ein, die Temperaturdifferenz auszugleichen und zwar wird dies um so energischer stattfinden, desto grösser der Unterschied in dem Wärmegehalte der beiden Körper ist. Gas und Luft erhitzen sich nun so lange, bis die Temperaturdifferenz ausgeglichen ist, dann werden die Passagen der Verbrennungsgase und die der Luft und des Gases wieder gewechselt, so dass die Wirkungen der Temperaturdifferenz unaufhörlich thätig sind.

Der Begriff „regenerative Gasfeuerung“ ist an und für sich ein enger, wenn man die leitende, eben skizzirte Idee derselben nicht aus den Augen lässt, welche die Herstellung von Wärmemagazinen (Regeneratoren) mit einer möglichst grossen, wärmeaufnehmenden und wärmeabgebenden Oberfläche bezweckt. Diese Regeneratoren (Wiederbeleber) werden bald durch die abziehenden Verbrennungsgase erhitzt, bald durch die Wärmeabgabe an den durchpassirenden Gas- resp. Luftstrom wieder abgekühlt, ein Prinzip, das in seiner scharf ausgeprägten Form zuerst Friedrich Siemens mit dem grössesten Erfolge für die Gasfeuerung zur Anwendung brachte. „So verschwindend die Erfolge der Regeneration in ihrer Anwendung auf die kalorische Maschine von Ericsson waren, um so bedeutender waren sie bei der Gasfeuerung, und der Boden, den dieses Regenerativsystem nach seinem kurzen Bestehen in der Hüttenindustrie gefunden hat, lässt sie in der That als eine „Feuerung der Zukunft“ erscheinen.“[1] Neuerdings hat man diesem Begriffe eine erweiterte Fassung gegeben, und auch die Art und Weise der einseitigen Erhitzung nur der Verbrennungsluft, die sich innerhalb parallel verlaufender Kanäle durch kontinuirliche Gegenströmung der wärmeabgebenden und wärmeaufnehmenden Substanzen vollzieht, als regenerative Gasfeuerung bezeichnet, wo man es doch streng genommen nur mit einem sehr entwickelten System der direkten Gasfeuerung, welche die Lufterhitzung keineswegs ausschliesst, zu thun haben dürfte. Derartige Begriffsverschiebungen schaden nun allerdings nicht, sie geben aber doch zu theoretischen Inkonsequenzen Veranlassung und man wird schliesslich berechtigt sein, jede Feuerung, für welche die Verbrennungsluft auf irgend eine geeignete Weise vor-

---

[1] Kompendium der Gasfeuerung etc. Von Ferdinand Steinmann, 2. Auflage.
Freiberg, J. G. Engelhardt'sche Buchhandlung 1876, S. 21.

gewärmt wird, eine regenerative Feuerung zu nennen und muss schliesslich auch den Ausspruch gelten lassen, dass der Hoffmann'sche Ringofen, der das prägnanteste Beispiel der Lufterhitzung bietet, „doch eigentlich das Siemens'sche Regenerativsystem in ureinfachster Gestalt repräsentirt."

Will man von einer regenerativen Gasfeuerung sprechen, so muss man auch die Bedingungen derselben erfüllen, die zunächst in dem Vorhandensein von eigentlichen Regeneratoren nicht nur für die Luft- sondern auch für die Gaserhitzung bestehen, und diese müssen ebensowohl geeignet sein, von den durchpassirenden Verbrennungsgasen möglichst viel Wärme aufzuspeichern als später an die den Regenerator durchziehenden Gas- und Luftströme abzugeben. Diese nicht leichte Aufgabe, die aber die Grundlage der regenerativen Gasfeuerung im Sinne ihres Erfinders ist, kann nur durch eigentliche Regeneratoren, wie solche Siemens konstruirte, gelöst werden, nicht aber durch die einseitige Erhitzung der Verbrennungsluft.

Die Regeneratoren sind grössere kanalartige Räume, welche mit feuerfesten Steinen gitterartig ausgesetzt sind, wodurch nicht nur die mit den Verbrennungsgasen entweichende Wärme gezwungen wird, diese Räume langsamer zu passiren und Zeit zu haben, sich an diese Steinmassen zu binden, sondern wodurch auch im umgekehrten Falle der Gas- resp. Luftstrom genöthigt wird, in gleich langsamer Weise durch diese Räume zu ziehen, um die darin angesammelte Wärme an sich zu nehmen. Durch dieses Gitterwerk wird ausserdem eine möglichst grosse Flächenbestreichung bewirkt, sowohl für die abgehende Wärme als für die zuströmende Luft und das Gas und dadurch wird eine grosse Ausnutzung nach beiden Richtungen hin erzielt.

Um den Ofenzug trotz dieser Vergitterung nicht zu hindern, müssen die Regeneratoren in ihren freien Querschnitten denen der Zu- und Abzugskanäle gleich gross sein, so dass die Summe des Flächeninhaltes der durch den gitterförmigen Aussatz gebildeten kleineren Kanäle noch immer so gross ist wie der Flächeninhalt des Querschnittes der Hauptgas- und Luftkanäle.

Das System der gleichzeitigen Erhitzung des Gases und der Luft bei Siemens-Oefen macht das Vorhandensein von doppelpaarigen Regeneratoren und daher den Umstand zur Bedingung, dass der Gasofen in zwei symmetrische Hälften zerlegt werden muss, deren Axe an ihren Endpunkten denjenigen Theil des Ofens durchschneidet, in welchem sowohl die Regulirung der Gas- und Luftströmung nach dem Gasofen resp. nach den betr. Regeneratoren als auch die der Passagerichtung der Verbrennungsgase stattfindet.

Der Siemens'sche Gasofen hat diesen Dispositionen entsprechend auf jeder der beiden gleichmässigen Halbseiten zwei Regeneratoren, je einer für die Gas- und Lufterhitzung dienend, welche sich paarweis einander gegenüber liegen und durch einen Kanal mit einander verbunden sind, an dessen Ausgangsöffnungen nach dem Schornstein resp. Gasgenerator einerseits, dem Schornstein und der Lufteinströmung andererseits die sogenannten Wechselklappen situirt sind, so dass die Kanäle für die Luftzuführung sich bei der Wechselklappe des Luftregenerators, jene für die Gaszuführung sich aber bei derjenigen Wechselklappe vereinigen, welche bei der Zweitheilung des Hauptgaskanals angebracht ist.

Diese Wechselklappen bestehen aus einem gusseisernen oder gemauerten Gehäuse mit vier Passagen, von denen stets je zwei durch einen gusseisernen Flügel derartig in Verbindung gesetzt werden, dass immer auf der einen Seite dieses Flügels oder der Klappe die Verbindung des Gasofens mit dem Gasregenerator oder der Lufteinströmungsöffnung stattfindet, während auf der anderen Seite die Verbindung des Ofens mit dem Schornstein frei ist. Als Typus dieses Regenerativsystems kann der Stahlschmelzofen von W. Siemens dienen, welcher in Fig. 2 dargestellt ist.

Aus dem Hauptkanale A tritt das vom Generator kommende Gas durch die offene Klappenpassage in den Zweigkanal B und von hier in den bereits erhitzten Regenerator C, den es von unten nach oben durchströmt, um dann bei D in den Schmelzraum zu gelangen, der mit einer Anzahl Schmelztiegel E besetzt ist, welche durch eine Steinzunge F von einander getrennt sind. Die für die Verbrennung des Gases erforderliche atmosphärische Luft dringt bei G durch die nach H hin offene Wechselklappe in den ebenfalls erhitzten Regenerator I, von wo sie in die Höhe steigend mit den Gasen auf den Heerd gelangt. Die Flamme des Schmelzraumes theilt sich, nachdem sie ihre Wirkung gethan, bei K und strömt nun theils in den Gasregenerator L, um von hier durch den Kanal M in den Schornstein N zu entweichen, theils in den Luftregenerator O und von hier durch P gleichfalls in den Schornstein

Wenn die Regeneratoren C und I die aufgespeicherte Wärme an den durchpassirenden Gas- und Luftstrom abgegeben, die Regeneratoren L und O sich aber durch die abziehenden Verbrennungsgase stark erhitzt haben, so findet der Klappenwechsel statt und zwar in der Weise, dass nunmehr das Gas durch M, die Luft aber durch P in die Regeneratoren L und O gelangen, um bei K in den Heerd

Figur 2.

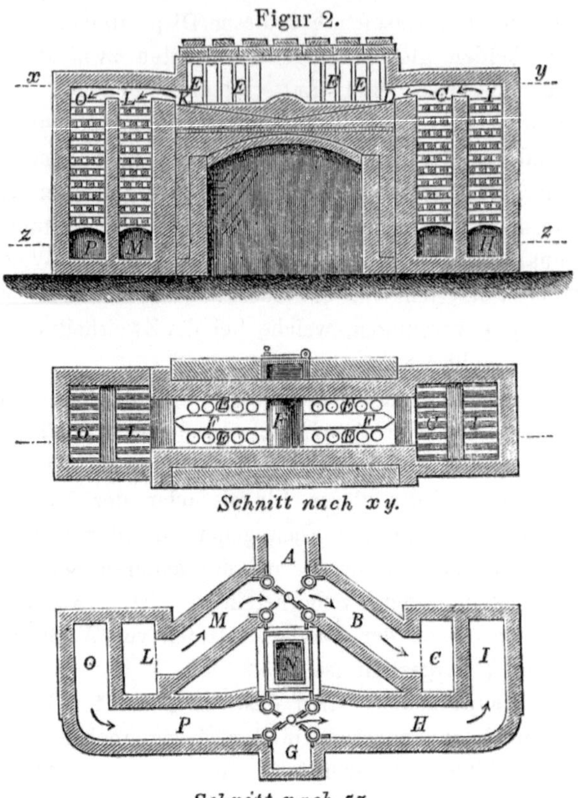

einzutreten, während die Verbrennungsgase bei D theils durch C und B, theils durch J H in den Schornstein N entweichen.

So sinnreich und gewissermasen auch einfach diese Konstruktion erscheint, so bietet sie doch im Betriebe mancherlei Schwierigkeiten, die namentlich in der Handhabung des Wechselapparates liegen, welcher viel Aufmerksamkeit und Sorgfalt erfordert.

„Es ist einleuchtend, sagt J. Melting, dass bei dieser Konstruktion, weil die gesammelte Wärme zur Erhitzung der Luft gebraucht wird, ohne gleichzeitig an derselben Stelle wieder gesammelt werden zu können, nach und nach, wenn ich mich so ausdrücken darf, an Qualität verlieren und gewissermasen verbraucht werden muss, dass also ein Moment eintreten wird, in dem keine Erhitzung des Gases und der Luft mehr stattfinden kann und demzufolge wird auch im Ofen die Intensität der Verbrennung abnehmen müssen. Andererseits werden aber auch der kältere Gas- und Luftstrom im Anfange ihres

Eintritts in die erhitzten Regeneratoren nicht geneigt sein, sogleich die gesammelte Wärme anzunehmen, also nicht genügend erwärmt sein (?), um die nothwendige Intensität der Flamme zu entwickeln und es wird daher ein Schwanken in der Qualität derselben, resp. in der vortheilhaften Verbrennung stattfinden, die abhängig ist von der Dauer und dem Umfange der Luft- und Gaserhitzung in denselben Regeneratoren, also von der Umstellung der Wechselklappe. Da sich aber diese Umstellung bis jetzt nicht von selbst regulirt und bewerkstelligt, sondern von dem Bedienungspersonal abhängig ist, so liegt in der Intelligenz und Aufmerksamkeit desselben ein Hauptfaktor für die regelmässige Gas- und Lufterwärmung und der damit zusammenhängenden Intensität der Verbrennung im Schmelzofen, denn es wird einerseits bei zu öfterem Umstellen der Wechselklappen eine nicht genügende Erhitzung der Regeneratoren und dem entsprechend der Brennsubstanzen statthaben, andererseits wird bei zu spätem Umstellen der Wechselklappen eine zu grosse Abkühlung der Regeneratoren und damit ein Sinken der Gas- und Lufterwärmung, also wiederum eine Abnahme der Intensität der Verbrennung stattfinden.[1] Ein Uebelstand dieser eisernen Wechselklappen ist der des leichten Defektwerdens durch Einwirkung der Hitze der im Generator erzeugten Gase sowohl als auch der vom Schmelzofen abziehenden Verbrennungsgase, da ein Defektwerden dieser Wechselklappen nicht nur bedeutende Gasverluste herbeiführt, sondern den ganzen Betrieb des Ofens stört, weil die Zugströmungen und die damit zusammenhängende regelmässige Erhitzung des Gases und der Luft total unterbrochen wird. (Defekte an der Wechselklappe entstehen wohl nur durch die heisseren Steinkohlengase und um jene zu vermeiden lässt Siemens diese vor dem Eintritt in die Regeneratoren ein weites Kühlrohr passiren, was aber vom ökonomischen Standpunkte aus zu verwerfen ist, der Verf.). Noch ein bemerkenswerther Nachtheil bei dem Siemens'schen Regenerativsystem ist der, dass die auf den Schmelzheerd tretende Flamme, um durch den entgegengesetzten Regenerator nach dem Schornstein zu ziehen, gezwungen wird, ihre Richtung schon im Schmelzofen dahin zu nehmen, so dass dieselbe speziell bei Glasschmelzöfen nicht auf alle Glashafen gleichmässig wirken kann; es findet deshalb nicht nur ein ungleichmässiges Schmelzen je nach der Situation der einzelnen Hafen statt, sondern es tritt auch eine ganz ungleichmässige Ausdehnung der einzelnen Moleküle der Hafenmasse und dadurch ein leichteres Zerspringen oder

---

[1] Sprechsaal, Organ der Porzellan-, Glas- und Thonwaarenindustrie. 1875, N. 40.

Zerreissen der Hafen ein. Bei der Ausarbeitung der Glasmasse macht sich diese ungleichmässige Vertheilung der Flamme ebenso fühlbar, denn es wird auf der einen Seite des Ofens zu viel Flamme sein, während sie auf der anderen Seite mangelt, und es kommt daher auch öfters vor, dass während auf dieser Seite das Glas zum Ausarbeiten zu steif wird, auf jener Seite das Gegentheil stattfindet, oder wie der Glasmacher sagt, feuerweiss wird. Diesen letzteren Uebelständen auszuweichen, wird dann gewöhnlich öfters als zweckentsprechend gewechselt, dem ein anderer Uebelstand, die ungenügende Erhitzung der Regeneratoren, auf dem Fusse folgt."[1]

Durch diese einzelnen Uebelstände, welche dem Siemens'schen Regenerativsystem anhaften, die aber in ihrer zugespitztesten Form wohl selten hervortreten, werden die immensen Vortheile, die es für die Erzeugung hoher Temperaturen bietet, kaum geschmälert, nichtsdestoweniger hat man mit diesen Nachtheilen zu rechnen und andere Gastechniker haben versucht, dieselben zu beseitigen, indem sie das System der Wechselklappe umgingen, so Gebr. Pütsch, C. Nehse, Th. Kleinwächter u. A.

Das Regenerativsystem der Gebr. Pütsch in Berlin, über welches mir authentische Nachrichten nicht zugegangen sind, besteht darin, dass die Siemens'sche Wechselklappe hier durch einen Zylinder von Kesselblech ersetzt ist, der auf der einen Seite mit einem Boden geschlossen und in der Mitte durch eine Blechwand getheilt ist. Sowohl die Ränder der offenen Seite des Zylinders, als auch die der Scheidewand passen in einen über den vier Kanälen befindlichen Wasserkranz derartig, dass diese Scheidewand stets die Verbindung der zwei sich entsprechenden Kanäle herstellt.

Bei dieser Konstruktion wird erreicht, dass der Zylinder und dessen Scheidewand nicht nur durch die ihn umspielende frische Luft, sondern auch durch das in der Zarge befindliche Wasser eine stete Abkühlung erhalten, während das Wechseln, dem freilich erst eine Hebung des Zylinders aus der Zarge vorhergehen muss, keine grösseren Gasverluste herbeiführt, als wie bei dem der Siemens'schen Wechselklappe. Das in der Zarge befindliche Wasser, das zeitweise oder auch kontinuirlich zufliessen kann, bewirkt ausser der Abkühlung des Zylinders noch den denkbar dichtesten Verschluss.

Bei dieser Konstruktion finden wir noch eine unmittelbare Anlehnung an das System Siemens, dagegen haben sich Nehse und Kleinwächter von jeder mechanischen Vorrichtung zum Wechseln des Gas- und Luftstromes einerseits und der Verbrennungsgase anderer-

---

[1] Sprechsaal, 1875, N. 41.

seits frei gemacht, beide haben dagegen ein System von Kanälen angenommen, die so angeordnet sind, dass diejenigen Kanäle, durch welche die Verbrennungsgase aus dem Ofen nach dem Schornstein entweichen, mit jenen korrespondiren, durch welche die Verbrennungsluft nach dem Gasofen strömt, so dass diese sich an den erhitzten Wandungen der Feuerluftkanäle andauernd erwärmt. Durch die mit der Intensität der Verbrennung sich vermehrende Wärmeabgabe der Feuerluftkanäle an die Verbrennungsluftkanäle wird die Lufterhitzung eine immer intensivere, wodurch die Ofentemperatur eine regelmässig steigende Tendenz erhält.

Mit der Annahme dieses Systems der Regeneration ist nun zwar die Erhitzung des Gases aufgegeben, es sind damit aber auch alle jene Missstände beseitigt, welche aus der Anwendung der Wechselklappe resultiren und daneben auch noch der grosse Uebelstand der Siemens-Oefen, die einseitige Flammenbildung dadurch vermieden worden, dass hier die Art und Weise der Verbrennung durch keinerlei Rücksichten auf die Regeneratoren eine örtliche Beschränkung erleidet.

Wir wollen nun untersuchen, in welcher Weise die Intensität der Verbrennung, resp. die Steigerung der Temperatur durch die regenerative Gasfeuerung, System Siemens, erhöht werden kann.

Im Verlaufe von $1/2$ Stunde werden in unserem Falle im Gasgenerator $37^{1}/_{2}$ Kilogramm Steinkohlen vergast, welche der auf S. 65 gegebenen Analyse entsprechen. Diese Quantität Steinkohlen entwickelt 520^{k} Verbrennungsgase mit einer spezif. Wärme von 127,50 und eine Verbrennungswärme von 220272 W. E.

Es ist anzunehmen, dass die Verbrennungsgase, indem sie aus dem Gasofen in die Regeneratoren entweichen, noch eine Temperatur von 1600^{0} C. besitzen, sie tragen also in $1/2$ Stunde $127,50 \times 1600 = 204000$ W. E. mit sich fort, von denen der Schornstein 25000 W. E. unter der Voraussetzung absorbirt, dass die Gase in den Regeneratoren bis auf 200^{0} C. abgekühlt werden; die beiden Abtheilungen der Regeneratoren transmittiren 13875 W. E. und der Rest von 165125 W. E., welche in den Regeneratoren zurückbleiben, dienen dazu später Gas und Luft zu erhitzen. Jede der beiden Abtheilungen eines Regenerators speichert daher $\dfrac{165125}{2} = 82562$ W. E. auf.

Die Gasmenge welche $37^{1}/_{2}$ Kilogramm Steinkohlen liefern, ist $225,75^{k}$ mit einer spezif. Wärme von 60,38; theilt man die Zahl der spezifischen Wärme in diejenige der Wärmeeinheiten, welche in dem Gasregenerator vorhanden sind, so erhält man die Temperatur, welche das Gas in dem Regenerator annimmt, nämlich:

$$\frac{82562}{60{,}38} = 1367^0 \text{ C.}$$

Für die Verbrennung dieses Gases sind $295{,}76^k$ atmosphärische Luft mit einer spezif. Wärme von $70{,}41$ erforderlich, die Luft erhitzt sich daher in dem Luftregenerator auf $\frac{82562}{70{,}41} = 1172^0 \text{ C.}$

Die Temperatur, welche Gas und Luft in den Regeneratoren annehmen, beträgt also im Mittel $\frac{165125}{60{,}38+70{,}41} = \frac{165125}{130{,}79} = 1262^0 \text{ C.}$, die man, um den totalen Wärmeeffekt zu berechnen, der einfachen Verbrennungswärme des Generatorgases zuzuzählen hat.

Die Wärmekapazität der Regeneratoren ist aber nicht als konstant zu betrachten, denn in dem Maasse wie der durchpassirende Gas- und Luftstrom Wärme aufnehmen, kühlen sich die Regeneratoren ab und es muss daher nothwendigerweise eine Differenz in der Summe der abgebbaren Wärme entstehen, die um so grösser sein wird, desto weiter die letzte Umstellung der Wechselklappe zurück liegt.

Die stattfindende Variation in der Wärmeabgabe der Regeneratoren innerhalb der Zeit zwischen der Umstellung der Wechselklappen die gewöhnlich $^1/_4$ Stunde beträgt, lässt sich auf folgender Grundlage berechnen.

Haben die beiden Regeneratoren je eine Höhe von $2{,}25^m$, eine gleiche Länge und eine Breite von $0{,}40^m$, so werden $0{,}50^m$ dieser Höhe die Temperatur der eintretenden Feuergase, also 1600^0 C. besitzen, dagegen wird die Temperatur der übrigen $1{,}75^m$ nur 850^0C. betragen. Die im Regenerator enthaltenen feuerfesten Steine, welche von den Feuergasen die Wärme aufnehmen um sie später wieder abzugeben, wiegen etwa 1800^k, es sind daher $\frac{1800 \times 0{,}50}{2{,}25} = 400$ $\frac{1800 \times 1{,}75}{2{,}25} = 1400$, also 400^k Steine mit 1600^0 C. und 1400^k Steine mit 850^0 C. vorhanden, deren spezif. Wärme $0{,}21$ ist. Es resultiren hieraus für jede Abtheilung

$$400 \times 0{,}21 \times 1600 = 134400$$
$$1400 \times 0{,}21 \times 850 = 249900$$
$$\text{zusammen } 384300 \text{ W. E.}$$

und für beide Abtheilungen 768609 W. E.

Unter dieser Voraussetzung ist die Temperatur der feuerfesten Steine in den Regerneratorabtheilungen

$$\frac{1600 \times 400 + 850 \times 1400}{1800} = 1016^0 \text{C.}$$

Wenn wir von 768600 W. E. 165125 W. E. abziehen, die Zahl der Wärmeeinheiten, welche beide Abtheilungen der Regeneratoren im Laufe von $^1/_2$ Stunde an Gas und Luft abgeben, so bleiben 603475 W. E. übrig, und wir erhalten daraus indem wir die Gleichung setzen

$$778600 : 1017 = 603475 : x$$

die damit korrespondirende Temperatur

$$x = 800^0 \text{ C.}$$

und gegen die erstere eine Differenz von 216^0 C.

In Wirklichkeit ist diese Differenz nicht so bedeutend, denn erstens haben die Gase, indem sie aus dem Generator in den Regenerator eintreten, nicht 0^0, sondern wohl 50^0 C., ferner tritt noch das Mauerwerk des Regenerators mit einer Wärmeabgabe hinzu, so dass man die Differenz auf 187^0 C. vermindern kann.

Die Temperatur in den Regeneratoren ist im Maximum 1016^0 C., im Minimum $1016-187 = 829^0$ C., im Mittel beträgt daher die Temperatur, nachdem Gas und Luft die Regeneratoren $^1/_4$ Stunde passirt haben $\dfrac{1016+829}{2} = 922^0$ C.

Durch diese Mitteltemperatur aber erhitzen sich Gas und Luft in den Regeneratoren auf 1262^0 C., bei der Maximaltemperatur von 1016^0 C. würden sie 1390^0 C. annehmen:

$$922 : 1262 = 1016 : x$$
$$x = 1390^0 \text{ C.}$$

und bei einer Temperatur von 829^0 C. 1134^0 C., daher das Mittel

$$\dfrac{1390+1134}{2} = 1262^0 \text{ C.}$$

Aus den Gasen der auf S. 65 analysirten Steinkohle haben wir eine Verbrennungswärme von 1788^0 C. berechnet, im Moment der Verbrennung erhalten wir also die Temperaturen $1788 + 1262 = 3050^0$ C. im Mittel, im Maximum $1788 + 1390 = 3178^0$ C., können in wenigen günstigen Fällen aber eine Steigerung der Temperaturen bis auf etwa 4000^0 C. annehmen.

Mit der durch Rechnung gefundenen Maximaltemperatur dürfte der höchste Effekt der Verbrennungswärme gasförmiger Kohlenstoffverbindungen, sobald die Verbrennung derselben in atmosphärischer Luft mit Anwendung des Regenerativsystems stattfindet, erreicht sein, in dem oben speziell berechneten Falle wird sie nicht einmal diesen Effekt liefern können, da hier mancherlei Verluste garnicht in Rechnung gebracht sind, die sich aber in der Praxis fühlbar machen.

Bei diesen hohen Temperaturen stellt sich sehr bald eine natürliche Grenze fest, die nicht überschritten werden kann; es ist dies

das eigenthümliche Verhalten der Brenngase und anderer gasförmiger
Substanzen, welches die Chemie Dissoziation nennt, wodurch im wei-
tern Sinne die Verbindungsfähigkeit getrennter Elemente theilweis aufgehoben und fertige Verbindungen wieder getrennt werden, wie beispielsweise das Kohlenoxydgas, das bei 1000^0 C. in Kohlenstoff und Kohlensäure zerfällt, wenn der Kohlenstoff sich auf einen kälteren Körper
niederschlagen kann, wogegen sich Kohlensäure bei einer Temperatur
von 1200^0 C. in Sauerstoff und Kohlenoxydgas zerlegt.

Diese Erscheinungen kommen für die Praxis wohl weniger in
Betracht, aber eine andere ist es, welche von grösserer Bedeutung ist
und Beachtung verdient.

Es ist bekannt, dass die Hitze der Wasserstoffflamme aus einer
Verbindung des Wasserstoffs mit Sauerstoff resultirt, und dass, wenn
1^k Wasserstoff mit 8^k Sauerstoff sich verbindet, eine Verbrennungswärme von 34462 W. E. frei wird. Auf bekannter Grundlage lässt
sich daher berechnen, dass, da die spezif. Wärme des Wasserdampfes
0,475 beträgt, jedes Kilogramm Wasserdampf, welches aus dieser
Verbindung entsteht, eine Temperatur von $\dfrac{34462}{0,475} = 8000^0$ C. annimmt.
Wie wir aber gesehen haben, wird Wasser schon durch 2184 W. E.
in seine Elemente zerlegt, es kann deshalb auch bei der Temperatur
von 3118^0 C. eine vollständige Verbrennung des Wasserstoffs mit
Sauerstoff zu Wasser nicht eintreten, da beide Elemente bei dieser
Temperatur im getrennten Zustande verharren müssen. In der That
brennt reines Knallgas, ein Gemisch aus 2 Volumen Wasserstoff und
1 Volumen Sauerstoff bereits bei 2844^0 C., Knallgas aus Wasserstoff
und atmosphärischer Luft zusammengesetzt schon bei 1024^0C. Aber
selbst bei dieser geringeren Temperatur kommt nur ein Drittheil dieses
Gases wirklich zur Verbrennung, während zwei Dritttheile der zu
hohen Temperatur wegen nicht zur Verbindung und daher auch nicht
zur Verbrennung kommen.

Es verdient hier noch das neue, durchaus auf wissenschaftlichen
Prinzipien beruhende Gasfeuerungssystem von Paul Charpentier in
Paris erwähnt zu werden, dessen praktische Bedeutung auch ohne
eine eingehendere Begründung dieses Systems einleuchtend erscheinen
dürfte. [1])

---

[1]) Jahrbuch über die Erfindungen und Fortschritte auf dem Gebiete
der Maschinentechnik etc. Herausgegeben von Friedrich Neumann. Jahr-
gang 1875. S. 20.

Die mechanische Wärmetheorie stellt den Satz auf, dass diejenige Wärmemenge, welche erforderlich ist, die Temperatur eines Körpers um 1^0 C. zu erhöhen — seine spezif. Wärme — nicht allein für die Temperaturerhöhung verbraucht wird, sondern auch noch dazu dient, in den Körpern eine gewisse Molekulararbeit zu verrichten, dieselben auszudehnen, wodurch die einzelnen Atome eine neue, zu einander veränderte Stellung erhalten.

Die Erfahrung lehrt nun, dass die spezifische Wärme eines Körpers zunimmt, während sein spezif. Gewicht abnimmt. So ist z. B. die spezifische Wärme des festen Broms 0,084, während die desselben Körpers im flüssigen Zustande 0,111 ist. Charpentier zieht daraus den Schluss: die spezifische Wärme der Körper nimmt zu mit ihrer Ausdehnung und ab mit ihrer Zusammenziehung, und wenn man das spezifische Gewicht eines gasförmigen Körpers einer Veränderung unterwirft, so verändert sich auch seine spezif. Wärme.

Vergleicht man nun zwei Heizsysteme mit einander, von denen das eine bei konstantem Volumen, ohne Ausdehnung der Brennsubstanzen, das andere bei veränderlichem Volumen, mit freier Ausdehnung derselben, funktionirt, so wird man für ersteres einen ungleich höheren Effekt annehmen dürfen als für letzteres, denn die innere Molekulararbeit äussert sich bei den Gasen, sobald sie sich frei ausdehnen können, verhindert man aber diese Ausdehung bei Wärmeerzeugungsprozessen, so wird man einen grösseren Heizeffekt erhalten, weil in diesem Falle für die „innere Arbeit" keine oder nur wenig Wärme konsumirt werden kann.

Das Gasfeuerungssystem von Charpentier, auf diese Erwägungen sich gründend, zeichnet sich zunächst dadurch von anderen Heizeinrichtungen aus, dass die Vergasung und Verbrennung nicht der Einwirkung des natürlichen Schornsteinzuges oder der Zugkraft eines Exhaustors unterliegen, sondern durch mechanisch in den Vergasungs- und Verbrennungsraum eingeführte Luft von statten gehen, so dass im ganzen Heizapparate kein Vakuum wohl aber starker Druck vorhanden, eine grössere Ausdehnung der Brenngase also nicht möglich ist, weshalb denn auch der Wärmeverlust für die innere Molekulararbeit der Gase ausgeschlossen bleibt. Der wichtigste Theil dieser Gasfeuerung aber ist der hydraulische Wärmeregenerator, ein mit Wasser gefülltes Bassin von eigenthümlicher Konstruktion, welches die aus dem Verbrennungsraume entweichenden Gase aufnimmt, um denselben ihre Wärme zu entziehen, so dass die Verbrennungsgase mit der Temperatur der äusseren Luft entweichen und zwar infolge des vorhandenen starken Druckes ohne Schornstein. Das Volumen der den Regenerator verlassenden Verbrennungsgase wird daher nicht viel grösser sein als das der in Gase verwandelten Brennstoffe plus der für die Verbrennung derselben eingeführten atmosphärischen Luft. Das durch die Wärmeabgabe der Verbrennungsgase erhitzte Wasser des hydraulischen Regenerators kann als Speisewasser für die Dampfmaschine benutzt werden, welche zum Betriebe des Luftgebläses erforderlich ist.

Man wird ohne Zweifel bei Anwendung dieses Heizsystems, das mit entsprechenden Modifikationen für eine grosse Zahl industrieller Feuerungsanlagen ausführbar ist, dem Streben der Feuerungstechnik nach vollkommenster Ausnutzung der Brennstoffe einen bedeutenden Schritt näher rücken.

Die Ueberlegenheit des Gasfeuerungssystems von Charpentier wird sich namentlich auch dahin geltend machen, dass die Zuführung der Verbrennungsluft, unabhängig von dem variabelen Gange eines Schornsteins, sich in bestimmten, dem Gange der Verbrennung angemessenen Grenzen vollzieht, denn diese hängt, wie aus den vorhergehenden Untersuchungen sich ergiebt, in den meisten Fällen, die vollständige oder unvollständige Verbrennung aber stets von der Menge der zugeführten atmosphärischen Luft ab.

Bei den meisten Wärmeerzeugungsprozessen wird man nun zwar eine möglichst vollkommene Verbrennung zu erzielen bestrebt sein, es kommen jedoch aber auch Fälle vor, und diese speziell beim Brennen von Thonwaaren, wo man eine unvollständige Verbrennung, welche einen eigenthümlichen Einfluss auf die Farbe der Brennobjekte ausübt, absichtlich hervorruft.

Ich erinnere hier nur an die Wirkungen der bei Luftmangel entstehenden Reduktionsflamme und der bei genügender Luft auftretenden Oxydationsflamme auf die Farben von Thonwaaren und Ziegelsteinen mit einem grösseren Gehalte an Eisen, welches durch die oxydirende Flamme des Brennofens in Eisenoxyd verwandelt wird und als solches den Thonwaaren die rothe Färbung giebt, während die reduzirende Flamme ganz andere Farbennüanzen hervorruft, wie sie z. B. die englischen „blue metallic bricks" (Eisenziegel) zeigen.

Noch auffallender sind die chemischen Wirkungen der reduzirenden oder oxydirenden Flamme auf die Farben verschiedener Metalloxyde, welche in der Porzellanindustrie Anwendung finden. So giebt z. B. das Kromoxyd in oxydirender Flamme das Seladongrün von Sèvres, in reduzirender Flamme, welche das Kromoxyd in Oxydul verändert, geht

es in hellblau über, bei bedeutendem Luftüberschuss oxydirt es sich
höher und nimmt eine mehr oder weniger grüne Färbung mit rothem
Widerschein an. Das Uranoxyd giebt Abstufungen vom hellen Gelb
bis zum dunkeln Braun und selbst bis zu Schwarz, je nachdem die
Flamme oxydirt oder reduzirt.

Diese Erscheinungen sind dem Keramiker wohl bekannt, aber
nicht immer treten sie in der gewollten oder beabsichtigten Weise
auf, weil die Beurtheilung des Feuers in einem Brennofen auf
empyrischem Wege trotz grosser Erfahrung und Uebung nicht immer
genügt, den Verbrennungs- und Brennprozess derartig zu leiten, dass
die Wirkungen der Flamme auf die Brennobjekte einen bestimmbaren
Verlauf nehmen.

Wie die vollständige und unvollständige Verbrennung so hängen
auch die oxydirenden und reduzirenden Wirkungen der Flamme lediglich von der Menge der zugeführten Verbrennungsluft ab und sobald
man die Zuführung derselben von äusseren Eiuflüssen unabhängig
machen kann oder dieselbe überhaupt nur zu beherrschen im Stande
ist, müssen sich alle Stadien des Verbrenn- und Brennprozesses unter
sonst günstigen Verhältnissen in einer Weise abwickeln, welche der
Berechnung entspricht.

Die einzig sichere Kontrole für den jeweiligen Stand einer Verbrennung bietet ausschliesslich die Kenntniss der Zusammensetzung
der Verbrennungsgase, durch welche man in den Stand gesetzt wird,
auf dem Wege der Rechnung zu ermitteln, ob die Menge der dem
Feuer zugeführten Luft für die vollständige Verbrennung ausreichend
ist oder ob sie genügt, eine bestimmte Atmosphäre in einem Brennofen zu erzeugen.

Zuverlässige Ausweise über die Zusammensetzung der Verbrennungsgase sind aber nur auf dem Wege der chemischen Analyse zu
erhalten und nur diese giebt uns nach Maassgabe jener Ausweise die
Mittel in die Hand, den Gang des Verbrennungsprozesses leiten und
durch Korrekturen in der Luftzuführung bald diese bald jene Wirkung
der Flamme erzielen zu können.

Die chemische Analyse der Verbrennungsgase entbehrte seither
der praktischen Bedeutung, da sie bis auf die neueste Zeit nur im
Laboratorium ausführbar war und die Apparate von Schinz u. A.,
welche auch dem Nichtchemiker die Vornahme derartiger Untersuchungen ermöglichen sollten, aus Gründen, die vorzugsweise in der
schwierigen Behandhabung derselben liegen, eine weitere Anwendung
nicht gefunden haben. Erst in den letzten Jahren sind einfachere

und handliche Apparate konstruirt worden, welche auch den Laien in den Stand setzen, eine Analyse der Verbrennungsgase in sehr kurzer Zeit auszuführen. Es sind dies die Gasanalysenapparate von Winkler [1]) und Orsat [2]), von denen der erstere allerdings genauere Analysen giebt als der zweite, wogegen dieser den Vorzug hat, in wenigen Minuten eine bei Untersuchungen von Verbrennungsgasen noch genügend korrekte Analyse zu geben, während der Apparat von Winkler hierfür eine längere Zeit beansprucht.

Der von Orsat in Paris erfundene Apparat Fig. 3 besteht aus zwei Theilen, dessen einer dazu dient, ein gewisses Volumen Verbrennungsgase aufzusaugen und unter Abschluss der atmosphärischen Luft aufzunehmen, während der andere die Mengen der in dem zu untersuchenden Gase enthaltenen Kohlensäure, des Kohlenoxydgases und des freien Sauerstoffs der Reihe nach durch Absorption vermittelst geeigneter Absorptionsflüssigkeiten zu bestimmen eingerichtet ist.

Figur 3.

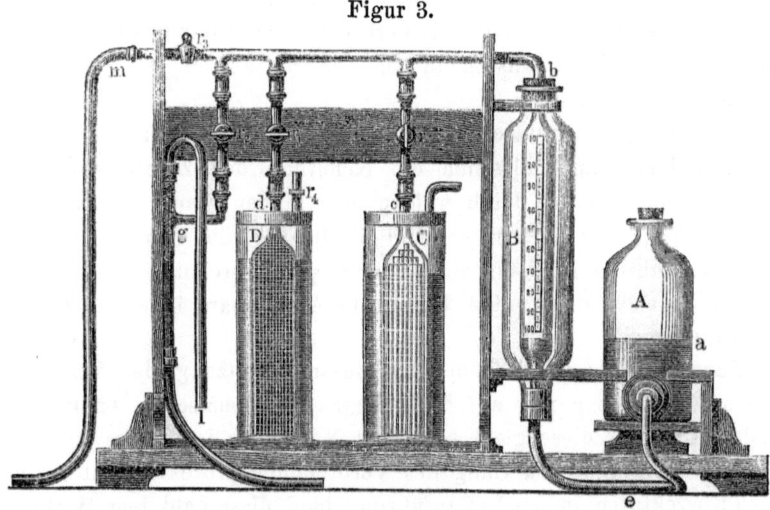

Zur Aufsaugung und Aufnahme des zu untersuchenden Gasgemenges dienen die Aspiratorsflasche A, resp. die graduirte Messröhre B, welche miteinander durch einen Gummischlauch e in Verbindung stehen. Für die quantitative Untersuchung des in der Messröhre enthaltenen,

[1]) Dingler's polyt. Journal, Band 219, S. 409 f.
[2]) Notizblatt des deutschen Vereins für Fabrikation von Ziegeln, Thonwaaren etc. Band XI. S. 53 f.

durch eine sogleich zu beschreibende Manipulation aufgefangenen Gasgemenges sind an dem Apparate ferner zwei dicht verschliessbare
Gasbehälter C und D angebracht, von denen jeder wiederum ein
glockenförmiges Glasgefäss enthält, das unten offen und oben über
den Rand von C resp. D emporstehend, durch Zweigrohre mit der
Rohrleitung m und durch diese wieder mit A und B in Verbindung steht.

Soll nun eine Analyse vorgenommen werden, so ist zunächst die
Glocke des Gefässes C bis zur Marke c mit Natronlauge, die von D
bis zur Marke d mit salmiakhaltiger Ammoniakflüssigkeit und die
Messröhre B bis b mit Wasser zu füllen, was in folgender Weise zu
geschehen hat.

Zunächst werden sämmtliche Hähne mit Ausnahme von r_3 geschlossen, alsdann hebt man die etwa bis a mit Wasser gefüllte,
zuvor entkorkte Aspiratorflasche A, wodurch der Inhalt derselben in
das Gefäss B übertritt. Hat das Wasser die Marke b erreicht, dann
ist vermittelst eines auf dem Schlauche e anzubringenden Quetsch-
hahnes die Verbindung zwischen A und B zu unterbrechen, man
schliesst nun r_3 und öffnet r, weitet durch einen Druck mit Daumen
und Zeigefinger den Quetschhahn des Verbindungsschlauches e, senkt
die Aspiratorflasche A, so dass nunmehr das Wasser aus B in A
wieder zurückfliesst.

Infolge der dadurch in B entstehenden Luftverdünnung und des
auf den Inhalt des Gefässes C wirkenden Atmosphärendruckes steigt
jetzt die Natronlauge aus C in die betreffende Glocke auf, hat sie
darin die Marke c erreicht, so schliesst man r, wodurch die Flüssigkeit in ihrer Stellung fixirt wird und zwar auch in diesem Falle
durch den Druck der Luft, welche durch das gebogene Röhrchen
mit dem Innern des Umhüllungsgefässes von C in Verbindung steht.
Nachdem man in ganz gleicher Weise auch die Glocke von D bis
an die Marke d gefüllt hat, wird r_3 nochmals geöffnet, das Wasser
in B wiederum bis zur Marke b gehoben und der Quetschhahn geschlossen.

Um Fehler in der Sauerstoff- und Stickstoffbestimmung zu vermeiden, ist vor Füllung der Messröhre B mit Verbrennungsgasen die
atmosphärische Luft aus der Rohrleitung m zu entfernen, was dadurch
erreicht wird, dass man r_2 und r_3 öffnet, die Röhre m resp. die aus
einem Gasrohre bestehende Verlängerung derselben in den mit Verbrennungsgasen angefüllten Raum bringt und dann kräftig mit dem
Munde oder einer besonderen Blasvorrichtung in das Rohr 1 bläst.

Füllt sich infolge der dadurch hervorgebrachten Luftverdünnung m mit Verbrennungsgasen, die mit dem Luftstrome aus dem anderen Ende des Rohres l ausströmen, so stellt man das Blasen ein, schliesst r_2 und lässt das Wasser aus B bis auf den Theilstrich 100 in die Aspiratorflasche A zurück fliessen; was ein Ansaugen von Verbrennungsgasen zur Folge hat, die nunmehr den leer gewordenen Raum von B einnehmen.

Die Messröhre B hat einen etwas grösseren Rauminhalt als 100^{kzm}, um aber die Rechnung zu vereinfachen, lässt man das Wasser in der Röhre bei Vornahme der eigentlichen Analyse stets mit dem Theilstrich 100 im gleichen Niveau stehen, so dass der Inhalt der Röhre dann genau 100^{kzm} beträgt.

Hat sich die Messröhre B resp. der graduirte Raum derselben mit Gasen angefüllt, so wird der Hahn r_3 geschlossen, r aber geöffnet; alsdann treibt man in bekannter Weise das Wasser aus A in B zurück, wodurch das in der Messröhre befindliche Gas genöthigt wird, in die Glocke C einzudringen, während die darin enthaltene Natronlauge in das Umhüllungsgefäss abfliesst.

Um die Absorptionsfähigkeit der Glocke C zu erhöhen, enthält diese eine Menge dünner Glasröhren, wodurch die absorbirende, mit Lauge benetzte Oberfläche eine sehr grosse wird. Daher erfolgt die Aufsaugung der in dem Gasvolumen enthaltenen Kohlensäure auch sehr rasch, namentlich aber dann, wenn die Natronlauge noch frisch ist. Hat dieselbe aber schon für mehrere Analysen dienen müssen, dann empfiehlt es sich, das Gas nach einigen Augenblicken aus der Glocke C nach B zurückzuziehen, gleichzeitig damit steigt auch die Natronlauge wieder in die Glocke und wenn man nun das Gas wieder nach C drängt, so trifft dasselbe mit einer frischen Absorptionsfläche zusammen, die den etwa noch vorhanden gewesenen Rest von Kohlensäure sehr rasch verschluckt.

Ist man überzeugt, dass die Aufsaugung der Kohlensäure in der Natronglocke erfolgt sei, so zieht man das Gas zur Bestimmung des eingetretenen Verlustes (Kohlensäure) in die Messröhre zurück und stellt nun an der Skala die vorhandene Differenz fest, welche sich dadurch ergiebt, dass ein Theil des zuvor von den Verbrennungsgasen eingenommenen Raumes nunmehr durch Wasser ausgefüllt wird. Der von dem Wasser eingenommene Raum zeigt die Volumentheile der absorbirten Kohlensäure an, doch muss man hierbei beachten, dass diese Bestimmung unter dem Atmosphärendruck erfolgt, was nur dann der Fall ist, wenn man durch vorsichtiges Heben der

Aspiratorflasche A bei geöffnetem Quetschhahn gleiches Wasserniveau in A und B herstellt und dann den Quetschhahn schliesst.

Zur Bestimmung des in dem Gasrückstande jetzt noch enthaltenen Kohlenoxydes und des freien Sauerstoffes treibt man das Gas in ganz gleicher Weise in die Glocke D, in welcher das Kohlenoxydgas durch die Ammoniakflüssigkeit, der freie Sauerstoff aber durch das ausserdem in der Glocke enthaltene metallische Kupfer absorbirt werden, so dass als einziger Rückstand nur noch Stickstoff übrig bleibt. Die Differenz zwischen diesem und dem Gasverluste in C giebt die Summe von Kohlenoxydgas und Sauerstoff, die in den Verbrennungsgasen enthalten waren.

Dass diese beiden Gasarten zusammen absorbirt werden müssen, ist ein Uebelstand, der jedoch eine genauere Bestimmung der Menge jedes Gases für sich nicht ausschliesst, doch kann dies nur auf dem Wege der Rechnung und zwar nach Maassgabe des resultirenden Stickstoffs geschehen.

Die atmosphärische Luft enthält bekanntlich in 100 Volumentheilen 79 Volumen Stickstoff und 21 Volumen Sauerstoff; verbrennt dieser, indem er mit Kohlenstoff Kohlensäure bildet, so bleibt das Volumen unverändert, verbindet er sich aber mit Kohlenstoff zu Kohlenoxydgas, dann verdoppelt sich dasselbe. Würden z. B. von 100^{kzm} Gas die Glocke C 10^{kzm} und D 15^{kzm} absorbiren, so blieben ohne weiteres 75^{kzm} Stickstoff übrig, denen $18,5^{kzm}$ Sauerstoff entsprechen. Diese Sauerstoffmenge kann demnach auch nur in den absorbirten 25^{kzm} Kohlensäure und Kohlenoxydgas enthalten sein und die Differenz von $25-18,5 = 6,5$ ist daher gasförmig gewordener Kohlenstoff, der sich mit der gleichen Raummenge Sauerstoff zu 13 Volumentheilen Kohlenoxydgas verbunden und 2 Volumen Sauerstoff frei gelassen hat. In 100^{kzm} der analysirten Verbrennungsgase sind daher enthalten: 10^{kzm} CO_2, 13^{kzm} CO, 2^{kzm} O und 75^{kzm} N; aus dieser Zusammensetzung aber lässt sich der Schluss ziehen, dass die Menge der dem Feuer zugeführten Verbrennungsluft zu klein und die Verbrennung daher eine unvollständige war.

Die auf diesem Wege gefundene Bestimmung der Menge des freien Sauerstoffs setzt voraus, dass der in den Verbrennungsgasen in irgend einer Form enthaltene Sauerstoff ausschliesslich aus der Verbrennungsluft herrührt, würde derselbe theilweis noch aus einer anderen Quelle stammen, so könnte die obige Analyse resp. die aus derselben hergeleitete Schlussfolgerung nicht stimmen.

Der Orsat'sche Apparat eignet sich daher in der beschriebenen Form nur zur Untersuchung der Generatorgase auf ihren Kohlensäuregehalt und der Verbrennungsgase von Koks und Holzkohle, die keinen Sauerstoff enthalten, nicht aber für diejenigen von Stein- und Braunkohlen, Torf und Holz, in denen sich Sauerstoff und Stickstoff in grösserer oder geringerer Menge bereits vorfinden.

Durch Einschaltung eines dritten Apsorptionsgefässes mit einer Füllung von pyrogallussaurer Natronlauge zur Absorption und direkten Bestimmung des freien Sauerstoffs hat dieser Apparat einen grösseren praktischen Werth und eine erweiterte Verwendbarkeit erhalten. Ein derartig vervollständigter Orsat'scher Gasanalysenapparat, welcher von mir vielfach zur Untersuchung von Generator- und Verbrennungsgasen benutzt wurde, ist vom „Chemischen Laboratorium der deutschen Töpfer- und Ziegler-Zeitung" in Berlin bezogen worden, dessen Leitern, den DD. Seger und Aron dieser Apparat die genannte und noch andere wesentliche Verbesserungen verdankt. [1]

Für wissenschaftlich-genaue Gasanalysen hat neuerdings C. Stöckmann, Chemiker der Bergbaugesellschaft „Phönix" eine neue Methode angewendet und diese in einer sehr werthvollen Schrift [2] bekannt gemacht, in welcher er eindringlich darauf hinweist, dass Gasuntersuchungen für die Technik nicht nur ein wissenschaftliches, sondern auch ein höchst praktisches Interesse haben, weil erst durch solche Untersuchungen die mannigfaltigen, meist unklaren Erscheinungen bei Verbrennungsprozessen auf bestimmte Gründe und Ursachen zurückgeführt werden können, so dass man zur rechten Zeit und am rechten Orte auf den Gang pyrometrischer Prozesse einzuwirken vermag, vorausgesetzt, dass diese sich in einer Weise vollziehen, welche Zufälligkeiten ausschliesst. „Für mich, sagt Stöckmann, ist die Gasfeuerung das Ideal der Feuerung. Unsere Technik hat ja das Bestreben oder muss es wenigstens haben, die Arbeiten des Betriebes auf das Auf- oder Zudrehen eines Ventils oder Schiebers zurückzuführen, denn dann hat man die richtige Führung eines Betriebes „„in der Hand."" Dieses Bedürfniss, die Regulirung vollständig in der Gewalt zu haben, liegt nun bei der Feuerung ganz besonders vor, weil davon das Gelingen eines Prozesses in vielen Fällen abhängig ist. Diesen Zweck erreicht man aber erst durch die Gasfeuerung,

---

[1] Notizblatt des deutschen Vereins für Fabrikation von Ziegeln etc. Band XI. S. 142 f. Dingler's polyt. Journal, Band 217, S. 220 f.

[2] Die Gase des Hohofens und der Siemens-Generatoren. Von C. Stöckmann. Ruhrort 1876. Verlag von Andreae & Co.

hier ist man im Stande, mit Leichtigkeit alle möglichen Schattirungen des Hitzegrades hervorzubringen, von der dunkelsten Rothgluth bis zur grellsten Weissgluth."

Und darin kommt eben die Ueberlegenheit der Gasfeuerung im Vergleich zur direkten Feuerung eindringlich zur Geltung, dass sie sich nach allen Seiten hin beherrschen und leiten lässt, ihr grosser Werth und ihre universelle Bedeutung werden aber erst dann im ganzen Umfange hervortreten, wenn die sie leitende Hand wiederum von der Wissenschaft ihre Impulse empfängt!

IV.

Die Gasgeneratoren.

a. Allgemeines.

Jede Gasfeuerungsanlage besteht in ihrer wesentlichen Gesammtheit aus drei verschiedenen, durch ihre Funktionirung scharf von einander getrennten aber organisch miteinander verbundenen Theilen: dem Gasgenerator, dem Verbrennungsraume (Gasofen) und dem Zugerreger (Schornstein, Exhaustor, Ventilator), welch letzterer als eigentlich belebendes Prinzip des Ganzen zu betrachten ist.

Gasfeuerungsanlagen lassen sich, es kann das nicht genug betont werden, nicht nach einer Schablone ausführen, denn wenn auch ein und dieselben Grundsätze bei derartigen Anlagen für gleiche Zwecke zur Geltung kommen mögen, so werden sich doch in den Details der Ausführung wesentliche Abweichungen von einem bestimmten, thoorotisch immerhin wohldurchdachten Grundplane geltend machen, welche durch örtliche und andere Verhältnisse geboten erscheinen. Dies bezieht sich auf Gasfeuerungsanlagen im allgemeinen, auf die Konstruktion der Gasgeneratoren, einem der wichtigsten Theile einer Gasfeuerung im besonderen. Denn ein und dieselbe Generatorkonstruktion mag hier unter gewissen Voraussetzungen allen Anforderungen entsprechen, dort kann sie sich als vollkommen ungenügend erweisen; man pflegt dann wohl die Konstruktion für den Misserfolg verantwortlich zu machen, der thatsächlich nur aus der Vernachlässigung gegebener Bedingungen und der Nichtbeachtung örtlicher Umstände und Verhältnisse resultirt. Mit einem Worte, Gasfeuerungsanlagen und speziell Gasgeneratoren müssen soviel als möglich bestehenden Verhältnissen angepasst werden, denn jene richten sich eher nach diesen als diese nach jenen, vor allen Dingen aber ist davor zu warnen, ein System, und scheine es noch so zweckentsprechend, ohne vorherige strenge Untersuchungen und Abwägung der gegenseitigen Verhältnisse von einem Orte nach dem anderen übertragen oder praktische Anwendungen direkt auf theoretische Begründungen stützen zu wollen. Ich wiederhole hier, dass die Gasfeuerung durchaus kein so komplizirter Apparat ist wie es nach diesen Ausführungen scheinen möchte, aber sie ist ein feinerer Organismus als eine Rostfeuerung und stellt daher andere Bedingungen wie diese, welche wir gewohnt sind, fast bedingungslos zweckdienlich zu machen, mit welchen Erfolgen steht freilich dahin.

Diesen Vorausschickungen entsprechend lässt sich eine bestimmte Generatorform nur von einem allgemeinen Gesichtspunkte aus als vortheilhaft empfehlen, bei der Ausführung dieses Apparates kommen hingegen Fragen von solcher Tragweite in Betracht, zu deren Lösung ausschliesslich tüchtige Praktiker oder praktische Gastechniker berufen sind.

Ein jeder Gasgenerator muss in seinen Einrichtungen den besonderen Eigenschaften des zu vergasenden Brennstoffes angemessen, die Ausführung aller seiner Theile eine äusserst solide und der Betrieb, die Bedienung desselben eine möglichst einfache sein. Je komplizirter ein derartiger Apparat ist, desto schwieriger ist derselbe zu überwachen, was zunächst Veranlassung giebt, dass der Vergasungsprozess oft unregelmässig verläuft und Störungen erleidet. Da aber der regelrechte Gang des Gasofens von einer möglichst gleichmässigen Gasentwickelung resp. Gaszuleitung abhängig ist, so werden sich folgerichtig Störungen, welche der Generator erleidet, sogleich im Gasofen und zwar in der unangenehmsten Weise fühlbar machen.

Die Grösse und theilweis auch die Form der Gasgeneratoren ist abhängig von der Art und Beschaffenheit des zur Verwendung kommenden Brennstoffes, dem Gasbedarf und anderen Faktoren. Die grössesten Dimensionen wird man den Generatoren zur Vergasung von Torf und Holz geben, geringere den Stein- und Braunkohlengeneratoren, doch liegen diese Differenzen mehr in der Schütthöhe des zu vergasenden Brennmaterials als in dem inneren freien Raume des Generators selbst, für dessen Maasse in aufsteigender Grösse man an allzu enge Grenzen nicht gebunden ist.

Die Formen der Generatoren sind wenig einheitlich, was zum Theil in der Natur der Sache eine Erklärung findet. Die ersten Gasfeuerungstechniker wie Bischof, Thoma, Schinz u. A. wählten für ihre Generatoren, wohl im Hinblick auf den Eisenhohofen, eine diesem ähnliche quadratische, nach dem Rost hin sich gewöhnlich verengende Form, wie sie durch den sogen. Schachtgenerator repräsentirt wird, der in den verschiedenartigsten Variationen zur Anwendung gekommen ist. In neuerer Zeit hat man diese Schachtform mehr und mehr vernachlässigt und der Stirnwand des Generators im Innern eine mehr oder weniger starke Neigung gegeben, die sich sehr häufig in einem Treppenroste fortsetzt, während die übrigen Wandseiten meist ganz vertikal abfallen, bisweilen mit Ausnahme der Rückwand, welchen man gleichfalls eine doch geringere Neigung als der Stirnwand giebt. Dadurch erhält der Rost des Generators die Form eiues länglichen Vierecks, während der obere freie Raum desselben, der Rumpf, dann quadratisch erscheint.

Scharfe und karakteristische Unterschiede sind hinsichtlich der Form der Generatoren nicht zu machen, wenn man nicht den Schachtgenerator mit Planrost dem Treppenrostgenerator mit schräger Schüttwand entgegen stellen will, was indess nicht immer zutreffend ist. Das gleiche gilt auch für die Eintheilung der Generatoren in solche mit natürlichem Schornsteinzuge und in solche mit mechanischem Zuge, bewirkt durch Ventilatoren und Exhaustoren, da diese verschiedenen Zugerreger wohl auf den Betrieb nicht aber auf die Form der Generatoren von Einfluss sind.

Bei der grossen Menge bereits bekannt gewordener Generatorsysteme ist ein näheres Eingehen auf die Einzelheiten einer grösseren Zahl derselben von vornherein ausgeschlossen, es genügt auch, an einigen karakteristischen Formen, welche zugleich eine praktische Bedeutung erlangt haben, die Konstruktion dieses Apparates zu veranschaulichen.

Für die Vergasung von Torf, grobstückiger Braun- und Steinkohle empfiehlt sich die Anwendung des von Ferd. Steinmann konstruirten Schachtgenerators, wie ihn Fig. 4 im Querschnitt und im Maassstabe von 1:60 darstellt.

Es bezeichnen hier aa eine, den Generator nach oben hin schliessende Deckplatte von Gusseisen, in welcher der viereckige Fülltrichter b durch Schrauben befestigt ist, und die ausserdem noch mehrere Schau- oder Schüröffnungen cc enthält. Der Fülltrichter, über welchen später noch ausführlicher die Rede sein wird, dient zum Einwerfen des Brennstoffs in den Generator; derselbe ist mit einem abhebbaren Deckel versehen, dessen Ränder in eine mit Sand gefüllte Rinne oder Zarge dd eintauchen, was auch bei den Deckeln der Oeffnungen cc der Fall ist. Durch diesen einfachen Verschluss wird ebensowohl das Ausschlagen von Gas aus dem Generator wie auch das Eindringen von Luft in denselben an diesen Stellen fast ganz vermieden.

Der Fülltrichter reicht bei diesem Generator so tief in den Vergasungs-

raum hinab wie die Brenn-
stoffschüttung hoch sein
darf, niemals aber darf
dieselbe so hoch geführt
werden, dass der Gas-
kanal g, durch welchen
die Gase nach dem Gas-
ofen abziehen müssen, ver-
stopft wird. Es ist des-
halb der Fülltrichter stets
so tief einzustellen, dass
der Gaskanal, den man
von e aus leicht zu rei-
nigen vermag, offen bleibt.

Der Generator ist
mit einem Planrost f
versehen, welcher von

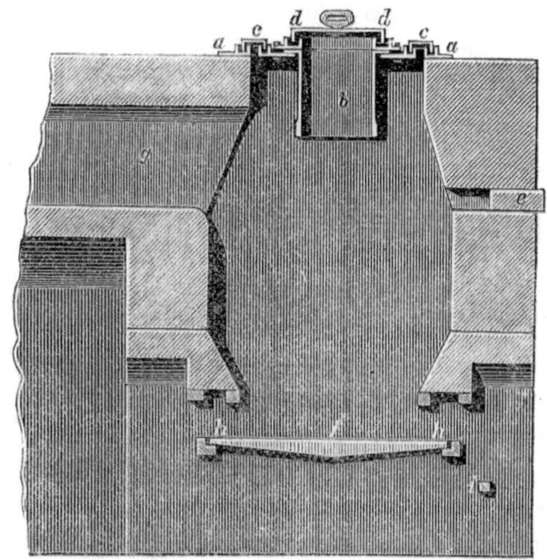

Figur 4.

zwei Seiten, durch die Oeffnungen hh von Schlacken gereinigt
werden kann, wozu man sich geeigneter Werkzeuge bedient, die, wenn
sie nicht benutzt werden, auf der Querstange i aufliegen.

Einen Schachtgenerator für Anthrazit, Sandkohle etc. mit Gebläse beschreibt Schinz[1]), bei welchem der Rost durch eine Bodenplatte
von Gusseisen ersetzt ist, über welcher die Windrohre in den Generator einmünden. Soll der Generator von Asche etc. gereinigt werden,
so wird das Brennmaterial mit einer Anzahl eiserner Stangen rost-
ähnlich unterfangen und dann die in Scharniren hängende Bodenplatte herabgelassen. Schinz rühmt diese Einrichtung, doch würde
sich bei den geringen Dimensionen dieses Generators, derselbe ist
78,5 $^{zm.}$ tief, 47 $^{zm.}$ breit und 78,5 $^{zm.}$ hoch, ein in einen Rahmen
montirter beweglicher Rost besser eignen als die Bodenplatte.

Auf den Kupferhütten zu Falun in Schweden benutzt man zur
Vergasung von Sägespähnen, Torfklein und klarer Kohle kreisrunde
Schachtgeneratoren mit einem pyramidalen, aus acht Segmenten bestehenden Roste.[2]) Der Generator wird mit Gebläseluft betrieben,
welche durch ein Rohr, das mit einem Hute versehen ist, im Zentrum
des Aschenraumes und dicht unter dem Roste eintritt. Der Wind-
druck ist im allgemeinen 10,9 ^{mm} Wassersäule für Holz, für Säge-

<hr>

[1]) Die Wärmemesskunst etc. von C. Schinz. Stuttgart, Carl Mäcken, 1858.
S. 197 und Atlas Tafel 6.

[2]) Friedrich Neumann, Jahrbuch etc. 1876. S. 17, und Tafel I.

spähne darf er 13,1^{mm} nicht übersteigen. Die ältere Art, den Wind ohne Rost durch drei Düsen einzuführen, hat sich nicht bewährt.

Zur Entfernung des in den Gasen enthaltenen Wassers dienen zwei nach dem Patent Hanström und Björklund konstruirte Kondensatoren, in welchen die Gase abgekühlt werden. Dieser Apparat besteht aus einem Zylinder von 3,3^{mm} starken Eisenblech mit Böden an beiden Enden, in welche zahlreiche Messingröhren eingelöthet sind, die 2,97^{m} Länge und 48^{mm} Weite haben. Durch diese Röhren strömen die Gase, während in dem Zylinder Kühlwasser zirkulirt, welches am unteren Boden ein- und am oberen austritt. Gewöhnlich braucht man für jeden Generator nur einen Kondensator, der bei normaler Sommerwärme in der Sekunde 7,8 bis 10,5[1] Kondensationswasser erfordert. Das aus dem Gase kondensirte Wasser nebst Theer sammelt sich in einem Bassin, aus welchem der Theer für sich gewonnen wird. Täglich erhält man von jedem Generator bei einem Verbrauch von ca. 235^{hl} frischer Sägespäne etwa 20^{hl} Gaswasser.

Die Anwendung von Kondensatoren möchte sich auch bei der Vergasung feuchter Braunkohlen etc. empfehlen, ja unter Umständen gradezu unumgänglich nothwendig machen.

Der Treppenrostgenerator eignet sich besonders in den Fällen, wo man genöthigt ist, grusförmiges, selbst schlackendes Brennmaterial zu vergasen, wie z. B. erdige Braunkohle, Torfgrus, Steinkohlenklein etc. denen man also nur eine geringere Schütthöhe geben darf.

Figur 5.

In Fig. 5 ist im Maassstabe von 1 : 60 ein Generator mit Treppenrost dargestellt. Es bezeichnen in diesem Schnitte a den Vergasungsraum, b den Fülltrichter, cc Schürlöcher und d den Gaskanal nach dem Gasofen. Die geneigte Schüttwand i ruht auf einer starken Eisenplatte, welche an ihrem unteren Ende mit einem schuhförmigen Wiederlager versehen ist und durch die Säule h getragen wird, während sie nach obenhin im Mauerwerk befestigt ist. Die schiefe Ebene der Schüttwand bewirkt die Trocknung und Vorwärmung des sukzessive auf dem Treppenrost f und den Planrost g niedersinkenden Brennstoffs und muss dieselbe unter dem natürlichen Böschungswinkel eines Brennmaterials von mittlerer Feinheit, also etwa unter 45^0 liegen. Die Fortsetzung der Schüttwand bildet der Treppenrost, dessen Neigungswinkel etwa 40^0, bei erdiger Braunkohle und anderen feinkörnigen Brennstoffen aufsteigend bis zu $50-55^0$ beträgt.

Von Wichtigkeit bei diesem und ähnlichen Generatoren ist die Bestimmung der richtigen Weite der Passage zwischen i und e, denn ist dieselbe zu weit, sagt F. Steinmann, so findet ein fortwährendes Ueberschütten und damit eine Hemmung der Gasentwickelung statt, ist sie aber zu eng, so wird die Destillationsschicht zu niedrig und produzirt wilde Gase. Hauptsächlich maassgebend ist hierin der Feinheitszustand des Brennstoffes. Am kleinsten und zwar $26-31$ zm ist die Passage $i-e$ für Braun- und Steinkohlengrus zu machen, für grobstückige Kohle beträgt die Weite derselben $47-52$ zm [1]).

Dem eben beschriebenen sehr ähnlich ist der Gasgenerator von Siemens, doch fehlt bei diesem der Planrost, so dass die unterste Lage des Brennstoffs resp. die Rückstände desselben, Schlacke und Asche, an dieser Stelle unmittelbar auf dem Boden des Aschenraumes aufliegen und von hier ab entfernt werden können. Dagegen besitzt der Siemens'sche Generator eine eigenthümliche Vorrichtung, durch welche Wasser in einen eisernen Behälter unter den Treppenrost geleitet wird, welches sich unter dem Einfluss der Hitze in Dampf verwandelt, der sich in der glühenden Kohlensichte in Sauerstoff und Wasserstoff zersetzt [2]).

Ein von dem französischen Ingenieur Fichet für Gasfeuerungen, speziell solcher für Dampfkessel angewendeter Generator ist im Maassstabe von 1 : 80 in Fig. 6 dargestellt.

Bei der geringen Schütthöhe im Vergasungsraume a ist es erforderlich, den Zutritt der Luft zu beschränken, zu welchem Zwecke der Raum vor dem Treppenroste g und dem Planroste f mit einer hohlen gusseisernen Thür e zu verschliessen ist, durch welche ausserdem die Wärmeausstrahlung wesentlich verringert wird.

Diese Thür ist an ihren entgegengesetzten Enden mit einer äusseren und einer inneren verstellbaren Oeffnung versehen; in jene tritt die nöthige Luft ein, erwärmt sich in der Kastenthür und gelangt durch die innere Oeffnung unter den Rost.

----

[1]) Kompendium, S. 15.
[2]) Die Glasfabrikation von Dr. H. E. Benrath. Braunschweig, Friedrich Vieweg und Sohn, 1875. S. 135.

Der Fülltrichter b dieses Generators hat eine andere Konstruktion als die der vorhergehend beschriebenen. Der hier angewandte Trichter ist mit einer inneren, an einem Hebel befestigten Klappe versehen, auf welche nach Abheben des Deckels h die Kohle aufgeschüttet wird. Schliesst man nun den Zylinder wieder mit dem Deckel h und bewegt den Hebel aufwärts, so fällt die Kohle in den Vergasungsraum hinab, ohne dass dabei Gase entweichen, was bei dem einfachen Deckelverschluss nicht zu vermeiden ist.

Figur 6.

Ein eigenthümlicher Gasgenerator von Thum, ausgeführt auf der Zinkhütte zu Sunderland (England) ist von Friedrich Neumann beschrieben[1]). Die Figuren 7 und 8, letztere nach Schnitt A B, im Maassstabe von 1 : 96 gezeichnet, veranschaulichen diese Generatorkonstruktion, welche eine weitere Beachtung verdient.

Figur 7.

<hr>

[1]) Neumann, Jahrbuch etc. 1875. S. 18.

Die Kohleneingabe und die Wartung des Rostes geschehen hier auf den sich gegenüber liegenden Seiten des Generators, erstere bei b, diese bei n. Das Auflockern des Brennstoffes und das Niederstossen der Schlacken geschieht einzig von der Beschickungsöffnung b aus, welche mit einem besonderen Verschlusse nicht versehen ist, sondern durch vorliegende Kohlen gedichtet wird. Liefert eine Kohle eine einigermaassen leichtflüssige Schlacke, so sammelt sich dieselbe ohne irgend welche Nachhülfe auf dem Roste und wird dann von hier durch n entfernt. Nur im Nothfall bedient man sich zur Reinigung des Rostes einer Oeffnung in der Mauer oberhalb des Rostes, welche nach jedesmaliger Benutzung wieder vermauert wird.

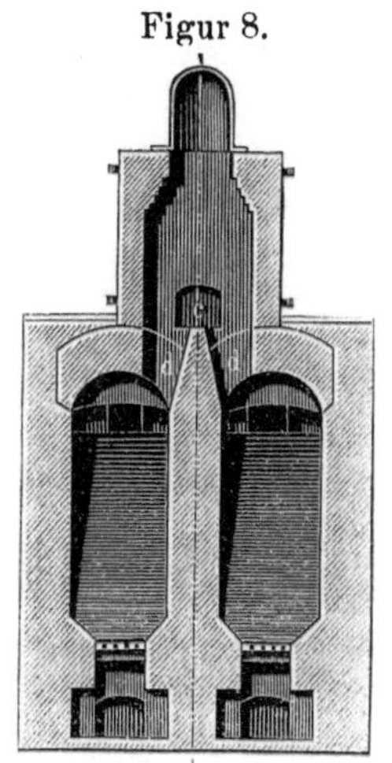

Figur 8.

Zwei solcher Doppel-Generatoren, welche sich auf der Zinkhütte in Sunderland im Betriebe befinden, werden durch einen Arbeiter mit Leichtigkeit bedient (ein Arbeiter genügt für die Bedienung von sechs Generatoren) und verarbeiten nur Staub-Kohlen, welche durch ein Sieb von 10^{mm} Maschenweite gegangen sind, von welchen die Generatoren zusammen täglich $2^{1}/_{2}$—3 Tonnen à 1016^{k} vergasen.

Die Ableitung des Gases aus den Generatoren nach dem Schmelzofen vermittelst der Eisenrohre h erscheint in einer Beziehung als eine nachahmenswerthe Einrichtung insofern als durch dieselbe ein leichtes und schnelles Entfernen des aus den Gasen sich absetzenden Niederschlages, bestehend aus Theer und Russ, ermöglicht wird; es ist auch wahrscheinlich, dass diese Rohre die theilweise Kondensation des in den Gasen enthaltenen Wasserdampfes bewirken, dagegen darf nicht übersehen werden, dass die Rohre auch einen bedeutenden Wärmeverlust und infolge dessen eine schädlich wirkende Abkühlung der Gase verursachen.

Bei der Verwendung stark russenden Brennmaterials, was in dem genannten Etablissement der Fall zu sein scheint, werden sich nicht nur die Rohre h, sondern auch die Passagen d zuweilen mit Russ anfüllen. Um diese letzteren zu reinigen, durchfährt man dieselben mit einem geeigneten Gegenstande, einem Drahtbesen etc., von der Reinigungsöffnung c aus mehrere Male sowohl nach unten als nach oben hin, während man die Rohre durch Einführen einer Krücke in die vorher geöffneten Verschlüsse e und g von Russ säubert, der in die

Vertiefung k hinabstürzt, ohne, wenn der Schieber 1 niedergelassen war, durch den Zug mit in den Hauptgaskanal m fortgerissen zu werden.

Der unterhalb der geneigten Schüttwand des Generators angebrachte Kanal i dient zur Aufsaugung der Gasverbrennungsluft, die durch das Aufsteigen von diesem tieferen Niveau aus und infolge ihrer unter den Generatoren statthabenden Erwärmung eine geringe Pressung erlangt, so dass dieselbe auch ohne sehr starken Schornsteinzug in den Verbrennungsraum geleitet werden kann.

Die so aufgesogene Luft besitzt eine Temperatur von ca. 80—100° C. und ermöglicht es da, wo von einem sehr hohen pyrometrischen Effekte abgesehen wird, ohne jedes weitere Erhitzen derselben eine sehr helle Rothgluth zu erzielen.

V.
Die Gasgeneratoren.

b. Spezielles.

Nachdem im vorhergehenden Abschnitte der Gasgenerator in seinen verschiedenen Formen ohne eine nähere Berücksichtigung seiner einzelnen Theile behandelt worden, erübrigt es noch, auch diese und den Generatorbetrieb in den Kreis der Betrachtung zu ziehen.

Als einer der wichtigeren Theile des Generators, von deren zweckmässiger An- und Zusammenordnung zu einem Ganzen der praktische Werth desselben mehr oder weniger bedingt wird, verdient in erster Reihe der Rost genannt zu werden, der wie bei jeder anderen Feuerungsanlage so auch hier von grosser Bedeutung ist, da derselbe bei richtiger Disposition und zweckentsprechender Beschaffenheit den Verlauf des Vergasungsprozesses ganz wesentlich fördert wie er im entgegengesetzten Falle störend auf den Betrieb einwirkt.

Für grössere gewerbliche Feuerungsanlagen, namentlich aber für Dampfkesselfeuerungen sind in neuerer Zeit die verschiedenartigsten Rostsysteme von mehr oder weniger Werth bekannt und angewendet worden, welche alle eine günstigere Verbrennung anstreben und theilweis auch erreichen. Hier mögen diese komplizirten, theils sogar mechanischen Feuerroste ihre Berechtigung haben, für Gasgeneratoren sind dieselben ganz entschieden als unbrauchbar zu verwerfen, denn für diese werden die einfachen, aus kräftigen Eisenstäben zusammengesetzten Roste stets am sichersten ihren Zweck erfüllen und schon ihrer grossen Solidität wegen zu bevorzugen sein, da der Generatorrost eine ganz andere Belastung zu tragen hat wie z. B. ein Rost unter Dampfkesseln.

Als anwendbar für Gasgeneratoren kommen überhaupt nur drei verschiedene Rostsysteme in Betracht, nämlich Plan-, Pult- und

Treppenrost, von denen öfter wieder zwei mit einander verbunden werden, so dass der Treppenrost bald mit Plan-, bald mit Pultrost kombinirt wird.

Der Planrost, welcher vorzugsweise bei Schachtgeneratoren Anwendung findet, ist nur unter gewissen Voraussetzungen empfehlenswerth. Er eignet sich beispielsweise bei der Vergasung grobstückiger Stein- und Braunkohle, Torf in Stücken und Holz, nicht aber bei Verwendung von Steinkohlengrus, erdiger Braunkohle und Torfklein, weil ein grosser Theil dieser Substanzen unverbrannt durch die Rostspalten fallen würde, was sich allerdings durch ein Verengen derselben beseitigen lässt, doch tritt dann sofort ein nicht weniger grosser Uebelstand auf, der darin besteht, dass die Luftzirkulation beschränkt wird und der Vergasungsprozess infolge dessen äusserst träge verläuft.

Bei der Vergasung von Torf und Holz bedarf es übrigens eines eigentlichen, aus Eisenstäben gebildeten Rostes nicht, da diese Brennstoffe nicht schlacken und die Asche von den brennenden Theilen sich leicht abtrennt. Man mauert in diesem Falle auf der Sohle des Generators von feuerfesten Steinen geradlinig verlaufende und entsprechend weite Kanäle, welche vermittelst einer Krücke öfter gereinigt werden müssen und den Planrost in jeder Weise ersetzen.

Ausser dem oben genannten haftet dem Planrost noch der weitere Uebelstand an, dass er bei grosser Oberfläche seiner horizontalen Lage wegen schwer zu übersehen und rein zu halten ist; selbst bei sehr hohem Aschenraume bleibt die Arbeit der Reinigung und des Schürens des Planrostes immer eine sehr schwierige.

Nach dieser Richtung hin bietet der Pultrost dem Planrost gegenüber einige schätzenswerthe Vorzüge, vorausgesetzt, dass er an der offenen Seite des Aschenraumes höher liegt als an der Rückwand, doch werden diese Vorzüge zu direkten Nachtheilen, wenn der Rost nach dem Schürstande hin tiefer liegt, denn durch eine derartige Disposition, für welche keinerlei praktische Gründe vorliegen, wird jede wirksame Kontrole der Vorgänge auf dem Roste fast illusorisch gemacht.

Der Treppenrost zeichnet sich dem Plan- und Pultrost gegenüber namentlich dadurch aus, dass er die vortheilhafteste Verwendung feinkörniger, daher relativ fast werthloser Brennstoffe, wie erdige Braunkohle, Torfklein, Staubkohle, Sägespähne etc. ermöglicht, zu deren rationeller Nutzbarmachung besonders die Gasfeuerung berufen erscheint. Dass der Treppenrost eine weit leichtere Rein-

haltung und Uebersicht gestattet als dies bei Plan- und Pultrost möglich ist, liegt wohl auf der Hand, doch ist auch dieser nicht frei von
Mängeln, als deren hauptsächlichster der grössere Verlust an Wärme
zu betrachten ist, der durch die schräge Lage des Rostes hervorgerufen wird. Je tiefer man aber den Neigungswinkel des Treppen-
rostes nehmen darf, desto weniger wird sich dieser Verlust fühlbar
machen, da alsdann ein grösserer Theil der durch den Rost hindurch
gehenden Strahlwärme vermittelst der vom Generator angesogenen
Verbrennungsluft sicherer wieder in den Betrieb zurückgeführt wird.

Die Grösse resp. die freie Oberfläche eines Generatorrostes bestimmt sich nach der Menge des in einer gegebenen Zeiteinheit zu
vergasenden Brennstoffs einerseits und dem Gasverbrauche andererseits,
dann aber auch noch nach der physikalischen Beschaffenheit des
Brennstoffes. Hierbei ist indess festzuhalten, dass hinsichtlich der
Rostgrösse eine gewisse Grenze nicht wohl überschritten werden darf,
wenn der Betrieb ein übersichtlicher beiben soll. Als grösseste Rostfläche möchten $2\,\square^{\,m}$ anzunehmen sein, reicht das auf einem solchen
Roste zu produzirende Gas für einen regelrechten Ofenbetrieb nicht
aus, so vergase man lieber in zwei kleineren, dicht nebeneinander
liegenden Generatoren, die einen weit vortheilhafteren Betrieb ermöglichen als ein zu grosser Generator es gestattet.

Der durch die Rostspalten entstehende freie Raum soll nach
Steinmann im Verhältniss zur Gesammtoberfläche bei Plan- und Pultrosten ein Drittel, bei Treppenrosten wegen der kontinuirlichen
Aschenanhäufung zwischen den einzelnen Rostspalten und der dadurch
hervorgerufenen Beschränkung des Luftzutrittes $^1/_2$ bis $^3/_4$ betragen.
Bei Plan- und Pultrosten dürfte diese Voraussetzung indess nicht
immer durchführbar sein, man wird im Gegentheil bei Verwendung
feinkörnigen Brennstoffs den freien Raum selbst bis auf $^1/_4$ der Rost-
oberfläche besckränken müssen, womit dann allerdings der vorhin
schon erwähnte Uebelstand eintritt, dass die Luft nicht in genügender
Menge in den Generator zu gelangen vermag.

Für den Planrost sind die bekannten fischbauchförmigen Roststäbe insofern die geeignetsten, als ihre Form dem Umstande, dass
die Abnutzung zunächst auf der Mitte erfolgt und diese auch den
Schwerpunkt der Belastung aufzunehmen hat, angemessen Rechnung
trägt. Bei sehr tiefer Rostfläche legt man wohl zwei Reihen Roststäbe voreinander, so dass ausser den beiden Rostträgern an den Enden der Rostsäbe noch ein dritter in der Mitte erforderlich wird.
Diese Anordnung ist aber nur dann zu empfehlen, wenn ein zweisei-

seitiger Schürstand vorhanden ist wie bei dem Schachtgenerator Fig. 4, andernfalls wird die Reinigung und Aufräumung der hinteren Hälfte des Rostes durch den mittleren Rostbalken im hohen Grade erschwert, ja unter Umständen ganz unmöglich.

Diese für den Planrost allgemein in Anwendung gekommenen Roststäbe sind auch für den Pultrost brauchbar, da aber bei diesem das Feuer und daher auch die Abnutzung gleichmässiger über den ganzen Rost vertheilt sind, so ist die mittlere bauchförmige Verstärkung hier weniger nothwendig. Man nimmt dieserhalb für den Pultrost meistens einfache, entsprechend lange Eisenstäbe von überall gleichem, länglich viereckigem Querschnitt, die an ihrem einen Ende eine schwache Umbiegung erhalten, welche dazu dient, die einzelnen Roststäbe auf dem einerseits höher liegenden Rostträger fest zu halten, was der schrägen Lage des Pultrostes wegen nicht ganz bedeutungslos ist.

Der Treppenrost besteht aus einer Anzahl von 15—20 ^{mm} dicken und 180—200 ^{mm} breiten Eisenstäben, welche in stufenförmiger Abschrägung mit einem Zwischenraum von 60—120 ^{mm} in seitlichen Rostträgern befestigt sind. Die Roststäbe müssen leicht entfernbar sein, damit man etwa schadhaft werdende Theile auswechseln kann und bei grösserer Länge gegen Durchbiegung geschützt werden. Diesen Uebelstand verhindert man am sichersten dadurch, dass man kurze Stäbe und mehrere Rostträger anbringt.

Ueber die zulässige Höhe der Brennstoffschüttung auf den verschiedenen Rosten lassen sich bestimmte Angaben nicht machen, auf Treppenrosten kann die Schütthöhe betragen bei Verwendung von

stückreicher Gaskohle	700—800 ^{mm}	
do. Braunkohle	625—700	„
lignitartige do. feucht	580—600	„
do. do. trocken	650—750	„
Torf in Stücken und fest	800—1000	„
do. „ „ „ lose	1200—1400	„

doch sind diese Ziffern wieder von gegebenen Umständen, der so sehr verschiedenen Beschaffenheit des Brennstoffs, den Zugverhältnissen etc. abhängig.

Diese letzteren sind es namentlich, welche die Schütthöhe bedingen und von welchen der Vergasungsprozess abhängig ist, denn je höher die Schüttung und je feinkörniger das Brennmaterial ist, desto bedeutender muss die Luftverdünnung über der vergasenden Schichte sein, um die Aspiration durch dieselbe hindurch unterhalten zu können.

Die Luftverdünnung im Feuerraume und dem Schornstein wird

bekanntlich durch die in letzterem aufsteigende erwärmte, daher spezifisch leichtere Luftsäule hervorgerufen und hängt hinsichtlich ihres
Effektes theils von der Konstruktion des Schornsteins selber, theils
von der in demselben vorhandenen Wärme ab. Im günstigsten Falle,
wenn die Verbrennungsgase mit einer Temperatur von 200—300 °C.
in den Schornstein entweichen, beträgt nun die Luftverdünnung in demselben etwa 25—30 ^{mm}, im Mittel aber wohl nie mehr als 15 ^{mm}
Wassersäule, woraus ein Vakuum resultirt, welches befähigt ist, die
Verbrennungsluft durch eine Kohlenschicht von 100—120 ^{mm} Höhe
mit einer solchen Geschwindigkeit anzusaugen, dass die Verbrennung
eine ziemlich vollständige ist. Eine solche wird nun zwar im Generator nicht beabsichtigt und dieserhalb kann und muss die Schütthöhe des vergasenden Brennstoffs hier ungleich höher sein, dagegen
ist bei der Gasfeuerung noch die Thatsache in Rechnung zu ziehen,
dass hier die Zugverhältnisse durch oft sehr bedeutende Reibungswiderstände, welche Gas und Luft in meist sehr komplizirten Kanal-
systemen finden, weit ungünstiger sind als z. B. bei Dampfkesselfeuerungen, daher gestatten Vervielfältigungen der für direkte Feuerungen
ermittelten Dimensionen der Schütthöhen keine zuverlässigen Maass-
stäbe für die Brennstoffschütthöhen in Gasgeneratoren.

Der rationelle Verlauf des Vergasungsprozesses bewegt sich
innerhalb zweier polarer Grenzen, von denen die eine da beginnt, wo die in der Verbrennungszone gebildete Kohlensäure die
höheren Schichten so energisch durchdringt, dass sie sich nur noch
zum Theil mit Kohlenstoff zu Kohlenoxyd verbindet, die andere aber,
der entgegengesetzte Fall, fängt da an, wo die Luftmenge zu gering
ist, um der Verbrennung eine solche Energie zu verleihen, dass genügend Kohlensäure entwickelt wird. Im ersten Falle ist die Luftverdünnung zu gross und die Schütthöhe zu gering, im letzteren ist
das Verhältniss und die Wirkung geradezu umgekehrt.

Für die Maassbestimmung der Brennstoffschüttung im Gasgenerator müssen Erfahrung und Intelligenz eintreten, das aber ergiebt
sich bereits aus dem Obigen, dass je gröber und poröser ein Brennstoff und je energischer der Schornsteinzug wirkt, desto höher die
Schüttung bemessen werden muss, dass aber andererseits die vergasende Brennstoffschichte nicht diejenige Höhe erhalten darf, bei welcher die Zirkulation von Gas und Luft über die normale Grenze
hinaus beschränkt wird.

Unterhalb des Rostes befindet sich der Aschenraum, der namentlich bei Plan- und Pultrosten genügend hoch sein muss, damit die Reinigung und Aufräumung der einzelnen Rostspalten ohne Schwierigkeit erfolgen kann. Durch den Aschenraum strömt auch die atmosphärische Luft in den Gasgenerator und da die Menge derselben das für den Vergasungsprozess erforderliche Maass nicht überschreiten darf, so muss die Zugangsöffnung des Aschenraumes in allen den Fällen verschliessbar sein, wo nicht durch eine bedeutende Brennstoffschüttung und die daraus folgernden Widerstände die in den Generator eintretende Luft bereits eine natürliche Beschränkung findet. Bei Anwendung gepresster Luft ist der Aschenraum natürlich stets zu verschliessen.

In Anbetracht des Umstandes, dass der Vergasungseffekt des Generators durch Zuführung von Wasserdampf erhöht werden kann, worauf ich schon früher hingewiesen habe, empfiehlt es sich, auf der Sohle des Aschenraumes ein Becken mit Wasser anzubringen, dessen Inhalt durch die vorhandene Wärme verdunstet und als Wasserdampf mit der Luft in den Generator eindringt, in welchem jener in Sauerstoff und Wasserstoff zerlegt wird. Friedrich Siemens, der aus diesem Umstande zuerst Vortheile für die Gasfeuerung suchte, schreibt über die Wirkungen des Wasserdampfes: „Jeder Kubikfuss Dampf zersetzt sich, durch die 2—3 Fuss dicke Schicht weissglühenden Brennmaterials dringend, zu einer Mischung von 1 Kubikfuss Wasserstoff und einem nahezu gleichen Volumen Kohlenoxyd, so dass 1 Kubikfuss Wasserdampf so viel brennbare Gase bildet wie 5 Kubikfuss Luft."[1] Dass dies aber nur in einem sehr beschränkten Maasse der Fall sein kann, habe ich schon eingehend nachgewiesen, immerhin aber ist es räthlich, dem Generator durch den Rost etwas Wasserdampf zuzuführen, der schon insofern nützlich wirkt, als die Roststäbe durch denselben kühl erhalten und weniger rasch ruinirt werden.

Kommen wir hier auf die Art und Weise der Einführung der atmosphärischen Luft in den Generator und auf die im vorhergehenden Abschnitte bereits angedeutete Eintheilung der Generatoren in solche mit natürlichem und in solche mit künstlichem Luftzuge zurück, so erscheint es auch ohne weitere Untersuchungen als auf der Hand liegend, dass Generatoren mit Schornsteinzug mancherlei störenden Einflüsssen unterliegen müssen, wenn ein Schornstein nicht von vorn-

---

[1] Die Glasfabrikation von Dr. H. E. Benrath S. 135.

herein solch bedeutende Dimensionen erhält, dass Differenzen und Schwankungen in seiner Zugkraft gänzlich ausgeschlossen erscheinen.

Jede Störung der normalen Aspiration des Schornsteins macht sich sofort durch alle Theile der ganzen Gasfeuerungsanlage hindurch bemerkbar, was in der Praxis allerdings in vielen Fällen ohne wesentliche Bedeutung sein mag, immerhin aber nicht ausschliesst, dass die Abhängigkeit einer Feuerungsanlage von dem Gange eines Schornsteins ein sehr missliches Ding ist.

Vollzieht sich die Gasbildung und die Gasverbrennung einerseits, die Zuführung der atmosphärischen Luft und die Abführung der Verbrennungsgase andererseits durch die Wirkung mechanischer Apparate, welche die atmosphärische Luft entweder unter dem Roste verdichten (Ventilatoren) oder aber dieselbe am Endpunkte der Feuerungsanlage verdünnen (Exhaustoren), so sind damit alle Störungen im Gange einer Gasfeuerung und jeder anderen Feuerung überhaupt nach dieser Richtung hin vollständig ausgeschlossen. Ob Anlage und Leistungen derartiger Apparate einem Schornstein gegenüber kostspieliger sind, kann hier nicht eingehender untersucht werden, ebensowenig wie der Werth des Ausspruches von Charpentier, dass jeder Fabrikschornstein ein „Schandpfahl" der Industrie sei, jedenfalls aber steht es fest, dass die Arbeitsleistung eines Schornsteins keine kostenfreie ist.

Die Kenntniss der Ventilatoren und Exhaustoren kann hier vorausgesetzt werden, da diese Apparate seit langer Zeit und vielfach in Anwendung sind, weniger aber in weiteren Kreisen bekannt sind die nach dem Prinzipe der Giffard'schen Injektoren konstruirten Dampfstrahlunterwindgebläse, welche als ein sehr beachtenswerther Ersatz der Flügelventilatoren dienen und auch für gewisse Zwecke den Exhaustor ersetzen können.

Die Wirkungsweise des Dampfstrahlunterwindgebläses resultirt aus der Umsetzung der Geschwindigkeit in Druck, welcher dadurch hervorgerufen wird, dass ein Wasserdampfstrahl mit grosser Schnelligkeit durch ein Rohrsystem strömt, und, durch Düsen mit der äusseren Luft in Verbindung stehend, diese ansaugt und nach Abnahme seiner anfänglichen Geschwindigkeit verdichtet.

Das von der Firma Gebr. Körting in Hannover eingeführte Dampfstrahlunterwindgebläse ist vermöge seiner ingeniösen Konstruktion und der geschickten Anordnung der Mischungsdüsen für Dampf und Luft geeignet, mit einem Minimum von Dampf zu arbeiten, dessen grössere Menge sich sogleich an der mitgerissenen kalten Luft verdichtet und als Wasser abfliesst, so dass nur wenig Wasserdampf mit in den Gasgenerator gelangt, in welchem derselbe ohne Zweifel gänzlich in seine Elemente gespalten wird, was zur Folge hat, dass ein Theil des entstehenden schweren Kohlenwasserstoffgases durch die vermehrte Bildung von Wasserstoff in leichtes Kohlenwasserstoffgas umgewandelt und dadurch die Bildung von Theer und Russ in den Gaskanälen vermindert wird. Es unterscheidet sich das Körting'sche Unterwindgebläse durch seine bedeutende Wirkung und den geringen Dampfverbrauch ganz wesentlich von älteren, ähnlichen Apparaten, die entweder ausschliesslich Wasserdampf oder diesen und Luft mit einer solchen Vehemenz in das Feuer pressten, dass dasselbe unter Umständen ausgeblasen wurde. Die Anwendung dieser Gebläse bei Gasgeneratoren hatte zur Folge, dass eine Menge Wasserdampf unzersetzt in die Gase überging, wodurch sich deren Heizkraft ganz bedeutend verringerte.

Das Körting'sche Dampfstrahlunterwindgebläse, dessen neueste und wesentlich verbesserte Konstruktion in Fig. 9 dargestellt ist, besitzt gar keine maschinell-beweglichen Theile und wird durch direkten Kesseldampf betrieben, der dem Gebläse durch das Dampfrohr d zugeführt wird. Der Querschnitt der Dampfdüse e kann mittelst der Dampfregulirspindel c, welche mit Hülfe des auf der Welle b sitzenden Handrädchens a beliebig auf- und abbewegt werden kann, vergrössert oder verkleinert

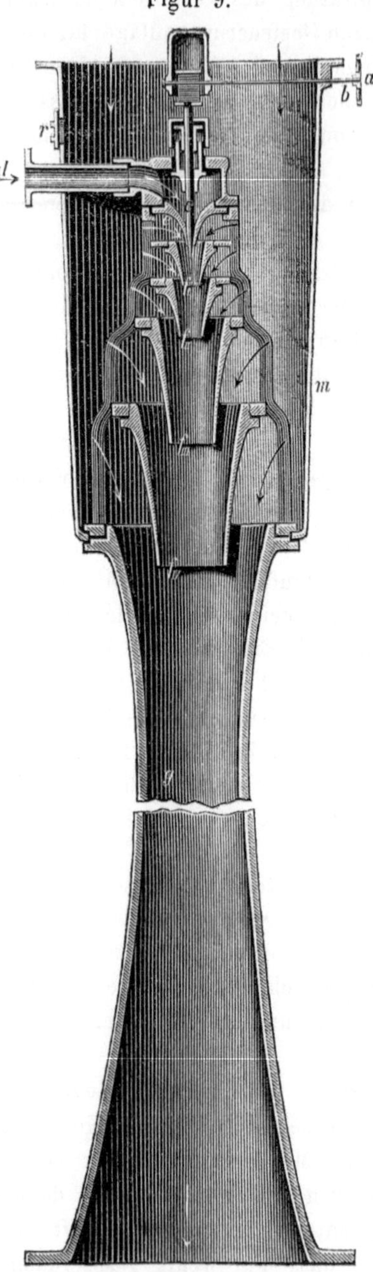

Figur 9.

und somit die Dampfmenge, welche in die Dampfdüse tritt, regulirt werden. In gewissen Entfernungen von der Mündung der Dampfdüse befinden sich eine Reihe auf einander folgender Zwischendüsen $f_1 \ldots$, welche ganz bestimmte, durch Versuche festgestellte Querschnitte erhalten haben. Wenn die Regulirspindel c etwas nach oben bewegt wird, so entsteht zwischen dieser und der Mündung der Dampfdüse e eine ringförmige Oeffnung, durch welche der Dampf mit einer dem vollen Dampfdrucke entsprechenden Geschwindigkeit austritt, wobei er eine gewisse Luftmenge mit sich in die erste Zwischendüse f_1 reisst. Dabei erhält diese Luft dieselbe Geschwindigkeit, welche den Dampf nach seiner Expansion in dieser Zwischendüse besitzt und diese Geschwindigkeit des Dampfes und der Luft wird benutzt, um beim Ueberspringen in die Düse f_2 wieder Luft anzusaugen u. s. w., bis endlich im engsten Theile des Druckkonusses g die Geschwindigkeit des Gemisches von Dampf und Luft nur noch so gross ist, dass sie dem unter dem Generatorroste zu erzeugenden Drucke entspricht. Das ganze Düsensystem des Gebläses ist mit dem Schallmantel m umgeben, welcher durch ein Rohr beliebig verlängert werden kann, und hiermit ist ein einfaches Mittel geboten, irgend welche Räume mittelst des Unterwindgebläses gleichzeitig zu ventiliren, indem man das Verlängerungsrohr mit den zu ventilirenden Lokalitäten in Kommunikation bringt. Die von dem Gebläse geförderte Luft wird direkt in den dicht verschlossenen Aschenraum der mit Unterwind zu betreibenden Feuerung geleitet und hat man es ganz in der Hand, mittelst der Dampfregulirspindel c die Luftmenge, welche angesogen und unter den Rost gepresst werden soll, zu reguliren, indem man die Spindel einfach nach Bedarf mehr oder weniger aus der Dampfdüse e hervorschraubt. Die über dem Dampfeinströmungsrohre d befindliche Oeffnung m dient dazu, die Spindelstopfbüchse anziehen oder lindern zu können.

Bei Anwendung von Gebläsen gleichviel welcher Konstruktion muss eine sorgfältige Ueberwachung des von denselben ausgeübten Druckes stattfinden, der einen durch Versuche festzustellenden Normalpunkt nicht überschreiten darf.

Die nächste Wirkung einer allzustarken Pressung der Luft ist das Emporsteigen und Umsichgreifen der Gluth im Generator und die Konsequenz dieser Erscheinung eine theilweise Verbrennung der Gase im Vergasungsraume, selbst noch im Gaskanale, oder aber es gelangt eine grössere oder geringere Menge der eingepressten Luft unzersetzt durch die Brennstoffschicht in die Gase, wodurch Knallgasbildung und Explosionen im Generator wie auch in den Gaskanälen veranlasst werden. Ausserdem haben die Gase, wenn der Druck im Generator etc. grösser ist als der, welchen die Atmosphäre ausübt, das Bestreben, durch alle Poren des niemals ganz dichten Mauerwerks zu entweichen, wodurch unter Umständen nicht unbedeutende Verluste an brennbaren Gasen eintreten.

Dem Gebläse entgegengesetzt wirkt der Exhaustor, welcher in allen Theilen der durch denselben betriebenen Feuerungsanlage ein mehr oder minder grosses Vakuum erzeugt, so dass in diesem Falle die schwerere atmosphärische Luft durch die Undichtheiten des Mauerwerks in Generator und Gasofen dringt, was nicht weniger grosse Uebelstände zur Folge hat als wenn im entgegengesetzten Falle die Gase einen Ausweg in's Freie suchen.

Diese Druckdifferenz ist natürlich auch bei Schornsteinzug vorhanden und auch hier kommt es vor, dass die Luft durch das Mauerwerk in den Gasgenerator etc. eindringt, wenn auch in einem weit geringerem Grade wie dies bei Anwendung mechanischer Saugapparate zu geschehen pflegt. Einen beachtenswerthen Fall der Wirkung dieser Druckdifferenz auf den Verbrennungsprozess beobachtete neuerdings Fichet bei einer Dampfkesselgasfeuerung, deren Verbrennungsgase nach den Analysen mit dem Orsat'schen Apparate stets einen Ueberschuss an Verbrennungsluft ergaben, obwohl die Zuströmung derselben in den Gasverbrennungsraum fortgesetzt vermindert wurde, über welche eigenthümliche Erscheinung sich Fichet anfangs keine Erklärung zu geben vermochte. Als er dann aber im Verlaufe der Untersuchungen das Ventil für die Zuführung der Luft gänzlich schloss und das Gas dennoch ruhig fortbrannte, kam er zu der Ueberzeugung, dass die Luft durch die Poren des Mauerwerks dringen müsse und zwar in genügender Menge um die Verbrennung im Feuerraum unterhalten zu können [1]).

Ein hinsichtlich seiner Einrichtung und Disposition nicht unwichtiges Detail des Generators ist diejenige Vorrichtung, vermittelst welcher das Brennmaterial in den Generator gebracht wird. Es ist dies ein Rohr oder Kasten aus Schmiede- oder Gusseisen von entsprechender Länge und einem lichten Durchmesser von 30—50^{zm}, der Fülltrichter, welcher an seinem oberen Ende dicht verschliessbar, in der Decke des Generators derartig zu situiren ist, dass das

---

[1]) Die Gasfeuerung etc. von C. Ramdohr. Halle a/S. G. Knapp's Verlagsbuchhandlung. 1875. S. 65.

durch denselben in den Generator eingefüllte Vergasungsmaterial sich möglichst gleichmässig über den ganzen Rost ausbreitet, da andernfalls das Durchbrennen der weniger hohen Brennstoffschüttung und die Bildung wilder Gase zu gewärtigen ist, wenn man nicht durch rechtzeitiges Schüren die Ungleichheiten in der Schüttung beseitigt. Es ist daher in erster Reihe erforderlich, dass der Fülltrichter sich geometrisch dem Querschnitte des Generators anpasst, so dass man für einen viereckigen Generator keinen runden und für einen runden Generator keinen viereckigen Fülltrichter verwenden darf, und ferner, dass der Fülltrichter am rechten Orte in der Generatordecke angebracht wird.

Die gebräuchlichste Form dieser Vorrichtung ist in Fig. 10 dargestellt und besteht dieselbe in diesem Falle aus einem kurzen Rohre, das an der Peripherie des oberen Theiles von einer Zarge b umschlossen ist, welche mit Sand, Kalkpulver etc. gefüllt wird; in diese Zarge drückt sich der herabgehende Rand des mit einer Handhabe versehenen Deckels a, und wird

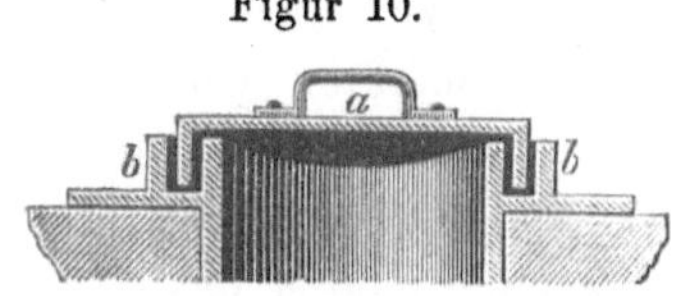

Figur 10.

dadurch eine Dichtung erreicht, welche ebensowohl das Ausschlagen von Gas wie das Eindringen von Luft verhindert. Diese Konstruktion ist die einfachste aber auch wohl die unzweckmässigste, da bei jedesmaliger Beschickung des Generators aus dem geöffneten Fülltrichter ein Schwalch von Gasen hervordringt, wenn der den Generator bedienende Arbeiter nicht sehr geschickt hantirt.

Der Fülltrichter Fig. 11 ist mit diesem Uebelstande nicht behaftet, da derselbe nicht nur durch den Deckel a, sondern auch noch durch die innere, vermittelst des Hebels d zu dirigirende Klappe c verschlossen wird.

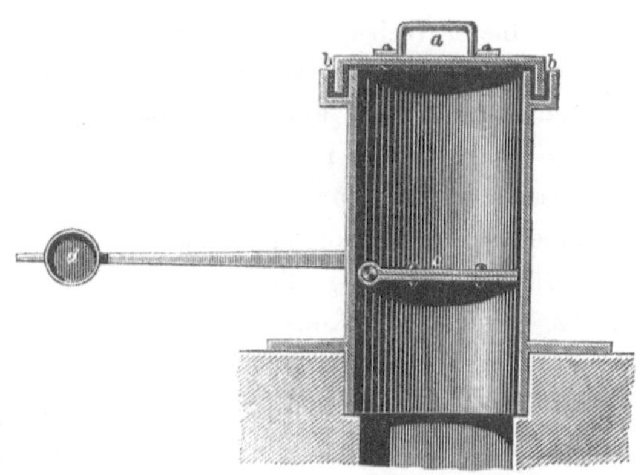

Figur 11.

Bei Anwendung dieser Vorrichtung ist bei jeder Kohleneingabe der Deckel a zunächst abzuheben, während sich die Klappe c und der Hebel d in horizontaler, also dichtender Stellung befinden. Alsdann wird der obere, über der Klappe c befindliche Theil des Trichters mit Brennstoff gefüllt, dessen Schwere durch das Gewicht des Hebels paralisirt wird. Nach geschehener Füllung schliesst man den Trichter mit dem Deckel a und bewegt den Hebel d mit sammt der Klappe c aufwärts, wodurch diese in eine schiefe Lage geräth und der Brennstoff in den Generator hinabstürzt.

Der Fülltrichter der Schachtgeneratoren wird häufig noch in der Weise angebracht, dass das untere Ende desselben so tief in den Generator hinabreicht, wie die Schütthöhe des Brennstoffes betragen soll. Es ist auch wohl noch gebräuchlich, solche Fülltrichter anzuwenden, welche man höher oder tiefer stellen kann, je nachdem die Schüttung im Generator höher oder niedriger zu bemessen ist, doch ist hierbei zu bemerken, dass diese Vorrichtungen sehr bald durch die im Generator vorhandene Hitze, mehr aber wohl noch durch einen chemischen Prozess leiden, welcher in der Weise wirkt, dass sich der Schwefelgehalt der Gase mit dem Eisen zu Schwefeleisen verbindet, wodurch dasselbe in kurzer Zeit zerstört wird.

In der Rückwand des Generators, in seltenen Fällen wohl auch in einer der Seitenwände liegt der Abzugskanal für die Gase, der in der Nähe des Generators mit einem sehr solide gearbeiteten und dicht schliessenden Absperrventile oder Schieber versehen sein muss, um den Gasstrom reguliren und unter Umständen auch ganz absperren zu können.

Gewöhnliche Blechschieber erfüllen diesen Zweck nur in ganz untergeordneter Weise, da sie niemals ganz dicht schliessen und sehr bald defekt werden, auf welchen Umstand man schon bei der Anlage Rücksicht zu nehmen und die Verschlüsse so einzurichten und zu plaziren hat, dass sie bei vorkommender Beschädigung leicht durch neue ersetzt werden können.

Eine der geeignetsten Absperr- und Regulirvorrichtungen für Gaskanäle ist unstreitig die von Ferd. Steinmann empfohlene und in Fig. 12 dargestellte Konstruktion, welche ebensowohl eine dichte Schliessung resp. entsprechende Verengung des Gaskanals wie auch eine rasche Auswechselung schadhaft gewordener Theile ermöglicht. Der Gaskanal ist hier mit e und f bezeichnet, d ist das runde Verbindungskniestück desselben, das am Boden eine Vertiefung hat, in welcher sich Theer und Russ absetzen, die von hier aus leicht durch eine seitliche Oeffnung entfernt werden können. a ist ein an einer abgedrehten Eisenstange befestigtes rundes Tellerventil, dessen an seiner Peripherie herabgehender Rand in eine mit Sand gefüllte Zarge taucht, welche mit derjenigen des oberen Verschlussdeckels b durch vier Schrauben c verbunden ist. Der Deckel b enthält die Führung der Ventilstange, die auf kurze Entfernungen mit Löchern versehen ist, durch welche vermittelst der Einschiebung eines Vorsteckers der Teller in jeder gewünschten Höhe befestigt werden kann.

Dem eben beschriebenen im Prinzipe ähnlich ist das Ventil Fig. 13, welches gleichfalls einen dichten Abschluss des Gaskanals sowie auch eine exakte Regulirung des Gasstromes gestattet und leicht zugänglich ist. In der Zeichnung ist der Gaskanal a und a' durch den ausgehöhlten Deckel b geschlossen, welcher sich fest auf den kreisrunden Rand des im Boden und nach a' hin offenen Kastens f auflegt. Das Ventil hängt genau abbalanzirt in der abgedrehten Stange e und weiter an einem mit dem Gewichte d beschwerten Drahtseile, welches auf den Rollen cc seine Führung hat.

So vortheilhaft und zweckdienlich diese Kanalverschlüsse nun auch erscheinen, so bedingen sie doch auch einen wohl zu beachtenden Uebelstand, den nämlich, dass bei ihrer Anwendung der Gaskanal eine knieförmige Richtung erhalten muss, was aber für die gleichmässige Durchströmung des Gases keineswegs günstig

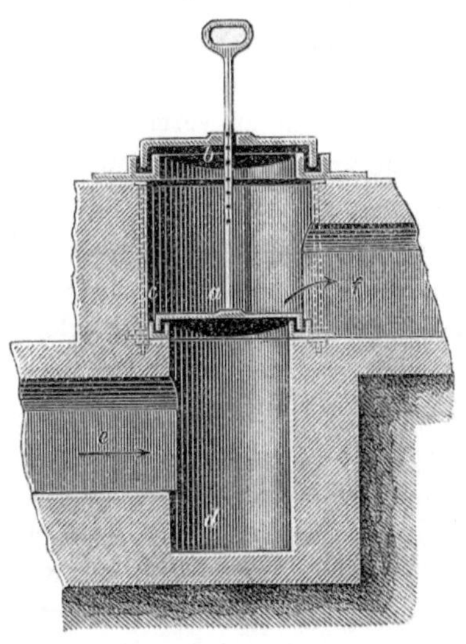

Figur 12.

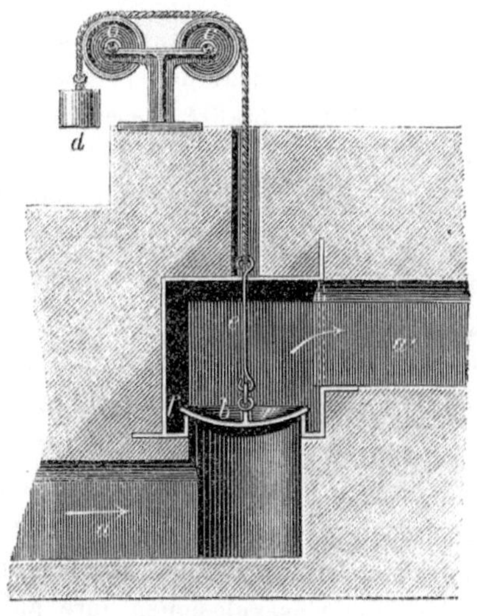

Figur 13.

ist, da dieses durch zweimalige Ablenkung der geraden Richtung an Geschwindigkeit nicht unwesentlich verliert.

Man hat nach dieser Seite hin alles das zu vermeiden, was störend und hemmend auf den Gang des Gasofenbetriebes einwirken kann, namentlich aber scharfe Krümmungen und Verengungen im Hauptgaskanale, in etwa erforderlichen Zweigkanälen sind Ecken etc. natürlich nicht zu vermeiden. Das Gesagte gilt besonders für solche Gasfeuerungen, welche mit dem natürlichen Zuge des Schornsteines betrieben werden und in diesem Falle sollte man, wenn es irgendwie zu ermöglichen ist, dem Gaskanale bis zum Verbrennungsraume eine nur ansteigende Richtung geben, da bereits der horizontale Zug Einbusse an Geschwindigkeit erleidet. Bei Gasfeuerungen mit mechanischen Zugerregern kommen diese Gesichtspunkte weit weniger in Betracht.

Der dem Hauptgaskanale zu gebende freie Querschnitt hängt in erster Reihe von dem Gaskonsume ab, dann kommt ferner in Betracht, dass das Gas in engen Kanälen durch Reibung an Geschwindigkeit verliert und dass endlich die von Zeit zu Zeit nothwendig werdende Reinigung der Kanäle bei geringem Querschnitt sehr schwierig ist, aus diesen Gründen soll der lichte Durchmesser des Hauptkanals 55—65 ^{zm} betragen.

Die Reinigung der Gaskanäle bezweckt die Entfernung von Russ und Theer, welche sich in grösserer oder geringerer Menge darin absetzen. Nach Schätzungen Mendheim's beträgt der Niederschlag in den Gaskanälen bei Verwendung stark russender Steinkohle etwa ein Gewichtsprozent der vergasten Kohle, und wenn daher im Generator pro Tag 5000 ^{k} dieser Steinkohle konsumirt werden, so beträgt die Ablagerung in den Kanälen etwa 50 ^{k}.

In vielen Fällen bringt man in den Gaskanälen Senkungen an, in welchen sich der Theer ansammelt um dann zu gelegener Zeit aus diesen Vertiefungen entfernt zu werden, das geeignetste und kürzeste Verfahren der Reinigung ist aber wohl das Ausbrennen der Leitungen, was in ganz kurzer Zeit bewerkstelligt werden kann und eine Betriebsunterbrechung nicht bedingt.

Ein früher viel gefürchteter Uebelstand bei Gasfeuerungen waren die öfter und mit einiger Vehemenz auftretenden Explosionen, nachdem man aber eine bessere Behandlung des Gasfeuerungsapparates und die Gründe jener Erscheinung allgemein kennen gelernt hat, haben die Gasexplosionen ihre anfängliche Bedeutung fast ganz verloren. Solche Gasentzündungen mit explosiven Wirkungen kommen auch jetzt noch vor, doch begegnet man denselben von vornherein dadurch, dass man im Gewölbe des Gaskanals und in angemessenen Entfernungen einige Oeffnungen anbringt, welche in ähnlicher Weise zu verschliessen sind wie der Fülltrichter Fig. 10. In allen Fällen muss der Verschluss luftdicht sein und keinenfalls darf der Deckel belastet werden, da derselbe als Sicherheitsventil bei etwa vorkommenden Explosionen dient und der Expansion des entzündeten Gases weichen muss. Bei einer stattfindenden Explosion ist sofort das Gasventil in der Nähe des Generators zu schliessen, womit dem Umsichgreifen der Entzündung Einhalt gethan und dieselbe auf den Verbrauch des in dem Kanale noch vorhandenen Gases beschränkt wird.

Diese im Generator oder in den Gaskanälen statthabenden Gasexplosionen lassen sich ausnahmslos auf das Vorhandensein freier atmosphärischer Luft in den Generatorgasen zurück führen, welche mit diesen Knallgas bildet, das sich bei genügend hoher Temperatur entzündet. Die nächste Ursache dieser Erscheinung ist in Undichtheiten des Mauerwerks der Gaskanäle sowohl wie desjenigen des Generators zu suchen, doch werden Gasexplosionen wohl eben so häufig durch mangelhafte Beaufsichtigung und Bedienung des Generators, durch nachlässige Leitung des Vergasungsprozesses hervorgerufen.

In letzterer Beziehung ist ganz besonders darauf zu achten, dass keine belangreichere Verschlackung des Generators eintritt, keine Schlacken an den Wänden hängen und auf dem Roste liegen bleiben, denn die schwammartige Schlackenmasse ist im höchsten Grade geeignet, durch die darin enthaltenen zahlreichen Röhrchen die atmosphärische Luft in grösserer Menge unzersetzt in die Gase hinüber zu leiten. Um Schlacken von den Wänden abstossen, Ungleichmässigkeiten und Höhlungen in der Schüttung etc. beseitigen zu können, bedient man sich entsprechend langer Eisenstangen mit harten Spitzen, welche man durch Schürlöcher (c c Fig. 5), deren mehrere sich in der Decke des Generators befinden müssen, in diesen einführt. Die Reinigung und Aufräumung des Rostes ist eine der wichtigsten Aufgaben des den Generator bedienenden Personals, welches darüber wachen muss, dass sich auf dem Roste keine schwarzen, durch nichtbrennende Kohle verursachte sogenannte „todte“ Stellen bilden, da auch durch diese die Luft unzersetzt im Generator aufsteigt und sich den Gasen beimengt. Bei Treppenrosten kann dieser häufiger auftretende, meist durch verfrühtes, überhaupt unrechtzeitiges Schüren veranlasste Uebelstand leicht beseitigt werden, schwieriger bei Plan- und Pultrosten; bei jenen kann man die „todten“ Stellen mit Lehm verstreichen bis die Entzündung wieder über den ganzen Rost ausgebreitet ist, bei diesen, namentlich aber bei dem Planrost ist dieses Korrektiv nicht wohl ausführbar.

Die Ingangsetzung eines neuen oder eines ausser Betrieb gewesenen Gasgenerators hat mit Sorgfalt und gewissen Vorsichtsmaassregeln zu geschehen, welche sich auf praktische Erfahrungen stützen müssen; ohne Kenntniss der hierbei vorkommenden Arbeiten und auftretenden Erscheinungen gelangt man auf den Weg der Experimente und zu Fehlern, welche die regelrechte Entwickelung des Vergasungsprozesses oft sehr lange zurückhalten und sich nur schwer wieder ausgleichen lassen. ' Dahin gehören ungleichmässige Entzündung, Verschüttung der Brennschicht, voreiliges Schüren etc.

Vor dem Anheizen des Generators wird zunächst die Verbindung desselben mit dem Verbrennungsraume durch das Schliessen des in der Nähe des ersteren befindlichen Gaskanalventils aufgehoben, um aber den bei dem Generatorvorfeuer sich entwickelnden Verbrennungsprodukten einen Ausweg zu geben, wird der Fülltrichter geöffnet; dann wird der Rost mit einer Schicht eines leicht entzündlichen Stoffes, am geeignetsten sind Hobelspähne, gleichmässig bedeckt, auf diese Unterlage bringt man trockenes Spaltholz oder Reisig und auf diese wieder eine Schicht stückreicher Stein- oder Braunkohle, worauf man die Hobelspähne an mehreren Stellen und möglichst gleichzeitig von unten auf entzündet. Dass das Feuer sich gleichmässig über den ganzen Rost ausbreite, ist eine nicht aus dem Auge zu lassende Bedingung, welche am ehesten und ohne wesentliche Nachhülfe der Plan- und Pultrost erfüllt, schwieriger liegt dieser Fall bei Treppenrosten ohne Plan- oder Pultrost, welche nur vom untersten Roststabe aus eutzündet werden dürfen, so dass sich das Feuer von unten nach oben ausbreiten muss; der umgekehrte Weg, den man freilich wohl niemals absichtlich einschlagen wird, würde nur langsam zum Ziele führen.

Nachdem aller Brennstoff in lebhaften Brand gerathen, beginnt man mit der Nachschüttung des Vergasungsmaterials, anfangs jedoch nur mit kleineren Mengen, da durch grössere Quantitäten das Feuer entweder erstickt oder doch in seiner Entwickelung zurück gehalten würde.

Ist der Generator ausgetrocknet, was bei neuen Anlagen immerhin einige Zeit in Anspruch nimmt, dann schliesst man den Fülltrichter und öffnet das Ventil zum Gaskanale, infolgedessen das Gas nunmehr nach dem Verbrennungsraume strömt. Da aber auch das Mauerwerk des Gaskanals noch Feuchtigkeit enthält, welche durch die Wärme des Gases verdunstet und von dieser in Dampfform aufgenommen wird, wodurch sich die Qualität des Gases bis zur Werthlosigkeit verringern kann, so erscheint es gerathen, dieses wasserdampfhaltige Gas eine zeitlang entweder direkt durch den Verbrennungsraum hindurch oder vermittelst einer besonderen Leitung in den Schornstein entweichen zu lassen, bis auch der Gaskanal einigermaassen ausgetrocknet ist. Man erleidet hierdurch allerdings einen Verlust, doch hat man gegen diesen den Vortheil zu erwägen, dass die Verbrennung des Gases nach dem Austrocknen des Zuleitungskanales weit sicherer erfolgt. Hierbei ist jedoch zu erwähnen, dass die Gasentzündung im Verbrennungsraume, wenn dieser nicht in nächster Nähe des Generators liegt, nur dann eintritt, wenn derselbe bereits vor der Zuleitung des Gases bis auf die Entzündungstemperatur erhitzt wurde.

Für die Beurtheilung der Qualität der Generatorgase dienen rein empirische Bestimmungsmittel, welche sich auf dem Wege der Erfahrung ausbilden: Geruch und Farbe. „Im allgemeinen", sagt Steinmann, „zeigt das Holzgas eine mehr bläuliche Farbe bei vorherrschend starkem Kreosotgeruch; Gas aus der norddeutschen Braunkohle eine weissliche Farbe wegen des ziemlich hohen Wassergehaltes mit meist einem Geruch, der verbranntem Bernstein ähnelt; speziell Bitterfelder und Hallenser Kohlen entwickeln ein Gas von hellgelber Farbe mit scharfem Theergeruch, desgleichen die böhmische Braunkohle, nur ist deren Gas gewöhnlich tiefgelb; das Steinkohlengas zeigt eine mehr olivengrüne Färbung, verbunden mit intensivem Theergeruch. Die nächste Umgebung eines Steinkohlengenerators überzieht sich auch bald mit einem schwachen klebrigen Theerniederschlage. Die Torfsorten endlich liefern bei ihrer grossen Mannigfaltigkeit ein Gas, dessen Eigenschaften sich denen aus Holz oder Braunkohle erzeugten mehr oder minder nähert. Erhöhter Wassergehalt schwächt bei allen Gattungen diese Merkmale in entsprechendem Grade ab, ebenso ein bedeutender Gehalt an Schwefel und Erden." [1]

Was nun endlich das Mauerwerk des Generators anbetrifft, so gilt hier ein für alle Male der Satz, dass das Beste an dieser Stelle nicht zu gut ist. Es muss berücksichtigt werden, dass Gasgeneratoren längere Zeit, ja monatelang unausgesetzt im Betriebe bleiben, und

---

[1] Kompendium, S. 45.

dass deshalb das Mauerwerk wie alle Theile des Generators mit der
grössesten Sorgfalt und aus den besten Materialien hergestellt werden
müssen. Ueberall da wo das Mauerwerk der Einwirkung der Gluth
und stärkerer Hitze unterliegt, verwendet man die besten feuerfesten
Steine, die mit engen Fugen und exaktestem Fugenwechsel vermauert
werden müssen. Gegen die durch Hitze bewirkte Ausdehnung des
Mauerwerks und die hierdurch entstehenden Undichtheiten desselben
schützt man den Generator am sichersten durch eine solide Ver-
ankerung.

Die Gasleitungskanäle liegen meistens in der Erde; dieselben
luftdicht herzustellen ist die nächste Aufgabe, die nicht minder
wichtige zweite sie gegen das Eindringen von Erdfeuchtigkeit zu
schützen, da diese, wenn sie in die Kanäle eindringt, nicht nur die
Gase bedeutend abkühlt, sondern theilweise auch als Wasserdampf
mit den Gasen in den Verbrennungsraum übergeführt wird. Die
Folgen hiervon sind ein ganz bedeutendes Sinken der Ofentemperatur
und unaufhörliche Betriebsstörungen. Die Gaskanäle müssen deshalb
unter allen Umständen unter Dach liegen und stets da isolirt werden,
wo man nicht durch hinlängliche Erfahrungen sich überzeugt halten
darf, dass das Eindringen von Feuchtigkeit in dieselben nicht zu
befürchten ist.

VI.

Die Anfänge der keramischen Gasfeuerung.

Das Brennen von Erzeugnissen der Thonwaarenindustrie, das Schmelzen des Glases etc. mit mineralischen Brennstoffen ist erst in den beiden letzten Jahrzehnten allgemeiner und für diese Industrien zugleich von Wichtigkeit geworden. Bis dahin bediente man sich für keramische Brenn- und Schmelzprozesse fast ausschliesslich des Holzes, das infolge des grossen Verbrauches und des daraus entstehenden Mangels stetig im Preise stieg, ohne dass der Handelswerth der Industrieerzeugnisse dieser Preisteigerung in einem angemessenen Verhältnisse folgte, so dass die Inbenutznahme der ungleich billigeren mineralischen Brennstoffe für die keramischen Industrieen sich zu einer Existenzfrage gestalten musste.

Aber trotz dieser zwingenden Verhältnisse hat sich die allgemeinere Anwendung der fossilen Brennstoffe nur langsam vollzogen; es haben sich der Einführung derselben ganz bedeutende Schwierigkeiten entgegengestellt, die theils in dem Konservatismus der menschlichen Natur, theils in dem Umstande begründet erscheinen, dass die fossilen Brennstoffe, speziell die Steinkohlen für einzelne keram-pyrotechnische Prozesse keine so günstige Eigenschaften aufweisen, wie das Holz sie besitzt. Namentlich beim Brennen des Porzellans treten die chemischen Eigenschaften der Stein- und Braunkohle oft sehr störend hervor, indem diese durch ihre schwefeligen Bestandtheile auf die Glasuren missfärbend einwirken. Dies macht es zum Theil erklärlich, dass das Streben, diese Brennstoffe an Stelle des Holzes zu verwenden, erst nach einer langen Zeit mühevoller Arbeiten und kostspieliger Versuche zu befriedigenden Resultaten führen konnte, welche wiederum die Holzfeuerung immer mehr in den Hintergrund gedrängt haben.

Bereits im vorigen Jahrhundert versuchte man in Frankreich Porzellan mit Steinkohle zu brennen, womit man indess keine solchen Resultate erzielte, welche eine dauernde Verwendung der Steinkohle für Porzellanbrände zur Folge hatten. Diese Versuche wurden erst geraume Zeit später wieder aufgenommen, nachdem die Situation der Poterieindustrie eine so ungünstige geworden war, dass man nicht nur allein die Einführung der fossilen Brennstoffe, sondern auch die Verlegung der Porzellanfabriken in die Nähe der Kohlenreviere als die Lösung der wirthschaftlichen Krisis dieser Industrie in Betrachtung zog.

Wie so oft in anderen Fällen war es auch hier die Noth, welche den Fortschritt herbeiführte, und als man zu Anfang der vierziger Jahre d. Jh. in Frankreich erneute Versuche mit Anwendung der Steinkohle zum Brennen des Porzellans machte, erzielte man endlich Resultate, welche zur Folge hatten, dass zu Ende der vierziger Jahre die Steinkohlenfeuerung in der Porzellanmanufaktur von Sèvres festen Boden fasste, wenn damit auch die Uebelstände, welche die Steinkohlenfeuerung bedingt, noch lange nicht überwunden waren.

Aber trotz dieses anregenden Vorgehens der Porzellanmanufaktur von Frankreich machte die weitere Anwendung der Steinkohle in anderen Fabriken nur langsame Fortschritte, da man sich nur schwer mit der veränderten Brennmethode befreunden konnte und nur mit Widerstreben die jener angemessenen konstruktiven Veränderungen an den Brennöfen vorzunehmen sich entschloss.

Nach Berichten von Salvetat kamen im Jahre 1858 in Limoges, eine der bedeutendsten Stätten der französischen Porzellanindustrie, auf 1310 Porzellanbrände mit Holz nur 186 mit Steinkohle; von diesem Zeitpunkte ab findet eine fortdauernde Abnahme der Holzbrände statt, so dass man im Jahre 1862 auf je einen Brand mit Holz einen mit Steinkohle machte, 1873 aber war das Verhältniss für Steinkohle bereits so günstig geworden, dass nur noch 593 Brände mit Holz, aber 2391 Porzellanbrände mit Steinkohle in 16 mit Holz und in 58 mit Steinkohle befeuerten Oefen stattfanden.

Neben diesen Bestrebungen, das Holz durch die Steinkohle zu ersetzen, tritt bereits die Gasfeuerung in den Kreis theoretischer Erwägungen und schüchterner pracktischer Versuche, welche die Bedeutung dieses Feuerungssystems erkennen lassen, die aber auch den Beweis liefern, dass man mit demselben noch nicht zu hantiren versteht. Salvetat machte in seinen „Leçons de la céramique" (1857) eingehend auf den hohen Werth der Gasfeuerung für die Poterieindustrie aufmerksam und im Jahre 1859 wagte die Berliner Porzellan-Manufaktur die ersten Versuche mit der Einführung der Gasfeuerung, welche indess keinen aufmunternden Erfolg gehabt haben. Die grössesten Verdienste auf diesem Felde erwarb sich C. Venier, der Director der Gräfl. Oswald v. Thun'schen Porzellanfabrik in Klösterle (Böhmen), der hier 1860 den ersten existenzfähigen Gasofen baute, welcher s. Z. das lebhafteste und allseitigste Interesse in Anspruch nahm.

Aber schon vor diesen praktischen Arbeiten waren einzelne Entwürfe von Gasbrennöfen bekannt geworden, welche zum Brennen von Ziegelsteinen und ähnlichen Gegenständen dienen sollten. Arbeiten wie diese, welche nicht unmittelbar dem praktischen Leben erstehen oder aus einer glücklichen Vereinigung von Theorie und Praxis resultiren, verkörperlichen gewöhnlich zwei Extreme, entweder schleppen sie einen Ballast überflüssigen Beiwerks mit sich, oder aber sie tragen eine erstaunliche Primitivität zur Schau; entweder stecken sie noch halb in der Theorie oder sie fürchten das Ueberschreiten der Grenze des als möglich Erprobten, eine Wahrheit, welche durch die ersten Gasöfen im vollen Umfange bestätigt wird.

Diese Gasöfen liegen in der Entwickelungsgeschichte der Gasfeuerung ziemlich weit zurück und es ist nicht zu verwundern, dass diese Anfänge eben Theoreme blieben, denn abgesehen von ihrer geringen praktischen Bedeutung fällt ihr Bekanntwerden in eine Zeit, wo eine eigentliche Feuerungstechnik, die in der Praxis ihren Boden finden muss, noch garnicht existirte oder eben anfing, wissenschaftlich begründet zu werden; es ist daher erklärlich, dass zu einer Zeit, wo die Stätten der Thonwaarenindustrie sich weithin durch aufsteigende Rauchwolken, die man als zur Sache gehörig betrachtete, bemerkbar machten, eine Neuerung wie die Gasfeuerung sie denn doch war, mindestens auf keine grössere Beachtung rechnen durfte. Und deshalb existiren diese Anfänge für die praktische Durchbildung der Gasfeuerung eigentlich garnicht, die technische Ausbildung der Keramik musste erst grosse Fortschritte machen, ehe sie mit einem Apparate hantiren konnte, der doch immerhin eine grössere Intelligenz für sich beanspruchte, als man sie auszuüben im Stande war.

So können die ersten Gasöfen zum Brennen von Thonwaaren in erster Reihe nur als historische Raritäten ein Interesse beanspruchen, dann sind sie aber auch geeignet, die unverkennbaren Fortschritte zu illustriren, welche das System selbst gemacht hat und deshalb verdienen sie hier nochmals genannt zu werden.

Von denjenigen Gasöfen, auf welche sich das Gesagte vorzugsweise bezieht, ist der älteste wohl der Ziegelbrennofen, welcher von dem Hüttenverwalter Weberling in Mägdesprung konstruirt wurde und von Bischof in seiner schon erwähnten Schrift „Die indirekte aber

höchste Nutzung der rohen Brennmaterialien" (1848) bekannt gemacht worden ist.

Die Figur 14 (Schnitt a b) und 15 (Schnitt c d), im Maassstabe von 1 : 200 gezeichnet, geben ein Bild dieser Konstruktion. Durch den Kanal a und durch das Steingitter b sollen die Gase aus dem Generator in den Raum e strömen, nachdem dieselben sich vorher bei den Schlitzen cc mit der Verbrennungsluft gemischt haben, welche durch die Kanäle dd eintritt. Die im Kanale e und im Ofenraume k sich entwickelnde Flamme soll zunächst aufwärts steigen und dann am Gewölbe des Ofens zurückprallen. Wahrscheinlicher aber würde die Flamme bereits im unteren Theile des Ofens die Richtung nach den Abzugsöffnungen für die Verbrennungsgase f f einschlagen und durch die

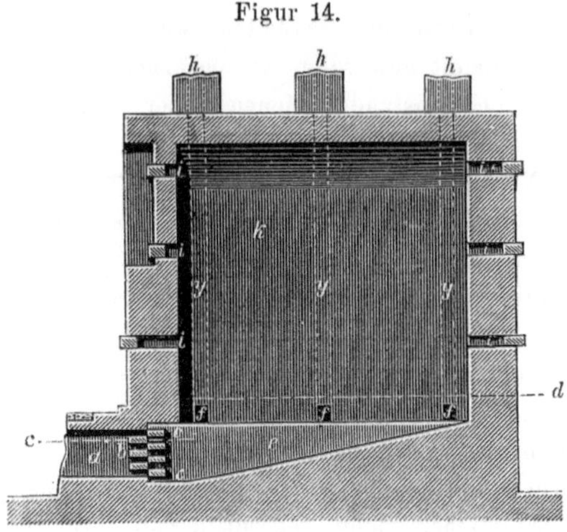

Figur 14.

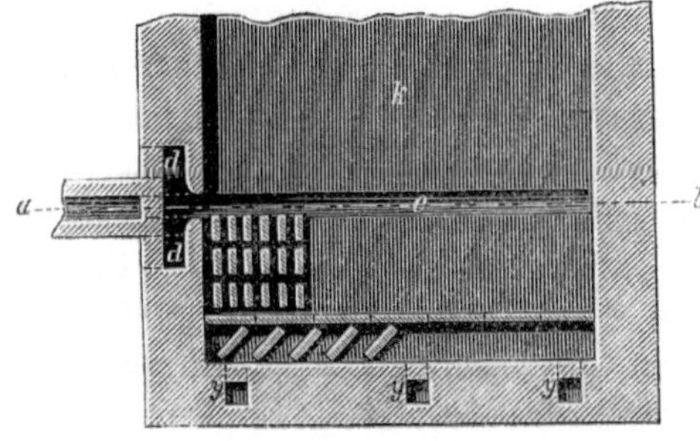

Figur 15.

Kanäle y in die Schornsteine h h entweichen, deren sechs (!) für den Ofen angeordnet sind.

Es bedarf wohl kaum der besonderen Erwähnung, dass diese Ofenkonstruktion, bei der sich überall der Mangel an Erfahrung kennzeichnet, kaum die nothwendigsten Bedingungen für das Gelingen der Gasfeuerung erfüllt.

Der zweite Gasofen zum Brennen von Ziegelsteinen etc. ist von C. Schinz, dem unermüdlich gewesenen Aufklärer auf dem Gebiete der Feuerungstechnik entworfen und von ihm in der „Wärmemesskunst" (1858) veröffentlicht.

Zeichnet sich der Weberling'sche Gasofen durch seine Primitivität aus, so springt bei demjenigen von Schinz die grosse Komplizirtheit in die Augen, doch weis't dieser bereits einige bemerkenswerthe Fortschritte auf, z. B. die Kontinuität des Betriebes, den Wiedergewinn der Wärme aus den gebrannten Steinen durch Uebertragung derselben an die Verbrennungsluft etc.

Der Brennofen von Schinz, Figur 16 (Schnitt a b) und 17 (Schnitt c d) besteht aus einer beliebigen Anzahl von Kammern A′ bis A^x, deren jede an den sich gegenüber stehenden Enden mit einem Gasgenerator B versehen ist. Bei beginnendem Betriebe wird in dem Generator der Abtheilung A′ ein gelindes Vorfeuer (Schmauchfeuer) unterhalten, dessen Verbrennungsgase den mit rohen Ziegelsteinen angefüllten Raum A′ durchziehen und durch den Kanal C in den Schornstein D entweichen. Ist das Vorfeuer zu Ende, so wird die Verbindung von A mit D vermittelst eines Schiebers, der in den Abbildungen nicht sichtbar ist, aufgehoben und der Generator B jetzt mit Brennstoff so hoch angefüllt, dass derselbe nur noch brennbare Gase entwickelt; die Schieber

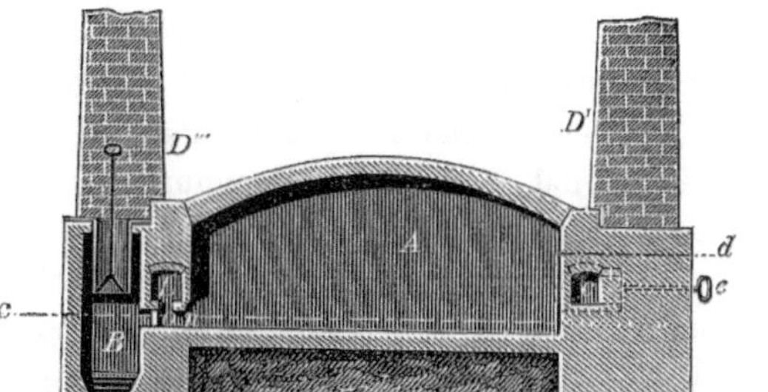

Figur 16.

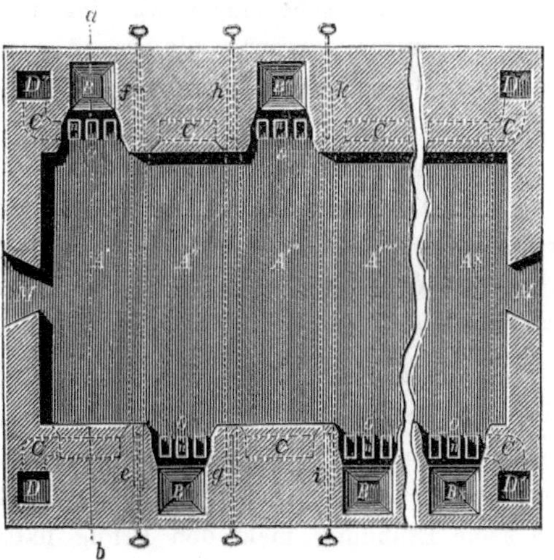

Figur 17.

e, h, k etc. werden geöffnet, um den Abzug der nun auch A″ durchströmenden Verbrennungsgase in den Schornstein D‴ zu ermöglichen.

Die zur Verbrennung der aus B kommenden Gase erforderliche atmosphärische Luft sollte aus dem Kanale L durch die kleinen, in die
Passage O ausmündenden, nach der Ofenmitte hin offenen Kanäle
n n hinabsteigen und sich mit den einströmenden Gasen in O mischen.
Dies ist aber im Anfange des Betriebes und bei der ersten Kammer
A' deshalb nicht möglich, weil der Schornstein D'' und der Schieber
E geschlossen sind, wollte man aber D'' offen lassen, so würde sich
die Flamme bereits in L entwickeln und durch D'' unbenutzt entweichen, es ist deshalb bei der Inbetriebsetzung auf eine andere Weise
der Luftzuführung Bedacht zu nehmen.

Ist der Inhalt von A' fertig gebrannt, so lässt man das Feuer
im Generator B ausgehen, bringt dagegen B' in Betrieb, schliesst
den Schieber K und D''' öffnet dagegen den Schieber i und D', was
zur Folge hat, dass die Verbrennungsgase A'' durchziehen und durch
D' entweichen. Die zur Verbrennung der Gase nöthige Luft passirt zunächst den Generator B, dann den mit abkühlenden Steinen gefüllten
Raum A', endlich den Kanal C und gelangt von hier durch die Kanäle n n in o vor B', wo die Vereinigung von Gas und Luft stattfindet.

Auf diese Weise werden nach und nach die Abtheilungen A' bis
A^x gebrannt und die fertigen Gegenstände zunächst durch die Ein-
fahrt M und bei den anderen Kammern durch Oeffnungen im Gewölbe
ausgetragen und frische eingesetzt. Ist endlich der Generator B^a in
Betrieb gekommen, so werden die aus A^a entweichenden Verbrennungsgase durch C nach A' geführt, von wo ab dieselben durch D entweichen.

Auf diese Weise kann der Ofen ohne Unterbrechung im Betriebe
bleiben, doch hängt der Gang desselben von einer bedeutenden Höhe
der Schornsteine sehr wesentlich ab, da nur ein sehr lebhafter Zug
die Flamme durch den weiten Raum zu ziehen und die Verbrennungsgase, denen sich grosse Widerstände bieten, zu entfernen vermag.

Gegenüber diesen Entwürfen ist der Gasofen von C. Venier eine
bedeutende technische Leistung und ein ehrendes Zeugniss für die
Tüchtigkeit seines jüngst verstorbenen Erfinders, welchem die Gasfeuerung für die Porzellanbrennerei ihre Grundlegung verdankt, wenn
auch seine Erfindung nicht den Erfolg hatte, welchen man ihr bei
ihrem Bekanntwerden mit einem gewissen Enthusiasmus in sichere
Aussicht stellte.

Eine ausführliche Arbeit über Venier's Gasofen zum Brennen

von Porzellan wurde von A. Hack veröffentlicht[1]) und eine angemessene Kritik dieser Konstruktion von Dr. Karl Wilkens geübt[2]), auf

Figur 18.

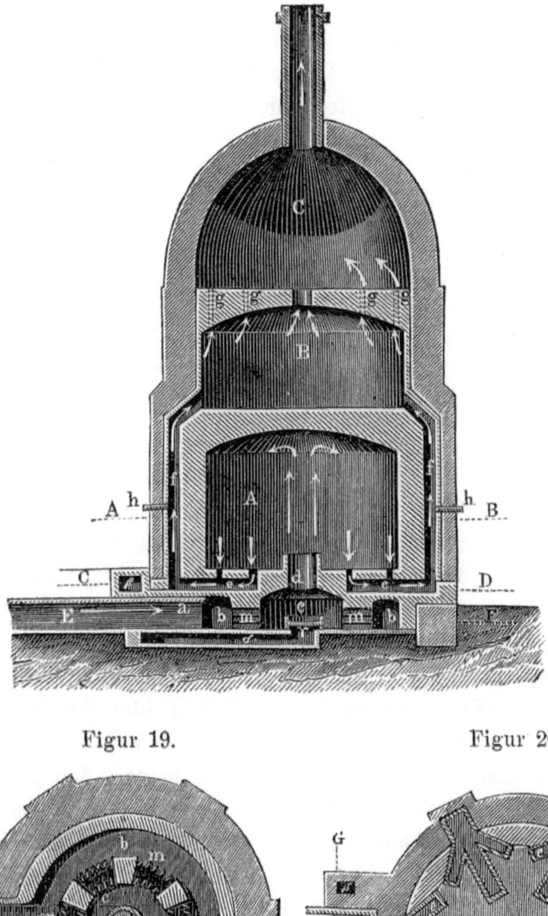

Figur 19. 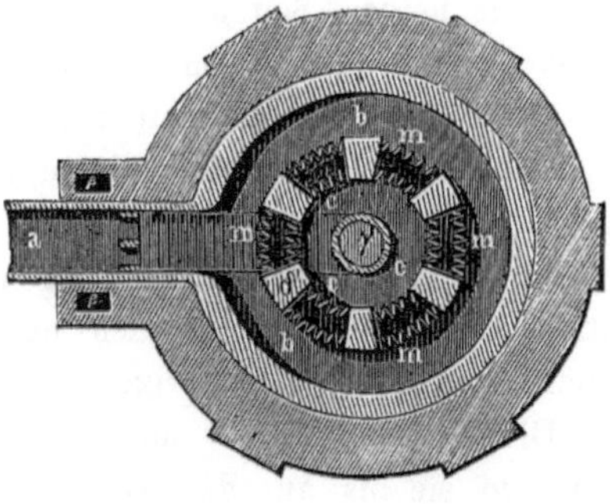 Figur 20.

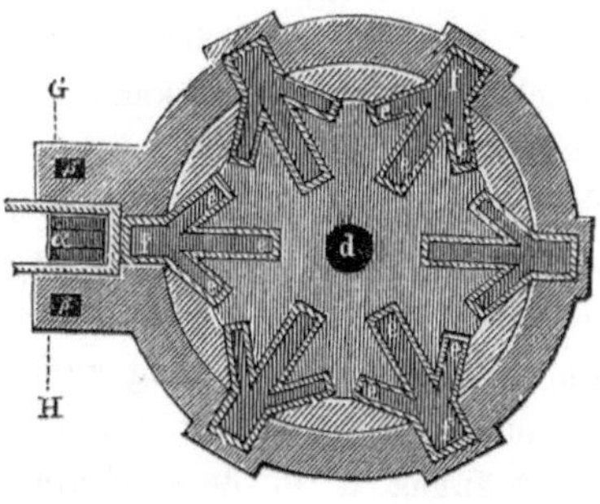

----

[1]) Verhandlungen und Mittheilungen des niederösterreichischen Gewerbevereins 1864, S 196. Dingler's polyt. Journal, Band 175, S. 42.
[2]) Die Töpferei von Dr. Karl Wilkens. S. 92 f.

welche Publikationen ich mich hier beziehen darf, hier wird es genügen, die Beschreibung des Venier'schen Ofens zu geben, wie er zuerst (1860) in Klösterle und etwas später von A. Hardtmuth in Budweis ausgeführt wurde.

Die Figuren 18 (Höhendurchschnitt), 19 (Schnitt E T), 20 (Schnitt
C D), 21 (Schnitt A B) und 22 (Schnitt G H) veranschaulichen im
Maassstabe von 1:195 den Ofen von Venier.

Figur 21.

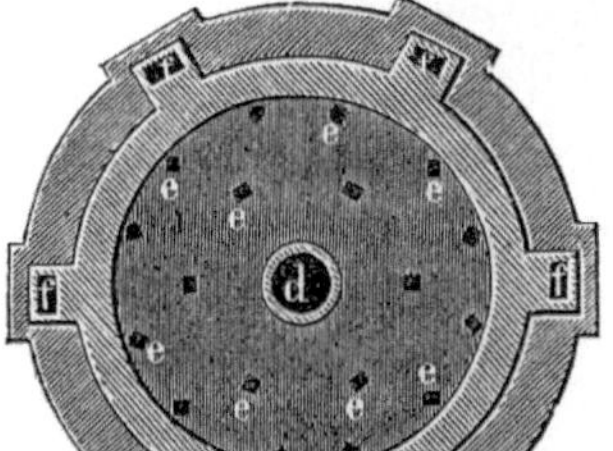

Figur 22.

Der Kanal, durch welchen die Gase aus dem Generator nach dem
Gasofen strömen, ist mit a bezeichnet; knapp vor diesem befindet
sich oben auf dem Kanal ein gusseiserner Rost α (Figur 20 und 22),
bei welchem die Gase sich mit der atmosphärischen Luft vereinigen
und zur Entzündung gelangen. Die Gasflamme dringt sodann in den
unteren Theil b (Figur 18 und 19) und von hier durch gitterförmig
aufgestellte Ziegelsteine in den Raum c, wo sie mit derjenigen erwärm-
ten Luf zusammentrifft, welche durch die beiden Seitenöffnungen β
(Figur 19) kalt einströmt und von da abwärts unter den Gaskanal
streichend, in dem Luftkanale δ erwärmt wird, der an seiner Aus-
gangsöffnung in c mit einer auf sechs Füssen ruhenden Platte γ
(Figur 18) abgedeckt ist; durch diese Vorrichtung wird die warme
Luft gezwungen, in einem plattgedrückten, vertikalen Strome gegen
die durch die Kanäle mm in c eintretende Flamme zu stossen und
sich mit dieser sehr innig zu mischen, was eine vollständige Verbrennung des Gases zur Folge hat. Die Flamme dringt nun durch
die Oeffnung d in den Ofenraum A, wo sie bis an das Gewölbe
aufsteigt, hier zurückprallt und dann durch die Oeffnungen e e im
Boden von A in die Kanäle ff geleitet wird, aus welchen sie in die
zweite Etage B einströmt, aus der die Hitze wiederum durch die
Deckenöffnungen gg in die dritte Etage C gelangt, welche mit einem

Schornsteine für die Entfernung der Verbrennungsgase versehen ist. In den Kanälen ff befinden sich mehrere Schieber hh, die zur Regulirung des Ofenzuges bestimmt sind.

Die mit dem Venier'schen Gasofen s. Z. erzielten Resultate müssen die Leistungen der gewöhnlichen Porzellanbrennöfen bedeutend überragt und ihre Besitzer im höchsten Grade befriedigt haben, denn man kann nicht annehmen, dass diese ohne wirkliche Gründe so glänzende Zeugnisse für Venier's Erfindung abgaben, wie z. B. das von A. Hardtmuth in Budweis, der in einem dem niederösterreichischen Gewerbevereine, Sektion für Chemie und Physik, erstatteten Berichte wörtlich sagte: „Bei der Anwendung der indirekten Holzgasfeuerung nach der Methode des Herren C. Venier werden in meiner Fabrik in Budweis im Vergleiche mit der direkten Holzfeuerung an 20% Brennstoff erspart. Die günstigsten Resultate erzielte ich bei Anwendung von Torfgas, auf welchen Brennstoff ich in jüngster Zeit übergegangen bin.

Die erwähnte Brennnstoffersparung ist aber bei weitem nicht der grösseste Vortheil, der durch die indirekte Heizung erzielt wird und besteht derselbe vielmehr darin, dass durch diese Brennmethode die Regulirung des Feuers ganz in der Hand des Fabrikanten liegt und dadurch nicht nur eine fast vollkommene Gleichförmigkeit des Hitzegrades im ganzen Ofen erzielt wird, sondern auch alle sonst durch den Rauch herbeigeführten Uebelstände vermieden werden können."

Nicht minder anerkennend war das Urtheil des Geh. Bergraths Kühn, Direktors der Porzellanmanufaktur zu Meissen, der über den Venier'schen Ofen folgendermassen urtheilte: „Die Brände gelingen nun tadellos, man kann sehr scharf ausbrennen, die Glasur ist spiegelnd, das Geschirr ohne Spur von Gelben oder Räucherigen; das Verglühen erfolgt gleichzeitig sehr vollkommen und gleichförmig; zugleich ist der grosse Vortheil damit verbunden, dass man die Leitung des Feuers so vollständig in der Hand hat, dass es nicht möglich ist, fehl zu gehen."

Dieses Urtheil Kühn's hat zu der Annahme Veranlassung gegeben, dass auch in Meissen, unter Kühn's Direktion ein Venier'scher Gasofen im Betriebe gewesen sei; ich weiss nicht, wessen Eigenthum der bezügliche Gasofen war, ich bin aber in der Lage bestimmt erklären zu können, dass in Meissen nie ein Venier'scher Gasofen gebaut worden ist, dass vielmehr der von 1863—1867 dort im Betriebe gewesene Gasofen von Kühn selber konstruirt war, und dass sich dieser Ofen von dem Venier'schen durch ganz wesentliche Merkmale unterschieden haben soll.

Der Meissener resp. Kühn'sche Gasofen hatte vier quadratische Gasgeneratoren, die von vornherein für die Vergasung von Kohlen (Stein- und Braunkohlen) eingerichtet waren, während Venier, wenigstens bis zum Jahre 1868 in Klösterle nur einen runden Generator anwendete, der mit den billigeren Holzsorten des Gräfl. v. Thunschen Waldes, in welchem Klösterle liegt, beschickt wurde. Aber auch die innere Einrichtung des Meissener Gasofens hatte wesentlich andere Formen, die sich aber nichtsdestoweniger der Venier'schen Konstruktion angelehnt haben mögen, da Kühn und Venier mit einander befreundet waren, was nicht wohl ohne Einfluss auf die gemeinsamen Zielen zugerichteten Arbeiten Beider gewesen sein mag.

Die Kühn'sche Gasfeuerungsanlage bewährte sich in Meissen insofern, als ein schönes reines Porzellan — gleichwie mit der direkten Feuerung — bei sehr gleichmässigem Ofengange und grosser Haltbarkeit der Kapseln erzielt wurde, der Kohlenverbrauch aber stellte sich höher als bei der direkten Feuerung, weshalb, und zwar nur aus diesem ökonomischen Grunde, von der ferneren Benutzung dieser Anlage im Jahre 1867 Abstand genommen wurde. Hierbei ist zu berücksichtigen, dass die Fabrikation in Meissen einen kontinuirlichen Betrieb der Gasgeneratoren nicht gestattete, es mussten dieselben oft 2—3 Tage unbenutzt stehen, was einen nicht unbedeutenden Brennstoff- und Wärmeverlust zur Folge hatte.

Später ist auch Venier zur Anwendung fossiler Brennstoffe übergegangen und hat die Porzellanfabrik Klösterle jetzt fünf seiner Oefen mit Kohlengas, dagegen nur noch einen mit Holzgas im Betriebe, ebenso wird der Venier'sche Ofen der Porzellanfabrik Pirkenhammer bei Karlsbald mit Braunkohlengas befeuert.

Ob man heute grössere Ansprüche an einen solchen Brennapparat macht als früher, oder ob die Holzgasfeuerung bessere Resultate lieferte als das Braunkohlengas, genug, die Resultate welche man mit Venier's*Ofen heute in Klösterle erzielt, scheinen den dortigen Anforderungen noch nicht zu genügen, denn man schreibt mir von Klösterle: „Obwohl der Gasfeuerung eine wichtige Rolle in der Porzellanbrennnerei für die Zukunft prognostizirt werden kann und obschon wir sie seither ausschliesslich anwenden, können wir dennoch nicht sagen, dass sie bereits eine so hohe Vervollkommnung erreichte, welche sie für eine allgemeine Benutzung geeignet macht; wir sind genöthigt an der Beseitigung der vorkommenden Mängel derselben zu arbeiten etc.“

Den momentanen Stand der Gasfeuerungsfrage, soweit sie für die Thonwaarenindustrie in Betracht kommt, habe ich schon in einem früheren Abschnitte gekennzeichnet, wo ich dieselbe ein Versuchsfeld genannt habe, weil sie aus dem Stadium der Experimente eigentlich noch nicht herausgekommen ist. In der That fehlt es noch an durchschlagenden Erfolgen, es fehlt aber auch noch an umfangreichen Erfahrungen und vor allen Dingen an einer tieferen Einsicht in die wissenschaftlichen Prinzipien, auf welche die Gasfeuerung sich begründet.

Mit ungleich grösseren Erfolgen ist der Entwickelungsgang der Gasfeuerung in ihrer Anwendung auf die Glasfabrikation gekennzeichnet, doch darf man hierbei nicht ausser Acht lassen, dass die für diese Erfolge in Betracht kommenden Verhältnisse hier wesentlich günstiger lagen, insofern nämlich, dass durch die Anwendung der Gasfeuerung die Form der Oefen und die Einfachheit ihrer Konstruktion nur geringere Modifikationen erlitten und dass ferner bei der Glasfabrikation alle jene Schwierigkeiten nicht bekannt sind, welche das Brennen der oft sehr werthvollen Erzeugnisse der Thonwaarenindustrie begleiten.

Die Versuche mit Anwendung der Gasfeuerung zum Schmelzen des Glases begannen zu Anfang der fünfziger Jahre d. Jh. Der Erste, welcher die Gasfeuerung zum Schmelzen des Glases benutzte, war wohl Fr. Chr. Fikentscher in Zwickau, der sich seines eigenen Gasfeuerungssystemes bediente; dann folgten die Oefen von Paduschka (1854), Schinz, doch waren auch diese und andere Konstruktionen noch weit davon entfernt, den hohen Werth der Gasfeuerung zur Geltung zu bringen, ohne Ausnahme aber wurden sie bedeutungslos durch die geniale Erfindung der regenerativen Gasfeuerung von Friedrich Siemens (1856), deren Einführung eine vollständige Umwälzung vornehmlich in der Glas- und Hüttenindustrie und den wirthschaftlichen Aufschwung derselben zur Folge hatte.

<hr>

VII.

Gasöfen zum Brennen von Porzellan, Schamotte-, Thon- und Ziegelwaaren etc.

A.. Brennofen mit regenerativer Gasfeuerung System Siemens;

konstruirt von Ferd. Steinmann in Dresden[1]).

Dass die Gasfeuerung speziell für die Porzellanbrennerei von hoher technicher und wirthschaftlicher Bedeutung sei, habe ich schon mehrfach hervorgehoben, um so mehr bleibt es zu bedauern, dass abgesehen von einzelnen Versuchen, welche allerdings nicht immer und alle Erfolg hatten, die Gasfeuerung nach dieser Seite hin noch immer in den Anfängen steckt.

Steinmann's Porzellanbrennofen, der die ihm gebührende Beach-

Figur 23.

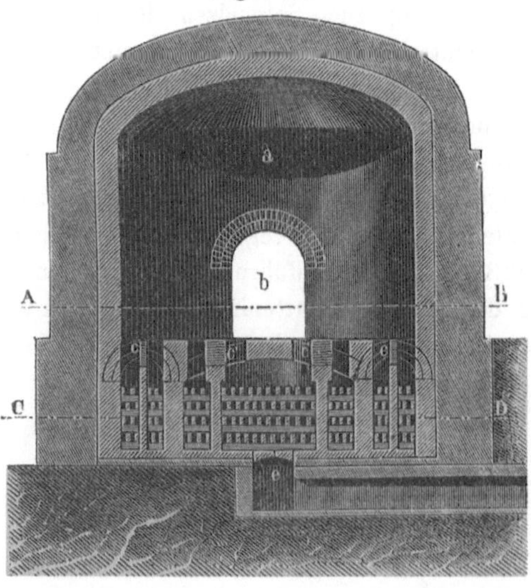

---

[1]) Kompendium der Gasfeuerung, S. 98.

tung seither noch nicht gefunden zu haben scheint, ist im Maassstabe von 1:120 in den Figuren 23 (Höhenquerschnitt nach E G I F), 24 (Schnitt C D) und 25 (Schnitt A B) dargestellt.

Im Unterbau des Ofens befinden sich vier konzentrisch angelegte Regeneratoren, von denen d d für die Erhitzung der Verbrennungsluft, d' d' aber für die des Gases dienen; die Luft tritt bei g und entsprechender Stellung der Wechselklappe f nach Durchströmung der beiden Kanäle durch e e, das Gas vermittelst der Zuleitungskanäle g' g' durch die zutreffende Passage der Wechselklappe f' bei e' e' in die Regeneratoren, während die Verbrennungsgase in der bekannten Weise durch die entgegengesetztliegenden Regeneratoren auf der anderen Seite der Wechselklappen in den Schornstein h entweichen. Gas und Luft treten aus den Regeneratoren durch die in der Ofensohle enthaltenen neun Schlitze c.. und c'.. in den Ofenraum a, doch ist es erforderlich, dass diese Schlitze in entsprechender Weise mit feuerfesten Steinen abgedeckt werden, so dass

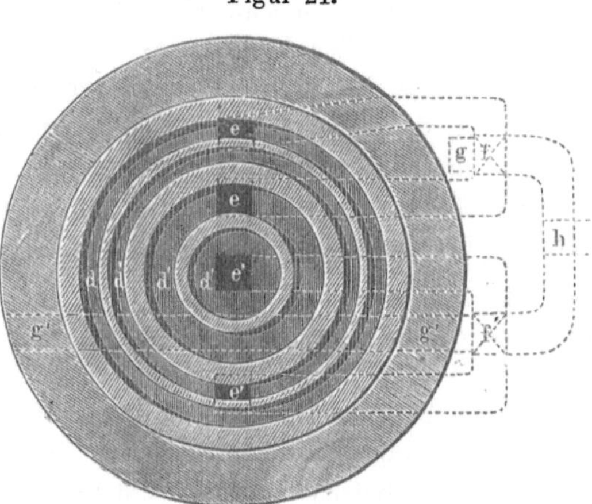

Figur 24.

Figur 25.

eine grössere Anzahl von Oeffnungen entsteht und die Gasflamme infolge dessen mehr vertheilt wird.

Bei jedem Brande muss der Ofen zunächst bis auf die Gasentzündungstemperatur vorgewärmt werden, zu diesem Zwecke legt man bei b einen Rost an, der durch eine Oeffnung beschickt wird, welche man in der Eintragthür b ausspart und dann vermauert, wenn das Gas zugelassen wird.

Dieser Umstand, dass ein derartiger Brennofen erst durch die
direkte Feuerung in den Stand gesetzt werden muss, überhaupt mit
Gas geheizt werden zu können, ist keineswegs eine Annehmlichkeit.
Die Vorzüge des Steinmann'schen Ofens mögen dadurch wenig beein-
trächtigt werden, prinziepiell muss man diese Abhängigkeit verurthei-
len wie überhaupt das System, aus welchem diese Abhängigkeit entsteht, das periodische Brennverfahren.

Will man mit der Gasfeuerung wirklich grosse Erfolge erzielen,
so darf man sich nicht damit begnügen, die direkte Feuerung beseitigt zu haben, sondern man wird auch das Uebel an der Wurzel an-
greifen und vor allen Dingen das unrationelle System des periodi-
schen Brennens da über den Haufen werfen müssen, wo es eben nur
möglich ist, denn erst mit der Einführung eines durchaus kontinuirlichen Ofenbetriebes kann die Ueberlegenheit der Gasfeuerung gegenüber der direkten Feuerung zur Geltung kommen und die höchste Ausnutzung der Brennstoffe erreicht werden.

Als Muster eines kontinuirlichen Brennofenbetriebes steht der
Ringofen da, ob aber das Ringofensystem ohne wesentliche Modifikationen in der Anordnung des endlosen ungetheilten Brennraumes für
die Anwendung der Gasfeuerung geeignet ist, bleibt vorläufig noch
eine offene Frage, doch ist trotzdem nicht ausgeschlossen, dass ein
kontinuirlicher Betrieb auch auf andere, wenn auch auf weniger einfache und rationelle Weise zu erreichen und erreicht worden ist (Ofen
von Mendheim), selbst mit Zugrundelegung des Siemens'schen Regenerativsystem's.

Dies ist z. B. auf dem Zentralpunkte der französischen Porzellanindustrie, in Limoges der Fall, wo ein Porzellanbrennofen mit Siemens-
Regenerativgasfeuerung im Betriebe ist. Leider sind mir keine detaillirten Angaben über diesen Ofen zur Hand, es ist darüber nur zu
berichten, dass die Betriebsresultate nach allen Seiten hin befriedigen
und dass der Ofen aus fünf Abtheilungen besteht, die durch einen
Generator mit Gas befeuert werden. Die aus der im Feuer befindlichen Abtheilung entweichenden Verbrennungsgase dienen zur Erhitzung der Verbrennungsluft und des Gases, während die Hitze der
in Abkühlung begriffenen Abtheilung zur Vorwärmung des frischen
Einsatzes einer anderen nutzbar gemacht wird.

Die Herstellungskosten des Steinmann'schen Gasofens betragen
nach Angabe des Konstrukteurs 5400—6000 $M.$ ausschliesslich der
Kosten des Schornsteins, für welchen bei den sich bietenden grossen

Widerständen eine Höhe von ca. 18^m bei einer lichten Weite von 62 resp. 47^{zm} erforderlich sein dürfte.

B. Muffel-Gasofen zum Einschmelzen der Farben und Emailen auf Porzellan, Glas und Thonwaaren;

konstruirt von J. Möldner und F. Kreibich in Haida (Böhmen).

Eine verdienstvolle und mit schätzbaren Erfolgen gekrönte Leistung der Gasfeuerungstechnik ist unstreitig der Muffel-Gasofen, dessen grosser Werth für die Porzellan- und Glasmalerei nunmehr genügend anerkannt ist; es bleibt nur zu wünschen, dass diese Erfindung eine grosse Ausbreitung finden möge.

Der Möldner-Kreibich'sche Muffelofen ist bereits seit zwei Jahren in der Porzellanmalerei Julius Möldner's im Betriebe und sind die seit dieser Zeit von Möldner für A. Hegenbarth's Erben in Haida gelieferten Glasmalereien ausschliesslich in diesem Ofen eingebrannt. Solche Glasmalereien waren mit einer Kollektion feiner Thonwaaren, in Böhmen fälschlich Mojolika genannt, deren Malerei gleichfalls in der Gasmuffel eingebrannt war, auf der Fachausstellung des Gewerbevereins für Böhmen im Mai 1875 in Prag ausgestellt, wo diese Objekte ihrer Schönheit wegen grossen Beifall fanden und von den Preisrichtern mit einer Medaille ausgezeichnet wurden, wie man denn auch dem ausgestellten Modell des Möldner'schen Muffelofens die silberne Medaille zuerkannte.

Ein kompetenter Berichterstatter, Paul Weisskopf in Morchenstern schreibt in einem Ausstellungsberichte über Möldners Ofen[1]: „Bei den fortwährend steigenden Preisen der Brennmaterialien und den stets höher wachsenden Ansprüchen, welche man an die Technik der Porzellan- und Glasmalerei stellt verbunden mit kontinuirlich fallenden Arbeitslöhnen musste man bedacht sein ein Mittel zu finden, welches allen diesen Faktoren Rechnung tragend, möglichst gute Resultate gab. Herrn Möldner ist nicht nur das Verdienst zuzuschreiben, diese Aufgabe in wahrhaft genialer Weise gelöst, ihm gebührt auch das weitere, nicht hoch genug anzuschlagende Verdienst, die erste Anregung zur Verwendung der Gasfeuerung im Kleingewerbebetrieb gegeben zu haben. Es ist leicht begreiflich und bedarf nicht erst der detaillirten Auseinandersetzung, dass der Maler nur dann Vorzügliches leisten kann, wenn seine Waare vor und während des Einbrennens der Farben vor Flugasche, Staub und Russ geschützt ist,

---

[1] Sprechsaal, 1875, N. 27.

wenn es ganz in seine Hand gegeben ist, an jeder beliebigen Stelle der Muffel und zu jeder beliebigen Zeit die Hitze zu steigern oder abzuschwächen. Die Möldner'schen Muffelöfen erfüllen alle diese Bedingungen auf das Exakteste und wir können allen Glas- und Porzellanmalern empfehlen, diesem Gegenstande eingehendste Aufmerksamkeit zu schenken."

Gerade die in Anwendung befindlichen Muffelöfen sind es, die hinsichtlich ihrer Feuerungseinrichtungen eine enorme Brennstoffverschwendung bedingen, dagegen sind es aber gerade wieder diese Apparate, welche der Handhabung der Gasfeuerung die geringsten Schwierigkeiten entgegenstellen, da Vergasung, Verbrennung und Brennobjekt so nahe beieinander liegen, dass Schwerfälligkeiten und Störungen im Betriebe kaum entstehen können und die Konstitution der Gasflamme bei dichten Muffeln eigentlich gar nicht in Betracht kommt.

Gegenüber der direkten Feuerung sind die ökonomischen Vortheile dieser Gasfeuerungsanlage sehr bedeutend, namentlich dann wenn der Betrieb ein kontinuirlicher ist. Möldner erreichte mit der Gasfeuerung gegenüber der direkten Holzfeuerung eine Ersparniss von 40 %, was jedenfalls bei dem natürlichen und durch die prekären Verhältnisse begründetem Streben der Industrie nach billigerer Produktion wesentlich für eine allgemeinere Einführung dieser Erfindung sprechen möchte, zumal anstatt der Verwendung des theueren, immer sparsamer werdenden Holzes nunmehr durch Anwendung der Gasfeuerung auch geringwerthige fossile Brennstoffe benutzt werden können, was bei der direkten Muffelfeuerung noch nicht gelungen ist.

„Langjährige frühere Versuche direkter Feuerung mit Steinkohle, Braunkohle und Torf, schreibt Möldner[1]), haben gezeigt, dass die damit erzielten Resultate allen, mit guttrockenem Holze abgeführten Bränden weit nachstehen. Hauptübelstände bei direkter Kohlenfeuerung sind: 1) Die Muffeln werden in kurzer Zeit zerstört, sind daher fortwährender lästiger Reparaturen bedürftig. 2) Bei Benutzung dieser Materialien entwickelt sich, ehe letztere entflammen, ein starker Rauch, daher leicht unverbrannte Gase durch etwa schadhafte Muffelwände ins Innere eindringen und. oft erhebliche Nachtheile an Gold und Farben verursachen. 3) Am Ende des Brandes ist die Flamme zu scharf, die Hitze in der Feuerkammer wie in dem unteren Theile der Muffel zu gross (besonders bei Glas sehr misslich). 4) Das Ent-

---

[1]) Sprechsaal, 1874. S. 311.

fernen der Brandreste solcher an sich unsauberen Brennmaterialien verursacht in dem Schmelzlokale oft lästige Unannehmlichkeiten. Alles das in Betracht gezogen, bin ich trotz wiederholter Versuche mit Kohlen und Torf — immer wieder zur direkten Holzfeuerung zurückgekehrt. Bei Teplitzer Braunkohle betrug die Ersparniss gegen Holz 25—30%, immerhin bedeutend genug, wenn nicht die vorerwähnten Uebelstände dabei mit in den Kauf zu nehmen wären. Gewöhnlich lieferten bei direkter Kohlenfeuerung der fünfte bis sechste Brand irgend einen Schaden, welcher die bezeichnete Ersparniss mehr als illusorisch machte.

Durch unsere Generatoranlage ist die Verwendung der erwähnten billigen Brennmaterialien nicht allein zulässig sondern es stellen sich dabei sogar neben den ökonomischen auch noch schätzenswerthe technische Vortheile heraus. Zu letzteren gehören unter anderen die absolute Reinlichkeit und der Raumgewinn im Schmelzlokale, erleichterte und in weit längeren Pausen stattfindende Zufüllung des Brennmaterials; auch hat der Schmelzer von ausstrahlender Hitze weit weniger zu leiden, er braucht am Ende des Brandes garnicht auf das Feuer zu achten und kann seine vollste Aufmerksamkeit dem Inhalte der Muffel zuwenden. Ein Druck der Hand genügt um das Feuer abzustellen. Die Muffeln werden sehr geschont und ist kein für Monate anhaltender Holzvorrath aufzuspeichern um unverdorbene Waare aus den Muffeln zu erhalten."

Die Figur 26 giebt eine Abbildung des Möldner-Kreibich'schen Muffelofens mit Gasfeuerung, wie er mit Benutzung der gesammelten Erfahrungen jetzt ausgeführt wird.

Die Konstruktion ergiebt sich ohne weiteres aus der Zeichnung, in welcher a den Vergasungsraum, b den Fülltrichter, d die schräge Schüttwand, f den Treppenrost und g den Pultrost bezeichnen; ii sind verschliessbare Oeffnungen, welche als Schau- resp. Schürlöcher dienen. Das Gas dringt aus dem Generator durch die mit einem Ventil verschliessbare Oeffnung h in den Raum c, wo es sich mit der atmosphärischen Luft vereinigt, welche sich zunächst in dem Sammelkanale e erwärmt, um dann von hieraus durch den Kanal l in feinen Strahlen in den Verbrennungsraum c zu strömen, aus dem die entwickelte Gasflamme in denjenigen Theil des Ofens schlägt, welcher die Muffeln enthält, die durch Oeffnungen k eingesetzt werden.

Die Gasflamme, welche zu jeder Zeit vollständig abgeschlossen oder beliebig regulirt werden kann, bestreicht nun zunächst die erste Muffel, wärmt die zweite stark, die dritte langsam vor und werden dementsprechend die dem Springen am meisten und ehesten ausgesetzten Glasgegenstände in die oberste Muffel gebracht. Nach etwa zwei Stunden ist die erste Muffel gar und die zweite roth geworden,

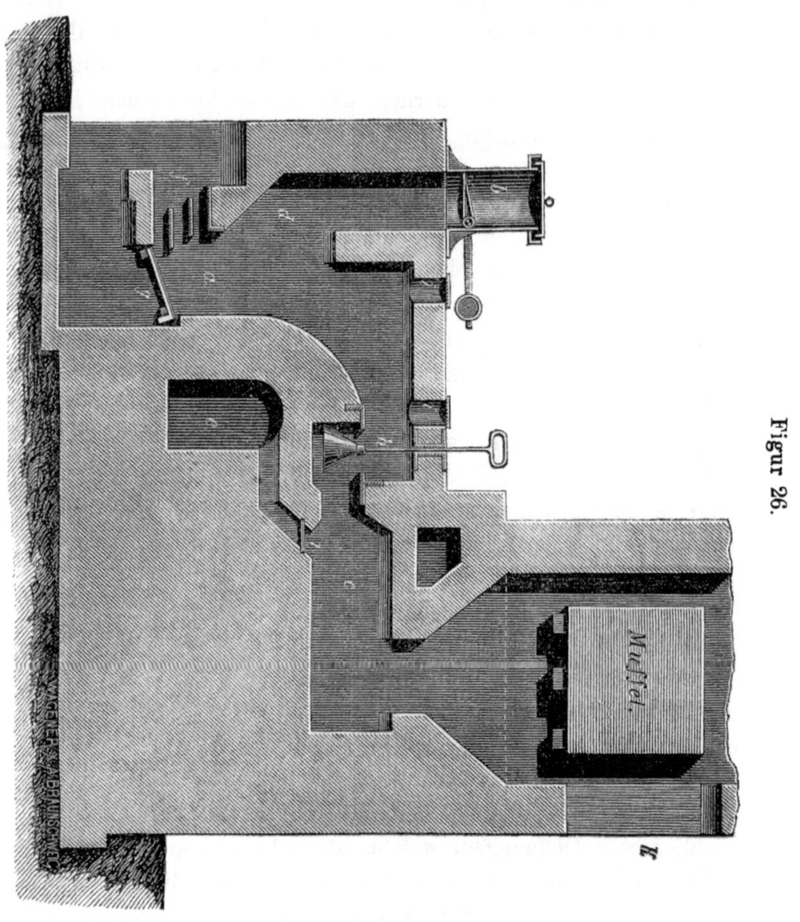

Figur 26.

nun wird das Gas von der untersten Muffel abgesperrt und auf einem anderen Wege zur zweiten Muffel geleitet; inzwischen kühlt die erste ab und überträgt die hocherhitzte Verbrennungsluft an die zweite Muffel, welche dann mit einem verhältnissmässig geringen Gasquantum in etwa einer Stunde vollständige Gare erhält. Hierauf wird dieses Verfahren auch bei der dritten Muffel in Anwendung gebracht.

Die Gaseinströmung wie die Vertheilung desselben im Feuerraume sind auf das mechanisch-genaueste zu bewerkstelligen, es verläuft daher ein Brand wie der andere mit absolutester Sicherheit, wobei der höchste Hitzegrad mit Leichtigkeit zu erreichen ist.

Mit dieser neuen, gegen die ältere Konstruktion wesentlich verbesserten Anlage erreichte Möldner nach einer Betriebszeit von zwei Monaten, in welchen 70 Brände ausgeführt wurden, eine noch grössere Brennmaterialersparniss, welche der direkten Holzfeuerung gegenüber ca. 60—70 $\%$, der direkten Kohlenfeuerung gegenüber noch ca. 30$\%$ betrug, wobei ein Arbeitsgewinn von 50 $\%$ zu konstatiren war.

„Ich will nun keineswegs hehaupten, äusserst sich Möldner[1]), dessen zuverlässige Mittheilungen ich hier fast wörtlich wiederholt habe, dass dieses so überaus günstige Resultat nur und allein in dem Wesen der Gasfeuerung selbst seinen Grund hat, es ist vielmehr mit in der, nur durch die Anwendung der Gasfeuerung ermöglichten Konstruktion und Stellung der Muffeln übereinander so wie weiter in der zweckmässigen Kombination der verschiedenen Handgriffe, speziell auch in der Kohlenzufuhr u. s. w. zu suchen.“

Der Möldner-Kreibich'sche Doppelgenerator incl. vollständiger Ausrüstung, mit welchem zwölf Muffeln neben- und übereinander täglich bequem fertig gebrannt werden können, kostet 500—600 $M.$ Die Muffeln selbst dürften ein Drittel mehr kosten als solche für gewöhnliche Feuerung.

C. Kontinuirlicher Brennofen mit direkter Gasfeuerung;

konstruirt von Ferd. Steinmann in Dresden.

Diesem Gasofen liegt das Prinzip der Auf- und Abwärtsbewegung der Flamme im Ofenraume zu Grunde, das schon von Venier mit Erfolg für die Gasfeuerung in Anwendung gebracht wurde.

Die Gasflamme steigt aus dem Brenner im Mittelpunkte des kreisrunden Ofens aufwärts bis an das Gewölbe, prallt an diesem zurück und entweicht dann durch eine Anzahl von Oeffnungen in der Sohle des Ofens in ein System von Kanälen, durch welche die heissen Feuergase in eine zweite Ofenabtheilung gelangen, wo dieselben den grösseren Theil ihrer Wärme an die frisch eingesetzten, später zu brennenden Gegenstände abgeben, um dann abgekühlt in den Schornstein zu entweichen.

Nach der Zeichnung Figur 27 besteht der Steinmann'sche Gasofen aus vier einzelnen Abtheilungen A—D, welche unter sich durch

---

[1]) Sprechsaal, 1876, N. 32.

den Kanal a a, dann durch die Kanäle k k mit dem Schornstein F
und endlich durch die Kanäle g g mit zwei Gasgeneratoren verbunden
sind, welche sich diametral gegenüber stehen und deren jeder zwei
Ofenabtheilungen in der Ordnung A und B, C und D mit Gas speist.

Figur 27.

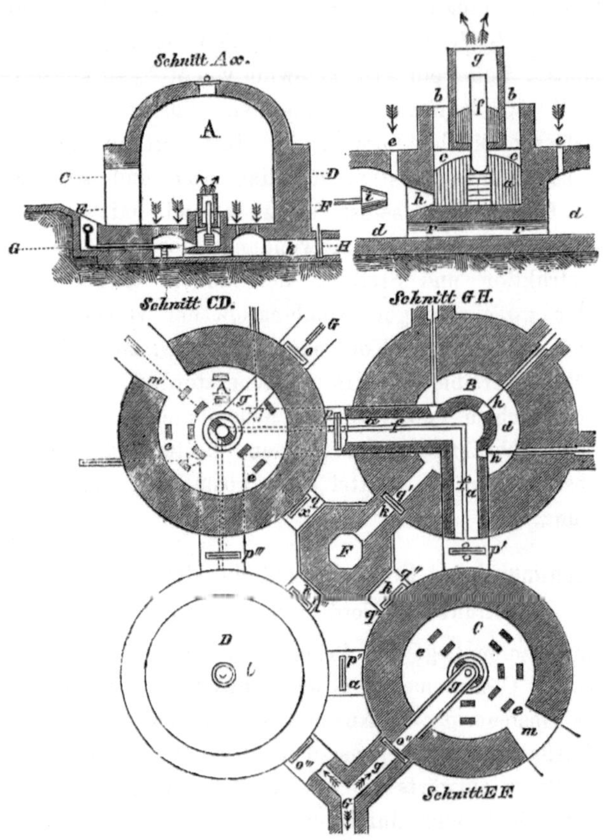

In der Zeichnung bedeuten ferner f f die Röhren für die Zuführung der Verbrennungsluft, d d sind die Sammelkanäle für die aus
dem brennenden Ofen vermittelst der Schlitze e e entweichenden
Feuergase, welche durch die Oeffnnngen h h, verschliessbar durch
die Kapseln i i, in den Verbindungskanal a a gelangen, welcher die
Feuergase durch die Ausströmungsöffnungen c c in die nächste Ofenabtheilung leitet. Nachdem die Feuergase hier den grösseren Theil

ihrer Wärme an den frischen Einsatz abgegeben haben, entweichen dieselben endlich durch e e, d d und k in den Schornstein F. Weiter ist l eine während des Brandes verschlossene Kühlöffnung und m die Einkarrethür jeder Ofenabtheilung.

Nimmt man an, dass der Ofen eben dem Betriebe übergeben werden solle, so muss zunächst die beschickte Abtheilung A durch ein Vorfeuer bis auf die Entzündungstemperatur des Gases erhitzt werden, was am einfachsten durch eine, in der vermauerten Thür m angebrachte Rostfeuerung geschieht. Hat der Ofen nunmehr die erforderliche Hitze angenommen, so schliesst man den Schieber q und öffnet jetzt allmählich den Gasschieber o wie auch p, entfernt den betr. Verschluss des Luftrohrs f, so dass nun Gas und Luft in den Brenner (siehe Detail des Schnittes A x) einströmen, sich hier entzünden und als Flamme in die Höhe steigen. Am Gewölbe des Ofens fällt die Flamme zurück und entweicht die Hitze nun theilweise durch die Schlitze b b direkt, oder indirekt durch e e, h h in den Verbindungskanal a a und weiter aus diesem durch die Oeffnungen c c, b b in die Kammer B, dann wieder aus dieser durch die Schlitze e e und d d bei geöffnetem Schieber q' durch den Kanal k in den Schornstein.

Ist der Brand in A beendigt, so wird die Kammer B durch die Feuergase bereits so weit erhitzt sein, dass man hier das Gasfeuer sofort in Wirksamkeit treten lassen kann. Es werden nun der Schieber p des Verbindungskanales a a, der Schornsteinschieber q', der Gasschieber o sowie das Luftrohr der Kammer A geschlossen, h', q'', o' und das Luftrohr für Kammer B geöffnet, ferner die Oeffnungen h h in C mit den Kapseln i i geschlossen, in B aber geöffnet, so dass alsdann B und C sich in derselben Verbindung befinden, wie vorher A und B.

Es geht hieraus hervor, dass das Prinzip des kontinuirlichen Betriebes bei diesem Ofen in umfassender Weise zur Anwendung gekommen ist; die Ausnutzung der Feuerluft für die Erhitzung der nächsten Brennkammer entspricht allen Anforderungen und die steigende Erhitzung der Verbrennungsluft durch Gegenströmung muss den Effekt der Verbrennung ganz bedeutend erhöhen.

Es ist daher nicht zu bezweifeln, ja es ist wahrscheinlich dass dieser Ofen ein relativ gutes Resultat liefern muss, denn es sind damit alle Bedingungen für den günstigen Verlauf des Brennprozesses gegeben, aber wenn man näher auf die überaus komplizirte Konstruktion eingeht und den Apparat einer gewissenhaften Kritik unterwirft, so wird man zu dem Schlusse gelangen, dass derselbe nicht nur in seiner Anlage, sondern mehr noch in seinen Leistungen überaus kostspielig sein muss, denn eine Hauptbedingung, die rationellste Ausnutzung der Wärme, erfüllt der Steinmann'sche Ofen keineswegs in der Weise, dass die Gasfeuerung der direkten Feuerung gegenüber auch nach der ökonomischen Seite hin im Vortheil erscheinen möchte.

Zunächst ist es die isolirte Lage der einzelnen Ofenabtheilungen, wodurch ein grösserer Wärmeverlust bedingt ist, ferner wird eine nicht geringe Menge Wärme in den Kanälen total verloren gehen, der Schwerpunkt des Verlustes aber liegt darin, dass die in einer eben fertig gebrannten Ofenabtheilung aufgespeicherte immense Wärmequantität für den eigentlichen Ofenbetrieb nicht nutzbar gemacht wird, denn mit dem Moment, wo der Schieber p^x zwischen der gebrannten und der vorgeheizten resp. brennenden Abtheilung geschlossen wird, ist jede Verbindung derselben untereinander abgeschnitten, die Wärmezufuhr aus der gebrannten Kammer muss damit aufhören und doch ist es gerade diese Wärme, die für den Betrieb wieder nutzbar gemacht werden kann, indem man sie vermittelst der Verbrennungsluft in die brennende Abtheilung leitet. Theoretisch sollte man bestrebt sein, jedes Wärmeatom wieder nutzbar zu machen, in der Praxis sind die Verluste trotz alledem noch gross genug.

Ferner kann der Umstand, dass der Betrieb der Generatoren jedesmal dann eine Unterbrechung erleidet, wenn die zugehörigen Abtheilungen A und B oder C und D ausser Feuer kommen, nur im höchsten Grade ungünstig wirken, da eine Abkühlung der Generatoren und der Gasleitungskanäle sehr bedenkliche Konsequenzen herbeiführt.

D. Kontinuirlicher Brennofen mit direkter Gasfeuerung;
konstruirt von Georg Mendheim in Berlin.[1]

Von allen seither zur Anwendung gekommenen Gasbrennöfen hat kein anderer so sehr das Interesse der intelligenteren Thonwaarenindustriellen in Anspruch zu nehmen gewusst, kein anderer sich eine gleich grosse praktische Bedeutung erworben wie Mendheim's Gasofen, der in verhältnissmässig kurzer Zeit in grösserer Zahl zur Ausführung gekommen ist.

Die Anordnung des Mendheim'schen Gasofens ist der des Ringofens nicht unähnlich, doch hat der diesem eigene endlose Brennkanal

---

[1] Deutsche Bauzeitung 1872, N. 16 und 1875, N. 77.

Brennofen mit Gasfeuerung etc. von Georg Mendheim, Berlin, Polytechnische Buchhandlung (A. Seydel) 1876.

aufgegeben und in eine Anzahl einzelner Kammern zerlegt werden müssen, die jedoch durch ein System von Kanälen sämmtlich mit einander in Verbindung stehen. Diesen Abtheilungen wird das Gas durch zwei Kanäle, welche mit den beiden Langseiten des Ofens parallel verlaufen und sich an einem Ende desselben bei den Generatoren vereinigen, in der Weise zugeführt, dass durch Zweigkanäle das Gas aus den Hauptkanälen in die einzelnen Kammern einströmt.

Die Konstruktion des Ofens ergiebt sich aus den Zeichnungen Figur 28, 29 und 30, von denen die erste einen Längendurchschnitt, die zweite einen Querschnitt und die dritte den Grundriss des Ofens veranschaulicht, über dessen Betriebsweise der Erfinder sich folgendermaassen auspsricht: „Aus den Generatoren a a tritt das Gas in den gemauerten Kanal b und wird aus diesem je nach Bedarf mittelst der Ventile c^1 resp. c^2 entweder in den Kanal d^1 oder in den Kanal d^2 geleitet, aus diesen Hauptkanälen aber durch Oeffnen des betreffenden Ventils e in diejenige Ofenkammer, welche befeuert werden soll.

Angenommen, es sei dies Kammer VIII, Figur 30. In der Sohle derselben befinden sich eine Anzahl Oeffnungen (in Kammer I dargestellt),

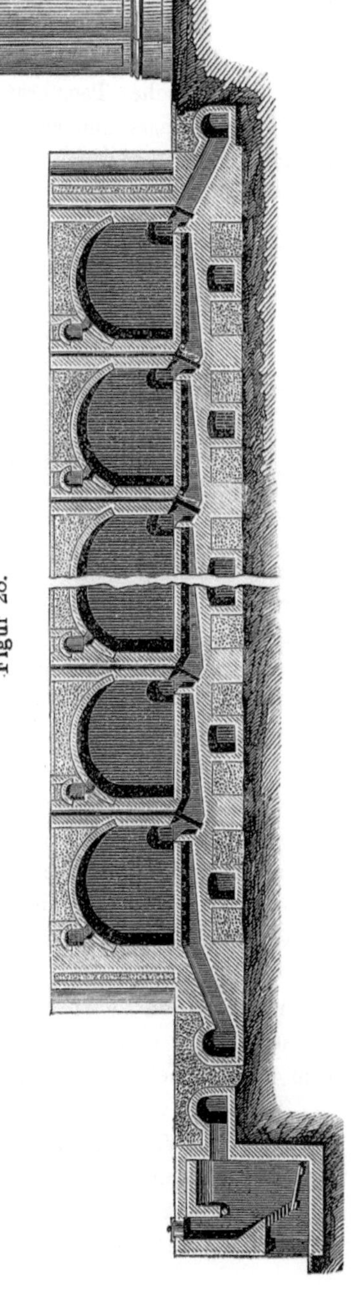

durch welche Gas und Luft gemeinschaftlich in den Brennraum eintreten (Figur 29). Der Luftstrom hat die bereits fertig gebrannten,
kühlenden Kammern XVII, XVIII, I, II u. s. f. bis VII, sowie deren
mittelst kleiner Oeffnungen ff durchbrochene Zwischenwände, zwischen
Kammer XVIII und Kammer I aber den Kanal g^1 passirt und hierbei eine sehr hohe Temperatur angenommen, welche sofortige Entzündung des Gases und sehr bedeutende Vermehrung der Wärmeentwicklung beim Verbrennungsprozess bewirkt.

Figur 29.

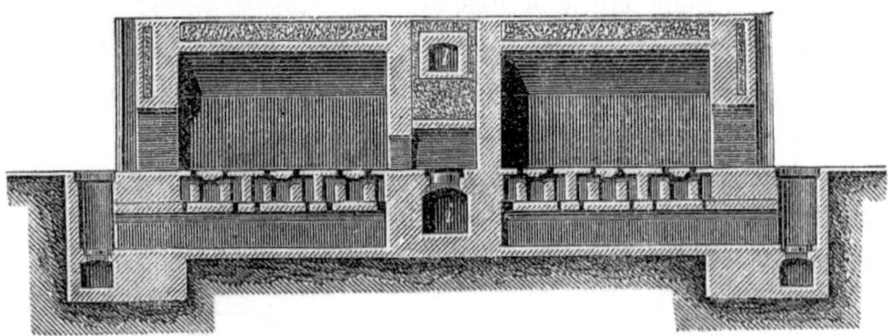

Aus Kammer VIII gelangt die abgehende Flamme durch die
Oeffnungen ff der Scheidewand nach Kammer IX, von da durch den
Kanal g^2 nach Kammer X der anderen Kammerreihe und so sukzessive bis Kammer XIV, welche durch kleine Blechschieber von Kammer XV getrennt und durch Oeffnen des eisernen Rauchventils h mit
dem Rauchkanal i und dem Schornstein k verbunden ist. Es wird
demnach ebenso wie beim Ringofen-Betriebe die in den fertig gebrannten Kammern zurückbleibende Wärmemenge zur Erhitzung der Verbrennungsluft und die aus der im Brande befindlichen Kammer abgehende Flamme und deren erhitzte Verbrennungsprodukte zum Vorwärmen der demnächst zum Brande gelangenden Ofenkammer benutzt.
Ist Kammer VIII gar gebrannt, so wird das zu derselben gehörende
Gasventil geschlossen und das der Kammer IX geöffnet u. s. w. Ebenso
schreitet auch das Ausnehmen und Besetzen der Ofenkammer sowie
das sukzessive Einfügen derselben in den Betrieb ganz ähnlich wie
beim Ringofenbetriebe vorwärts.

Falls das verwendete Brennmaterial oder auch die zu brennenden
Waaren viel Wasserdampf entwickeln, ist die Anlage des Kanals l
Figur 29, nothwendig, welcher mittelst verschliessbarer Zweigkanäle jede
Kammer des Systems mit einer beliebigen anderen in Verbindung
setzen kann. Durch diese Kanäle wird dann heisse Luft aus küh-

lenden Kammern in frisch besetzte eingeleitet, deren Rauchventil etwas

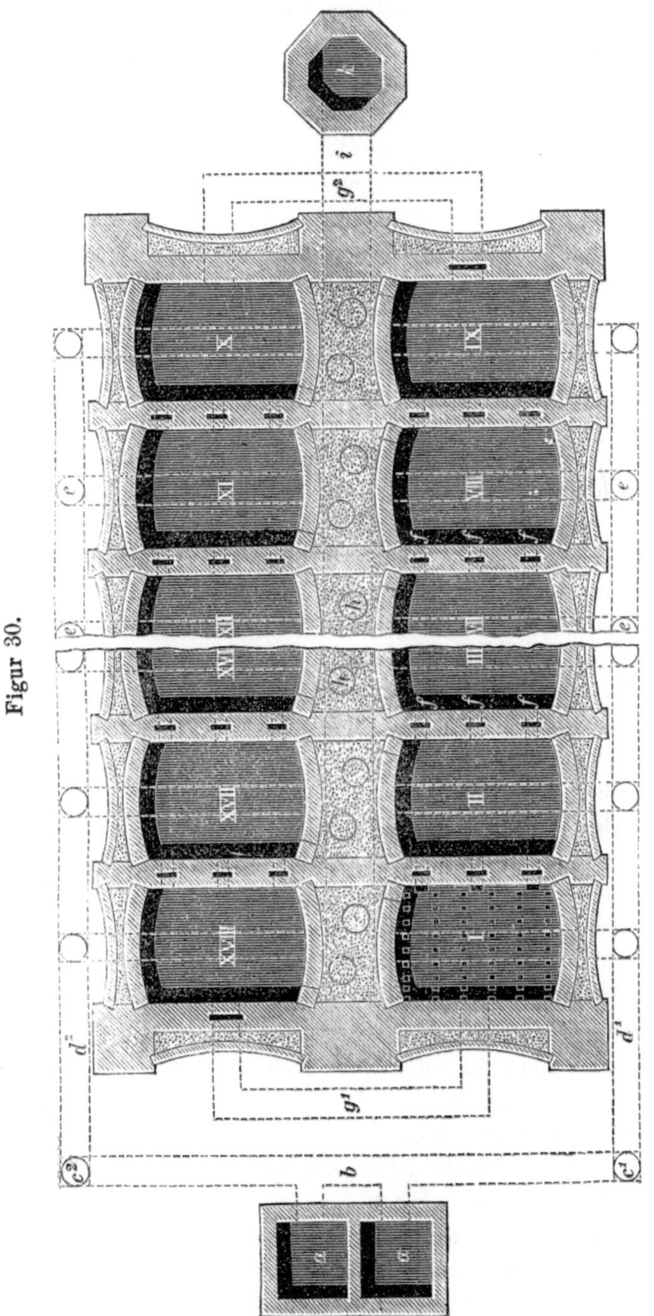

geöffnet und ihre Temperatur so auf 70 bis 100⁰ C. gebracht, ehe die mit Wasserdampf imprägnirten Rauchgase an die kalte Waare treten und dort ihren Wassergehalt in Tropfen niederschlagen können.

Die Anzahl der Kammern für ein kontinuirliches Ofensystem wird je nach dem beabsichtigten Gebrauch verschieden bestimmt. Für Erzeugung von Ziegeln, Schamottewaaren, Terrakotten, Trottoirplatten und Röhren genügen Systeme von 16 bis 18 Kammern; für Oefen zum Brennen von Steingut sind nur 14 bis 16 Kammern erforderlich; mehr als 18 Kammern für ein System werden nur dann angelegt, wenn die zu brennenden Fabrikate aussergewöhnlich empfindlich bei Anwärmung und Kühlung sind.

Von der Grösse der einzelnen Kammern hängt hauptsächlich die Leistungsfähigkeit des Ofensystems ab. Der kleinste bisher ausgeführte Ofen hat Kammern von 6 ^{kbm}, der grösste von 46,6 ^{kbm} Rauminhalt, und würde ich bei den meisten Fabrikaten durchaus kein Hinderniss sehen, den Ofenkammern noch einen erheblich grösseren Rauminhalt zu geben.

Für einen kleineren Fabrikbetrieb kann ein Ofen von 6—12 Kammern angelegt werden, welcher dann natürlich nur intermittirend zu betreiben, jedoch durch spätere Vermehrung der Kammerzahl leicht für kontinuirlichen Betrieb einzurichten ist."

In der konstruktiven Anordnung und der Betriebsweise liegen die Vorzüge und Mängel des Mendheim'schen Ofens begründet und wenn man versuchen wollte, diese zu beseitigen, so würde man jene wahrscheinlich zum Theil einbüssen müssen.

Die einzelnen Vorzüge des Mendheim'schen Gasofens konzentriren sich in der gewichtigen Thatsache, dass der Betrieb desselben sich mit sehr grosser Sicherheit handhaben lässt, nicht nur weil derselbe sich stets auf einen verhältnissmässig kleinen Raum beschränkt, sondern vornehmlich deshalb, weil die Zuleitung des Gases und der Verbrennungsluft in diesen Raum sehr genau bemessen werden kann. Wenn dieser Theil des Betriebes mit Intelligenz und Befähigung geleitet wird, so muss der Ofen den höchsten Anforderungen genügen, welche man zu stellen berechtigt ist.

Die Mängel welche diesem Ofensystem anhaften, erscheinen als unmittelbare Konsequenzen jener Vorzüge, sie sind gleichsam Opfer, welche diesen Vorzügen gebracht werden müssen.

Es braucht an dieser Stelle nicht besonders hervorgehoben zu werden, denn es ist schon mehrfach darauf hingewiesen worden, dass jede Abkühlung des Gases seinen Heizeffekt schwächen muss, nicht nur direkt durch den Verlust an übertragbarer Wärme, sondern mehr wohl noch durch die bei Temperaturerniedrigungen eintretende Kondensation der in den Gasen enthaltenen flüchtigen Destillationsprodukte, die sich als Theer in den Gaskanälen niederschlagen. Dieser Verlust wird umso grösser sein, desto bituminöser das zur Verwendung kommende Brennmaterial ist, weil in diesem Falle die daraus gebildeten Gase reichliche Mengen von Destillationsprodukten enthalten.

Die Abkühlung der Gase sowohl wie auch die Kondensation der Destillate wird nun im grösseren oder geringeren Umfange bei Mendheims Ofen statt finden, je nachdem die mit Gas zu versehenden Kammern den Generatoren ferner oder näher liegen, im letzteren Falle kommen diese Momente kaum in Betracht, im ersteren aber müssen sie sich merklich fühlbar machen, wenn sie auch nicht in solchem Umfange hervortreten, dass sie den regelrechten Betrieb in Frage stellen. —

Die Bedeutung des Mendheim'schen Gasofens ist vielfach unterschätzt worden, weil man bei der Beurtheilung desselben einen durchaus falschen Standpunkt eingenommen hat.

Man ist nachgerade gewohnt geworden, dem Ringofen die höchste Stufe der keramischen Brennapparate anzuweisen, ob mit vollem und allseitig begründetem Rechte mag hier dahin gestellt sein, jedenfalls aber ist man berechtigt, andere Ofensysteme, welche entweder das dem Ringofen eigenthümliche Befeuerungssystem adoptirten oder aber in dieser Beziehung noch tiefer stehen, mit dem Ringofen zu dem Zwecke in Parallele zu stellen, um die Ueberlegenheit desselben in das rechte Licht zu setzen, wenn man aber hierbei so weit geht, den Gasofen mit dem Ringofen zu demselben Zwecke zu vergleichen, wie es nun schon so oft geschehen ist, so befindet man sich bereits auf dem Standpunkte, den ich eben als einen durchaus falschen bezeichnet habe. Diese Vergleichstellung ist aus dem einfachen Grunde nicht zutreffend, weil beide Brennapparate ganz andere Ziele verfolgen, die für beide unendlich weit auseinander liegen. Der Ringofen dient mit grossen ökonomischen Erfolgen der billigen Massenproduktion, eine Aufgabe die er im weitesten Umfange erfüllt, die er aber auch nicht überschreiten kann, diesem gegenüber hat der Gasofen die Aufgabe, höheren Anforderungen zu dienen als ein gewöhnliches Ziegelfabrikat zu brennen, er hat das Zeug dazu, die bessere Seite der Thonwaarenindustrie zur Geltung zu bringen; seine Bedeutung fängt also erst da an, wo die des Ringofens bereits in sich zusammenfällt.

Die Erfolge, welche der Gasofen von Mendheim seither gefunden hat, berechtigen nun zwar nicht zu der Annahme, dass durch denselben die Gasfeuerung in ihrer ganzen Bedeutung zur Geltung gekommen sei, denn man könnte ebensowohl aus den einzelnen Misserfolgen, welche dem System gleichfalls nicht gefehlt haben, den Schluss ziehen, dass entweder der Brennapparat oder die Gasfeuerung oder aber beide verwerflich seien, das aber muss eine vorurtheilsfreie Kritik des seither Geleisteten konstatiren, dass dasselbe im hohen Grade Anerkennung verdient, dass Mendheim's Ofen die grosse Kluft zwischen Theorie und Praxis überbrückte und dass er für diese sehr beachtenswerthe Erfolge gefunden, für jene aber positive Beweissätze erbracht hat, welche sich für die künftige Entwickelung der Gasfeuerung von höchster Bedeutung erweisen werden.

E. Brennofen mit direkter Gasfeuerung;

konstruirt von Friedrich Neumann in Sachsa a. Harz.

Schon vor mehreren Jahren zog A. Türrschmiedt[1]) die Möglichkeit in Betracht, dass auch der Hoffmann'sche Ringofen sich für die Anwendung der Gasfeuerung eignen werde, doch ist er den praktischen Beweis für diese Möglichkeit schuldig geblieben und auch die Technik hat ihn bis jetzt nicht erbracht, wobei indess zu erwähnen ist, dass auch der Gegenbeweis von Türrschmiedt's Ansicht nicht gegeben worden ist.

Der Ringofen mit Gasfeuerung — das ist eine so viel versprechende Idee, dass man sich fragen muss, warum wohl dieselbe bis heute noch nicht zur Ausführung gekommeu ist, weshalb die Gasfeuerungstechnik es nicht auch einmal mit einem so einfachen Apparate, was der Ringofen denn doch ist, versuchte, nachdem sie mit den komplizirten Konstruktionen so wenig Erfolge gehabt hat. Wenn man diese Idee, den Ringofen mit Gas zu befeuern, aber vorsichtig prüft und zergliedert, dann findet man Schwierigkeiten von solcher Tragweite mit ihr verknüpft, die es sehr erklärlich machen, weshalb man sich bis heute noch nicht an die Realisirung dieser Idee gewagt hat.

Die Befeuerungsweise des Ringofens, das Einstreuen des möglichst feinkörnigen Brennstoffs zwischen das glühende Ziegelgut der im Vollfeuer befindlichen Abtheilungen ist der denkbar günstigste Fall der direkten Feuerung, denn indem dieses geringe Quantum des

---

1) Notizblatt etc. Bd. V, S. 299.

theilweise staubfeinen Brennstoffs in den glühenden Brennraum hin-
abgestürzt wird, geht derselbe bei der hohen Temperatur nicht nur
sofort in Zersetzung über, sondern er trifft auch sogleich mit solch'
grossen Mengen stark erhitzter atmosphärischer Luft zusammen, so
dass die Verbrennung momentan und in der vollständigsten Weise
erfolgt.

Bei der Anwendung der Gasfeuerung aber wird dieser Fall ein
ganz anderer, man sollte annehmen dürfen ein noch weit günstigerer,
weil damit der Verbrennungsprozess eine Abkürzung erfährt, thatsächlich aber ist das Gegentheil zu erwarten, was sich aus folgenden Erwägungen ergiebt.

Wie bei anderen Gasöfen wird man auch beim Ringofen das Gas
durch Oeffnungen in der Sohle in die Abtheilungen dirigiren müssen,
hier wird es sogar möglich, das Gas vor dem Eintritt in den Brennraum durch solche Theile des Ofens zu leiten, welche abgebbare Wärme
enthalten, wodurch das Gas erwärmt wird; eine solche Vorwärmung
des Gases würde in der That sehr günstig wirken, aber sie kann
immerhin nur eine verhältnissmässig geringe sein, denn im günstigsten
Falle würde das Gas eine Temperatur von etwa 200^0 C. erhalten,
nie aber würde dieselbe auch nur annährend der Temperatur der
Verbrennungsluft gleich kommen, welche wir auf 600^0 C. schätzen können. Die Brenngase würden also kälter und daher spezifisch
schwerer sein als die Verbrennungsluft. Nehmen wir der Kürze
wegen an, dass die Generatorgase nur aus Kohlenoxyd bestehen,
dessen spezif. Gewicht bei 0^0 C. 0,969 ist gegen 1,000 der atmosphärischen Luft, so erhalten wir für das Gas bei einer Temperatur von
200^0 C. ein spezif. Gewicht von 0,557, während dasjenige der atmosphärischen Luft bei 600^0 C. nur 0,312 ist; hieraus folgert sich nun
aber die höchst einfache doch sehr gewichtige Thatsache, dass das
schwerere Gas in möglichster Nähe der Ofensohle, die leichtere Verbrennungsluft sich aber über dem Gase, unter dem Ofengewölbe bewegen wird, so dass im Ofenquerschnitt sich zwei übereinander liegende Strömungen bemerklich machen werden, die erst dann in eine
übergehen können, wenn die Temperatur- und damit die Gewichts-
differenzen ausgeglichen sind. Dies kann aber bei der Kürze des
Weges, welchen Gas und Luft in der brennenden Abtheilung zurück-
zulegen haben und bei der Schnelligkeit mit welcher sie denselben
zurücklegen, nur in einem sehr geringen Umfange geschehen, ein vollständiger Temperaturausgleich kann aber schon deshalb nicht stattfinden, weil die Verbrennung nicht in einem engen Raume vor sich

geht und weil bis zu einer gewissen Grenze die Temperaturerhöhung
sich über Gas und Luft ziemlich gleichmässig vertheilt, so dass sich
die Temperaturdifferenz einigermassen konstant erhalten muss. Dies
ist aber der Grund, dass Gas und Luft sich nur theilweise verbinden
können, dass die Verbrennung folgerichtig nur eine sehr unvollständige sein kann.

Es ist möglich, dass diese Einwendungen durch die Praxis ent-
kräftet werden, und ich gestehe dass ich mich in diesem Falle sehr
gern geirrt haben möchte, bis dahin wird man aber diese theoretischen Bedenken nicht ausser Acht lassen dürfen.

Vor längeren Jahren hat bereits Georg Mendheim Versuche mit
der Befeuerung des Ringofens durch Gas gemacht und ist dabei zu
dem Resultat gelangt, dass der Gasverbrauch dieses Ofen grösser
war als der seines Kammerofens[1]). Für diese Erscheinung hat Mendheim keine Gründe angegeben, ich vermuthe aber, dass sie meine
Ansicht, es können Gas und Luft im Ringofen sich nicht vollständig
verbinden, im vollen Umfange bestätigen würde, falls Mendheim für
den Mehrverbrauch an Gas eine bündige Erklärung überhaupt gefunden hat.

Ein genauer Kenner des Ringofens, Dr. Seger, glaubt zwar, aus
seinen Untersuchungen mit dem Orsat-Apparat über die Zusammensetzung der Verbrennungsgase im Ringofen, die er im ganzen Ofenquerschnitt sehr gleichmässig vertheilt gefunden hat, die Möglichkeit
ableiten zu dürfen, dass eine ähnlich gleichmässige Vertheilung auch
der Generatorgase im ganzen Querschnitt und an hintereinander liegenden Stellen des Ringofens stattfinden könne, was ich indess aus
den oben angegebenen Gründen bezweifeln muss, dem ich aber auch
noch den Umstand entgegenhalten möchte, dass Verbrennungsgase als
fertige chemische Verbindungen nicht mit solchen gasförmigen Substanzen verglichen werden können, welche erst unter zugegebenen
schwierigen Verhältnissen chemische Verbindungen schliessen sollen.[2])

Diese meine Anzweifelung der Seger'schen Annahme bezieht sich
natürlich nur auf den Fall, dass man den Ringofen in der Weise mit
Gas befeuern und dieses so verbrennen wollte, wie ich es oben angedeutet habe; meine Bedenken werden dagegen hinfällig, wenn man
den Ringofenbetrieb derartig modifizirt, dass eine Mischung des Gases und der Luft stattfinden muss und zwar auf der Sohle des Ofens,

---

[1]) Notizblatt, Band XII, S. 59.
[2]) Notizblatt, Band XII, S. 57.

ohne dass man gezwungen ist, den Brennkanal durch Scheidemauern in einzelne Abtheilungen zu zerlegen; ob und wie dies möglich, ist eine Frage die sich hier nicht eingehender erörtern lässt.

So viel steht wohl ausser Zweifel, dass das Problem, die Gasfeuerung für die Ziegelfabrikation im weiteren Umfange anwendbar zu machen, eine rationelle Lösung erfahren würde, wenn es gelänge den Ringofen in der einen oder der anderen Weise für dieses Feuerungssystem zu disponiren. Zu bedauern ist es, dass dieser wichtige Gegenstand eine umfassende praktische Behandlung noch nicht erfahren hat und dass die in der Ueberschrift genannte Ofenkonstruktion, der Ringofen mit Gasfeuerung von F. Neumann[1]), seither unbeachtet geblieben ist.

Dieser Ofen, der in den Figuren 31 und 32 im Maassstabe von 1:200 skizzirt ist, hat zwölf Abtheilungen A 1 bis A 12; jede derselben hat

Figur 31.

eine solche Grösse, dass ca. 4500 Ziegelsteine eingesetzt werden können, welche bei einem Brennmaterialbedarf von 125—150^k Steinkohle pro Mille Ziegelsteine etwa 650 — 700^k Steinkohlen oder 14 Tonnen à 1000^k erdige Braunkohle beanspruchen würden.

---

[1]) Die Ziegelfabrikation etc. von Friedrich Neumann. Weimar 1874, Verlag von Bernhard Friedrich Voigt, S. 278 und Atlas Taf. XX.

Diesem Braunkohlenverbrauche entspricht die Grösse des Rostes r der Gasgeneratoren G, von denen zwei vorhanden, deren einer G_1 aber nur zur Reserve dient.[1) Die Generatoren sind unter der Fussbodensohle eingebaut und erfolgt die Beschickung derselben mit Kohle

Figur 32.

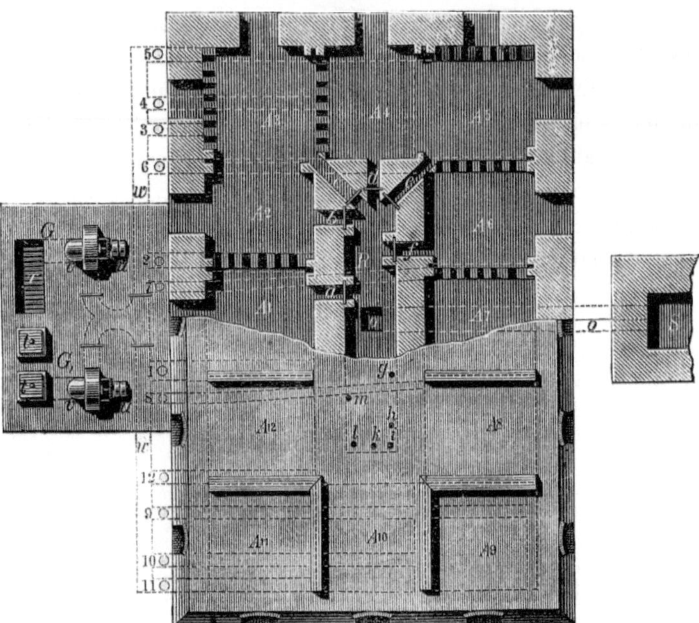

durch die Fülltrichter tt. Der Ventilator (Exhaustor) v saugt die Gase ab und bringt sie in den gemeinschaftlichen Kanal w, von wo

---

[1) Wie ich schon S. 43 erwähnte, hat Neumann für die Vergasung erdiger Braunkohle einen besondern Generator konstruirt, dessen Einzelheiten sich aber in den obigen stark verkleinerten Zeichnungen nicht wiedergeben liessen.

Eigenthümlich ist dem Neumann'schen Generator die Anbringung einer Anzahl gusseiserner, unten offener Kanäle, die horizontal inmitten der vergasenden Kohle liegend, die Gase, welche nur schwer die kompakt geschichtete Braunkohle durchdringen, auffangen und in den Gaskanal leiten; ausserdem sind noch einige Oeffnungen in der Rückwand des Generators vorhanden, durch welche die Gase ebenfalls in den Gaskanal strömen.

Näheres über diese Konstruktion findet sich in Neumann's bereits zitirtem Buche: „Die Vergasung erdiger Braunkohle."

sie durch Ventile in diejenige Abtheilung gelangen, welche Vollfeuer hat, und zwar durch Oeffnungen im Gewölbe des betr. Zuleituugska- nales, die in der Zeichnung Figur 32 markirt sind. Befände sich z. B. A_1 im Vollfeuer, so würde Ventil 1 geöffnet sein und die Abthei- lung A_6 oder A_7 wäre die letzte in den Betrieb eingeschlossene, ganz wie es bei dem Ringofen der Fall ist.

Die Kanäle a, b, c u. s. w. dienen für die Enfernung der Ver- brennungsprodukte aus den einzelnen Abtheilungen in den Rauch- sammler R, aus welchem sie vermittelst des Kanals o in den Schorn- stein S gelangen.

Der Betrieb des Exhaustors erfolgt von dem als Riemscheibe ein- gerichteten Schwungrade einer kleinen Dampfmaschine D, welche den Dampf von demselben Kessel erhält, welcher die Betriebsmaschine für die Ziegelpresse speist.

F. Brennofen mit Gasfeuerung;
konstruirt von C. Nehse in Dresden.

Das Nehse'sche Gasfeuerungssystem ist bereits im III. Abschnitte kurz erwähnt worden, hier erübrigt es noch, die konstruktive Durch- bildung desselben an einem Brennofen für Thonwaaren, feuerfesten Steinen, Kalk etc. zu veranschaulichen.

Was Friedrich Siemens bei seinen Gasöfen durch die Regenerato- ren zu erreichen sucht und im weitesten Umfange erreicht: die Zu- rückführung des grösseren Theiles der mit den Verbrennungsgasen entweichenden Wärmemengen in den eigentlichen Ofenbetrieb, das ist auch wesentlicher Zweck bei Nehse's Gasfeuerungssystem, doch ist die Art und Weise, wie beide Systeme zum Ziele gelangen, eine sehr verschiedene.

Für den Wiedergewinn der Wärme aus den Verbrennungsgasen bedient sich Nehse, wie schon S. 78 erwähnt, eines Systems von Kanälen, von denen ein Theil die Verbrennungsgase aus dem Ofen in den Schornstein leitet, während ein anderer die Verbrennungsluft in den Ofen führt, so zwar dass ein Luftkanal durch zwei Kanäle gebildet wird, vermittelst welcher die Verbrennungsgase nach dem Schornstein entweichen. Dadurch erreicht Nehse, dass die kältere atmosphärische Luft diejenige Wärme aufnimmt, welche die Verbren- nungsgase durch das Mauerwerk der Kanäle ausstrahlen, wodurch jene sich auf $800-1000^0$ C. erwärmt, diese sich aber bis auf $200-300^0$ C. abkühlen.

Die Erhitzung der Verbrennungsluft wird natürlich umso bedeutender desto wärmer die Verbrennungsgase sind, und je mehr Wärme die Kanäle in einer Zeiteinheit ausstrahlen und die Verbrennungsluft aufnimmt, desto intensiver muss der Verbrennungsprozess im Brennofen verlaufen. Am Ende des Brennprozesses aber bleibt eine grosse Wärmequantität in dem räumlich weit ausgedehnten Kanalsysteme zurück, die man durch gute Isolirung und dichte Absperrung der Kanäle darin so viel als möglich für den nächsten Betrieb aufzusparen suchen muss.

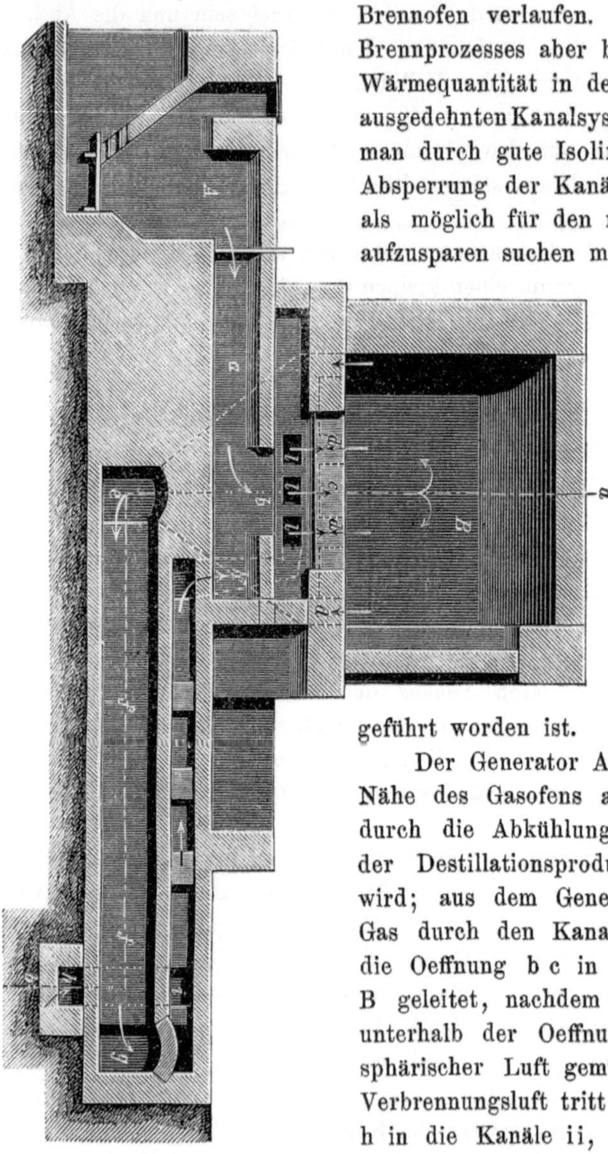

In den Figuren 33 u. 34, diese nach Schnitt a b, ist ein Nehse'scher Gasbrennofen dargestellt, wie er mehrfach mit dem günstigsten Erfolgen ausgeführt worden ist.

Der Generator A ist in nächster Nähe des Gasofens angebracht, wodurch die Abkühlung der Gase und der Destillationsprodukte vermieden wird; aus dem Generator wird das Gas durch den Kanal a und durch die Oeffnung b c in den Brennraum B geleitet, nachdem es sich zuvor unterhalb der Oeffnung c mit atmosphärischer Luft gemischt hat. Die Verbrennungsluft tritt aus dem Kanal h in die Kanäle ii, erhitzt sich auf ihrem Wege nach dem Ofen an den Wandungen der Kanäle ff, durch welche die Verbrennungsgase in entgegengesetzter Richtung entweichen, und gelangt endlich durch kk und 11 mit den Gasen zusammen auf den Heerd in der Weise, dass sich bereits in c die Flamme entwickelt. Aus dem Brennraume B entweichen die Verbrennungase durch die Oeffnungen d d in den Kanal

Figur 34.

e, von wo ab dieselben durch die einzelnen Kanäle ff in den Fuchs g und weiterhin in den Schornstein gelangen.

G. Kontinuirlicher Kanalofen mit Gasfeuerung;

konstruirt von Otto Bock in Braunschweig.

Seit der Einführung des Hoffmann'schen Ringofens hat kein anderes Brennofensystem so viel Aufsehen, Bewunderung und abfällige Beurtheilung erfahren wie Bock's Kanalofen, der eine Idee verwirklicht, welche von so bedeutender Tragweite ist, dass sie durch eine Anzahl verunglückter Versuche sie zu realisiren, die einen Zeitraum von Vierzig Jahren umfassen, nicht unterdrückt werden konnte.

Die hochgespannten Erwartungen, welche man bei der Bekanntwerdung dieses Ofens hegte, haben sich zum Theil nicht erfüllt, sie konnten sich aber auch schon aus dem einfachen Grunde nicht ganz erfüllen, weil eine neue Erfindung nicht auch schon ein allseitig vollkommener Gegenstand sein kann, andererseits ist aber auch die Voraussagung prinzipieller Gegner, dass der Kanalofen dem Schicksal seiner Vorläufer nicht entgehen werde, bis jetzt nicht eingetroffen, sie wird auch schon deshalb nicht eintreffen, weil das dem Kanalofen zu Grunde liegende Prinzip sich als durchaus lebens- und ausbildungsfähig erwiesen hat; damit ist aber auch die Zukunft dieses Ofensystems unzweifelhaft gesichert.

Die Zeitschriften der beiden letzten Jahre haben über den Bock'schen Ofen und über eine Betriebsweise so ausführlich berichtet, dass ich die Beschreibung desselben hier sehr knapp fassen kann.

Der Betrieb des Kanalofens ist ein durchaus kontinuirlicher und wird in der Weise gehandhabt, dass nicht wie sonst gebräuchlich, das Feuer gegen die zu brennenden Gegenstände geführt wird, sondern umgekehrt, dass also das Feuer permanent auf einer Stelle brennt während das Brenngut translozirt wird. Zu diesem Zwecke dienen besonders konstruirte eiserne Wagen, welche, wenn eine grössere Anzahl derselben im Ofen dicht aneinander geschoben sind, mit ihren Platten die Sohle desselben bilden. Diese Wagen sind an ihren Endflächen mit nuth- resp. federähnlichen Verschlüssen versehen und besitzen ausserdem an den Seitenflächen herabgehende Ränder, welche sich in U förmige mit Sand gefüllte gusseiserne Rinnen eindrücken, so dass sowohl die einzelnen Wagen unter sich wie auch die ganze Wagenreihe nach beiden Seiten hin einen vollständig dichten Verschluss bilden, durch welchen der Ofen in zwei Theile getrennt wird. Der Raum oberhalb der Wagenplatten, welche übrigens mit einer Schicht Ziegelsteine bemauert sind, ist der eigentliche Ofen, der Brennkanal, während in dem unteren Raume sich das Wagengestell befindet; die Wagen sind in dem unteren Kanale vollständig gegen die zerstörenden Einwirkungen der Hitze geschützt, vorausgesetzt, dass dieselben ihrem Zwecke angemessen konstruirt sind, was die guseisernen Wagen der ersten von Bock gebauten Oefen nicht waren, die deshalb auch durch Wagen von Schmiedeeisen nach einer anderen Konstruktion ersetzt werden mussten.

Die Figur 35 (Schnitt nach a b der Figur 37) zeigt die Trennung des Kanalofens in die Theile A (Brennkanal) und g (Wagenkanal) durch die Wagen, welche auf einem Schienengleise durch den Ofen geschoben werden. Die Bewegung derselben erfolgt durch einen geeigneten Motor von etwa $^1/_8$ Pferdekraft in der Richtung des Pfeiles, Figur 37, so dass die unterhalb des Schornsteins in den Ofen eingebrachten, mit Ziegelsteinen etc. beladenen Wagen durch die

Wärme der nach dem Schornstein abziehenden Verbrennungsgase im Theile B′ des Ofens langsam erwärmt werden; bei der in kurzen Intervallen erfolgenden Vorwärtsbewegung gelangen die zu brennenden Gegenstände in immer wärmere Theile des Ofens, dann in den Brennraum und, nachdem sie hier gar gebrannt sind, endlich in den Kühlraum B, in welchem sie durch die atmosphärische Luft abgekühlt werden, die sich dabei sehr stark erhitzt und dem Feuer als Verbrennungsluft dient.

Figur 35.

Die in der Nähe der Ofenausfahrt entladenen Wagen werden vermittelst der Schiebebühne o_1 auf das äussere Schienengleis gebracht und von diesem wieder auf die Schiebebühne o, wo sie wieder beladen werden.

Die Uebelstände, welche im Betriebe einzelner der bereits in grösserer Zahl ausgeführten Kanalöfen bemerkbar geworden sind, werden namentlich durch die direkte, dem Ringofen analoge Befeuerungsweise hervorgerufen, sie treten aber bei dem mechanischen Betriebe des Kanalofens weit störender auf als bei irgend einem anderen Ofensysteme. Sie entstehen namentlich durch die allmählich eintretende Füllung der Sandrinnen mit Kohlenstückchen und Schlacken, wodurch die Reibungswiderstände wesentlich vergrössert werden und die für die Bewegung der Wagen erforderliche Kraft nicht unbedeutend erhöht werden muss. Ferner wirkt der Umstand, dass sich die Wagenplatten mit einer Schicht nachglühender Kohle bedecken und auf den gebrannten Gegenständen sich Aschenrückstände anhäufen, insofern sehr ungünstig, als dadurch die Abkühlung der Ziegelsteine etc. verzögert wird, was sich bei schnellem Betriebe sehr bemerkbar macht.

Mit der Beseitigung der direkten Feuerung und der Anwendung der Gasfeuerung werden, wie umfassende Versuche und die Praxis bereits zweifellos erwiesen haben, alle jene Schwierigkeiten und die unumgänglichen Uebelstände der direkten Feuerung durchaus beseitigt, dem Kanalofen aber alle die Vortheile zu eigen, welche die Gasfeuerung zu bieten vermag. In der That ist kein anderes Ofensystem für die Anwendung der Gasfeuerung so sehr geeignet, wie das Kanalofensystem und wenn nicht scheinbar sehr sichere Anzeichen trügen, wird erst das Kanalofensystem durch die Gasfeuerung und diese durch jenes für die Ziegelbrennerei von wirklicher praktischer Bedeutung werden [1]).

Das dem Kanalofen angepasste Gasfeuerungssystem ist in den Figuren 35 und 37 dargestellt. In nächster Nähe des Ofens ist der in die Erde gebaute Gasgenerator situirt, aus welchem die Gase durch den Kanal b in den Gassammler c gelangen; von hier ab steigen dieselben unter gleichmässigem Drucke durch die Kanäle dd aufwärts in die beiden seitlichen Langkanäle e, aus welchen die Gase durch Oeffnungen in der Sohle in einen zweiten Kanal i strömen, wo dieselben mit der aus e' eindringenden erhitzen Verbrennungsluft zusammentreffen, so dass die Entzündung des Gases theilweise schon im Kanale i erfolgt, aus welchem die Flamme durch ein Gitter von feuerfesten Steinen in den Brennkanal schlägt.

Die Verbrennungsluft erwärmt sich zunächst im Mauerwerk des Ofens und wird dann durch den vertikalen Kanal h in den Kanal e' geleitet.

------

[1]) Dieser Satz mag Manchem in dem Lichte erscheinen, als versuchte ich Reklame zu machen, ich spreche hier indess nur eine überzeugungsfeste Ansicht aus, welche mit mir sehr erfahrene Gastechniker theilen. Uebrigens mag für meine Ansicht auch der Umstand sprechen, dass sich Friedrich Siemens in Dresden unterm 3. Juni d. J. ein sächsisches Patent auf die Konstruktion eines kontinuirlichen Tunnelofens mit Gasfeuerung zum Brennen von Ziegelsteinen etc. ertheilen liess, von welchem ich glaube annehmen zu dürfen dass derselbe dem Bock'schen Kanalofen im Prinzipe nicht unähnlich ist. Zu meinem Bedauern sieht sich Herr Siemens mit Rücksicht auf die Patentgesetze genöthigt, seine Konstruktion noch geheim zu halten, es lassen sich deshalb über den Tunnelofen noch keine Mittheilungen geben.

Die Erzeugung einer vollständig neutralen Flamme, wie es hier gedacht ist, hat indess nur für ganz besondere Zwecke Werth, es setzt ein solcher Betrieb auch voraus, dass die in den gebrannten Gegenständen angehäufte immense Wärmequantität behufs der Abkühlung jener durch einen Saugapparat entfernt werde, welcher die Wärme in Trockenräume leitet. Weit einfacher aber gestaltet sich die Konstruktion dann, wenn man das Gas mit derjenigen Luft verbrennt, welche am Kühlende in den Ofen tritt; die scheinbar begründete Annahme, dass die Verbrennung in diesem Falle eine mangelhafte sein würde, ist

Figur 36.

durch die Praxis längst widerlegt (Kanalofen der Thonwaarenfabrik Fr. Chr. Fikentscher in Zwickau).

Die Verbrennungsgase, welche aus dem Feuerraume nach dem Schornsteine entweichen, führen stets kleinere oder grössere Mengen von Kohlenstoffpartikelchen und Flugasche mit sich, die sich auf den kälteren Ziegelsteinen absetzen; sie bilden auf den Oberflächen dieser einen dünnen, Wärme schlecht leitenden Ueberzug, welcher die Verdampfung des in den Ziegelsteinen eingeschlossenen Wassers wesentlich verzögert und andere Missstände herbeiführt, welche aufzuzählen hier nicht der geeignete Ort ist. Um diese Uebelstände fern zu halten, werden bei dem Bock'schen Ofen die Verbrennungsgase nicht direkt durch den mit Ziegelsteinen angefüllten Brennkanal, sondern durch besondere Kanäle abgeleitet, welche derartig angebracht sind, dass die Verbrennungsgase ihre Wärme nur indirekt durch Strahlung an den Brennkanal resp. dessen Ziegeleinsatz abgeben können.

Diese Vorrichtung, in Figur 36 und 37 dargestellt, besteht darin, dass die Verbrennungsgase bei k k (Figur 37) in Kanäle l l einströmen, welche durch Eisenplatten von dem eigentlichen Ofen getrennt sind und bei m m in den Schornstein münden. Der Zug des

Ofens wird durch Schieber regulirt, durch welche man die Einströmungsöffnungen der Kanäle ll bei kk verengen oder ganz schliessen kann. In der Nähe dieser Schieber sind grössere Oeffnungen n n angebracht, um die Kanäle von Flugasche etc. reinigen zu können.

Weit wichtiger aber noch als die Beseitigung oben genannter Uebelstände ist der durch diese Vorrichtung erreichte Vortheil, dass die in dem RaumeB'aus den feuchten Ziegelsteinen entwickelten Wasserdämpfe sich im Ofen nicht wi eder verdichten können, was dann stets der Fall sein wird, wenn dieselben in kältere Theile des Ofens gelangen, also in gewöhnlicher Weise mit den Verbrennungsgasen entweichen. Im Kanalofen müssen die Wasserdämpfe der Zugrichtung der Verbrennnngsgase folgen, also nach den Passagen kk ziehen, dadurch aber gelangen sie in wärmere Theile des Ofens, womit in wirksamster Weise der Kondensation der Wasserdämpfe und den Folgen derselben vorgebeugt wird.

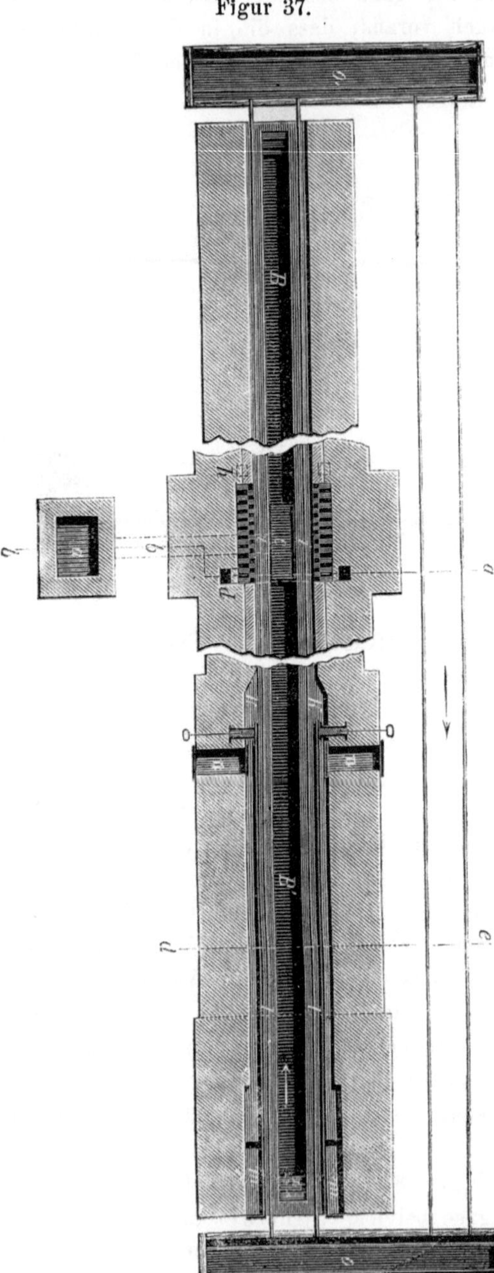

Figur 37.

H. Kontinuirlicher Brennofen mit Gasfeuerung;
konstruirt von Hermann Siebert in Berlin.

Die Konstruktion dieses Ofens geht von dem Gesichtspunkte aus, dass die Gasfeuerung sich erst dann den mit der direkten Feuerung erzielten Resultaten nähern werde, wenn es gelingt, die Gaserzeugung und Gasverbrennung näher zusammen zu rücken als dies bei den jetzigen Gasöfen mit kontinuirlichem Betrieb möglich ist.

Bei diesen Oefen sind die beiden Momente der Gasfeuerung, der Vergasungsprozess und die Verbrennung des Gases, resp. der Gasgenerator und der Gasofen räumlich weit von einander getrennt und um die Gase aus dem Generator in den Gasofen schaffen zu können, bedarf es eines umfangreichen Kanalsystems, in welchem die Gase abkühlen, folglich an Heizwerth einbüssen, und für die Funktionen dieses Kanalsystems zahlreicher Gasventile, die den Betrieb vielfach erschweren. „Diese Kanäle, welche oft über 30^{m} lang sind, schreibt Siebert[1]), sind wahre Kühl- und Kondensationsapparate, welche die Brennkraft des Brenngases auf eine sehr empfindliche Weise schwächen, so dass man genöthigt wird, um überhaupt den Zweck (die Höhen- oder Endtemperatur) zu erreichen, die rationell arbeitenden Gasentwickler in sogenannte Schweelöfen umzuwandeln, d. h. man schichtet den Brennstoff im Gasentwickler höher auf, wodurch mehr oder weniger an Stelle der rationalen Gasentwicklung eine Destillation eintritt. Eine derartige Gasentwicklung bedingt dann wiederum, nur gute, trockene, leicht zu vergasende Brennstoffe anzuwenden."[2])

---

[1]) Deutsche Baugewerkzeitung, 1876 Nr. 69.

[2]) Die schädlichen Wirkungen langer Gaskanäle zugegeben, ist doch nicht einzusehen, weshalb man bei Gasöfen, welchen diese langen Kanäle eigen sind, „trockene" Kohlen, welche viel Destillate produziren vergasen sollte, denn diese sind es ja eben, welche das Uebel der Theerbildung hervorrufen. Man würde also mit der „trockenen" Kohle gerade das erreichen, was man zu vermeiden suchen sollte. Die „trockene" Kohle hat die Eigenschaft, nicht zu schlacken und dies ist denn auch der Grund, weshalb man sie bei der Gasfeuerung bevorzugt, obwohl man heute selbst stark schlackende Kohle zu vergasen gelernt hat. Uebrigens möchte ich auch die thatsächlich sehr relativen Begriffe „rationell arbeitender Gasentwickeler" und „Schweelofen" nicht als scharfe resp. karakteristische Gegensätze betrachtet wissen, und wenn die rationellen Gasentwickeler solche sind, die bei hoher Temperatur und niedriger Schütthöhe vorzugsweise Kohlenoxydgas produziren, so dürften diese Apparate eben keine sehr rationellen sein, weil die Kohlenoxydbildung nicht nur sehr viel Wärme konsumirt, sondern auch weil sie bedeutende Mengen Stickstoff in den Gasofen führt.

Siebert's Gasofen soll vorzugsweise die Uebelstände beseitigen, welche durch die Abkühlung des Gases und durch die Theerbildung hervorgerufen werden, zu welchem Zwecke Siebert die ausgedehnten Gaskanäle, wie wir sie beispielsweise bei Mendheim's Ofen finden, aufgegeben und fahrbare Gasgeneratoren konstruirt hat, die stets in der nächsten Nähe derjenigen Abtheilung des Ofens funktioniren, welche Gas erfordert. [1])

Diese Gasgeneratoren sind auf einem vierräderigen Wagengestelle aufgebaut, dessen Vorderräder (unterhalb des Rostes) $0,8^m$, dessen Hinterräder $1,5^m$ Durchmesser haben. Die Generatoren selbst haben eine Höhe von 3^m, eine Breite von $1,9^m$ und sind 4^m tief. Der Vergasungsraum misst vom Rost bis zum Scheitel des Gaskanals 1^m, die Tiefe desselben ist $1,3^m$ und die Breite beträgt 1^m; er ist mit Plan- und Pultrost versehen und weicht in seiner Konstruktion von der eines gewöhnlichen Schachtgenerators nicht wesentlich ab.

Das Mauerwerk der Generatoren wird durch eine Bekleidung von Eisenplatten und durch Anker zusammengehalten, so dass die ganze Vorrichtung als eine sehr solide erscheint und gegen die Anwendung derselben wesentliche Bedenken nicht erhoben werden können. Dagegen ist es eine durch die Praxis noch zu erledigende Frage, ob die Wärmetransmission durch das verhältnissmässig dünne Mauerwerk der Generatoren und die eisernen Verbindungsrohre zwischen Generator und Gasofen nicht einen bedeutenden Umfang annimmt, so dass dadurch grosse Verluste entstehen. Diese werden sich allerdings durch gute Isolirungen der Rohre, vielleicht mit Schlackenwolle, sehr verringern lassen, so dass die unverkennbaren guten Eigenschaften des Siebert'schen Gasofens, der in den Figuren 38—40 dargestellt ist, dann in jeder Beziehung zur Geltung kommen.

Wie aus den Figuren 38 (Schnitt e f der Figur 39) und 39 ersichtlich, befinden sich neben den Langseiten des aus 12 Abtheilungen bestehenden Ofens die vertieften Schienenbahnen für die Gasgeneratoren A und B, die beide gleichzeitig das Gas für eine im Vollfeuer befindliche Abtheilung liefern, sich deshalb gerade gegenüber stehen. Aus den Generatoren gelangt das Gas durch die Rohre d und d' in die Kanäle e und e', welche von den Oeffnungen k aus ge-

---

[1]) Schon bei dem Ziegelbrennöfen von Barbier & Colas kamen fahrbare Feuerheerde in Anwendung, wie R. Gottgetreu, physische und chemische Beschaffenheit der Baumaterialien, Berlin, Verlag von Julius Springer 1875 2. Auflage Band I. S. 269 berichtet.

reinigt werden können und beide sich im Kanale f vereinigen; dieser

leitet das Gas nach dem Verbrennungsorte g der im Betriebe befindlichen Kammer, in der Zeichnung ist es N. VI, wobei zu bemerken, dass der Generator A vorzugsweise dann arbeitet, wenn die auf dessen Seite liegenden Abtheilungen im Betriebe sind, während B in diesem Falle nur zur Aushülfe dient und umgekehrt.

Die zum Verbrennen des Gases erforderliche Luft tritt je nach dem Stadium der Abkühlung der bereits fertig gebrannten Abtheilungen in N. X oder IX ein, durchzieht N. VIII und VII, kühlt diese Kammern ab und erwärmt sich selbst und gelangt dann durch die Oeffnung h nach dem Verbrennungskanale g, wo sie mit dem von f herkommenden Gase zusammentrifft und die Verbrennung bewirkt. Die Flamme nimmt ihren Weg

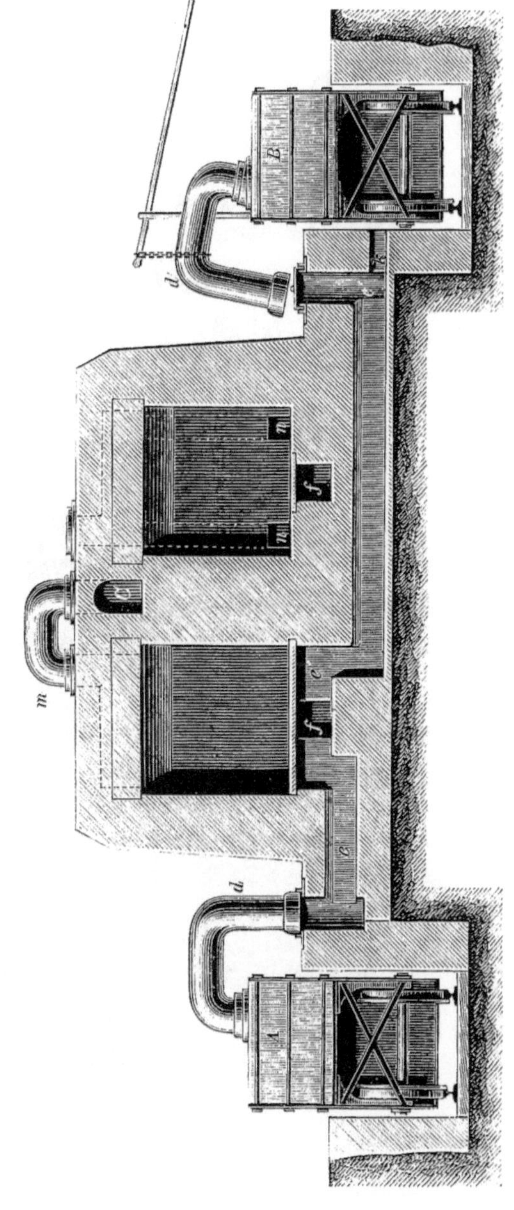

Figur 38.

nach h', gelangt durch g' in die Abtheilung V, von V nach IV u. s. w.

in so viele Kammern wie erforderlich sind, um die Feuerluft entsprechend abzukühlen. Aus der letzten Abtheilung tritt die Feuer-

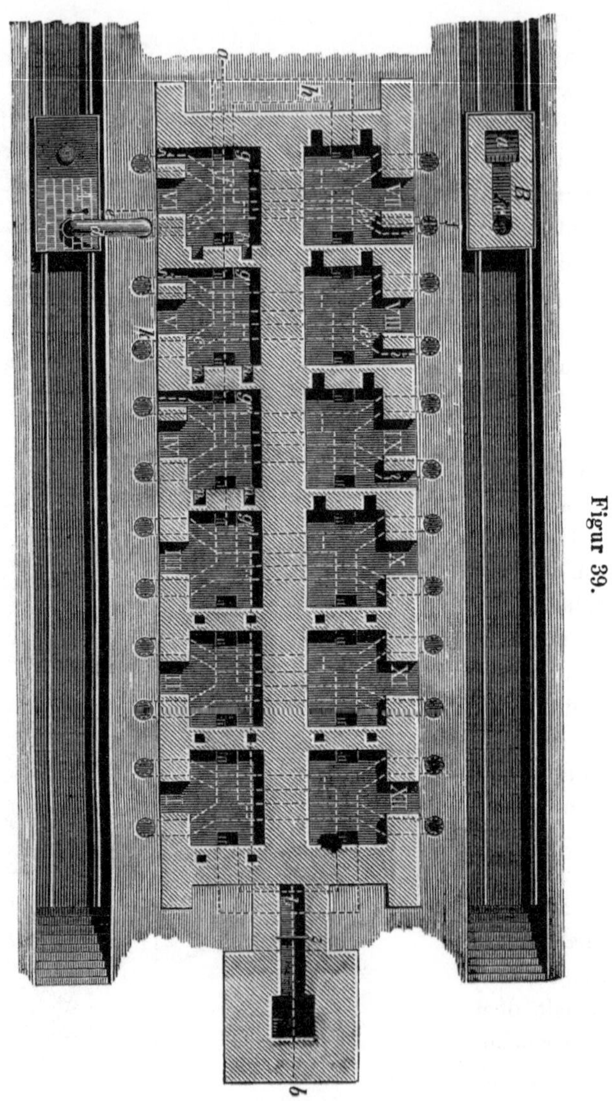

Figur 39.

luft in die Abzugskanäle nn und gelangt weiter durch die transportabelen Röhren mm, welche die einzelnen Abtheilungen mit dem

Rauchkanal C verbinden, und aus diesem wieder in den Schornstein, in dessen Nähe der Schorn-
steinkanal b mit einem Schieber z versehen ist, durch welchen
der Ofenzug regulirt wird. Sobald
die Abtheilung IV fertig gebrannt ist,
rücken die Generatoren nach k, dem
zweitnächsten Kanale der Kammer
V resp. VIII — der nächste dient
für die Gaszuleitung in die ander-
seitige Abtheilung VIII — so dass
nunmehr die Kammer V das Vollfeuer bekommt. Die Verbindungsrohre mm werden nun entsprechend hinausgerückt und die Verbrennungsluft tritt entweder durch
die Abtheilung IX oder VIII in V
ein, in welcher Weise der Betrieb
kontinuirlich weiter geführt wird.

Das Ausschalten der einzelnen
Abtheilungen aus dem Betriebe
geschieht durch das Verschliessen
der Oeffnungen g vermittelst pas-
sender Schamotteschieber, welche
durch kleine Oeffnungen i im Mauerwerk des Ofens eingeschoben werden. Diese sind während des Betriebes entweder zugemauert oder
mit dichten Thüren verschlossen.
Die Vorwärmung des Gases vor
seiner Verbrennung erfolgt in der
Weise, dass die Hitze der im
Feuer befindlichen Abtheilung den
Gaskanal e e′ f, welcher nur mit
Thonplatten abgedeckt ist, und damit auch das Gas stark erwärmt,
wodurch der Verbrennungsprozess
schneller vollzogen und die Verbrennungstemperatur gesteigert wird.

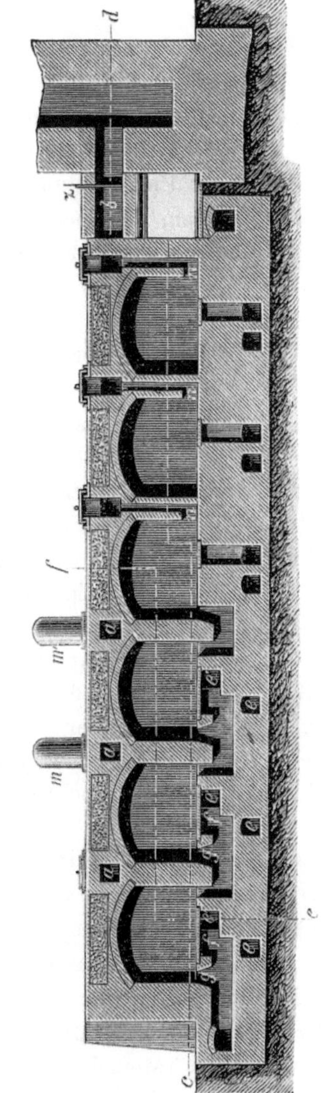

Figur 40.

I. Kontinuirlicher Ofen zum Trocknen von Ziegelsteinen, Thonwaaren, Zement, Torf etc. mit Gasfeuerung, [1)]

konstruirt von Otto Bock in Braunschweig.

Eine offene Frage in den verschiedenartigsten Industriezweigen ist noch immer das Auffinden der günstigsten Form eines Apparates für das künstliche Trocknen solcher Substanzen, welche entweder als Rohstoffe feucht sind, wie Thon, Zementmasse, Torf etc., oder welche während ihrer Umgestaltung in eine Gebrauchsform absichtlich feucht gemacht werden, die aber, um gebrauchs- und dauerfähig zu werden, ohne Ausnahme aus dem feuchten in den trockenen Zustand übergeführt werden müssen.

Dieser Stoffe giebt es unendlich viele, aber nur wenige können bei dem Trocknen einer gleichartigen Behandlung unterworfen werden, da jedem einzelnen karakteristische Eigenschaften zufallen, die beim Trocknen eine besondere Berücksichtigung verlangen. Dies ist auch der Grund, weshalb eine so verhältnissmässig grosse Anzahl von Trocknenapparaten entstand, die alle den Beweis geliefert haben, dass das Trocknen gewisser Substanzen zu den schwierigeren Aufgaben der Technik gehört.

Die Verschiedenartigkeit der Stoffe, noch mehr aber die verschiedene Behandlungsweise derselben während des Trocknens machen einen Universaltrocknenapparat von vornherein ganz unmöglich, man wird im Gegentheil ein und denselben Apparat nur für eine gewisse, in ihren Eigenschaften oder Verhalten sich mehr oder weniger ähnlich seiende Klasse von Stoffen anwenden dürfen, aber ein festes Prinzip wird man bei allen Trocknenapparaten zu verwirklichen suchen müssen, dasjenige nämlich, dass alle Feuchtigkeit, welche während des Trocknens als Wasserdampf aus den Stoffen entfernt wird, sich innerhalb des Trocknenraumes nicht wieder zu Wasser verdichten darf. Je näher man der Lösung dieser Aufgabe kommt, desto ökonomischer wird ein solcher Apparat funktioniren.

Man hat diese Aufgabe wohl zu lösen gesucht, aber ich glaube nicht zu viel zu behaupten wenn ich sage, dass sie noch nicht einmal annähernd rationell gelöst ist, ja dass man im allgemeinen diese Aufgabe noch nicht einmal theoretisch richtig aufgefasst hat. Wäre

---

[1)] Obwohl dieser Ofen nicht zu den Brennöfen gehört, halte ich denselben doch für wichtig genug, ihn hier mit zu behandeln, zumal die beigegebenen Zeichnungen in dieser Form durchaus neu sind.

das Gegentheil vom letzteren der Fall, so würde man der Lösung schon früher näher gekommen sein und die künstliche Trocknung sehr vieler Gegenstände gehörte heute nicht mehr zu den Problemen.

Die Einführung eines rationellen Trocknenverfahrens ist ein Bedürfniss, ja für manche Industrieen eine Existenzfrage geworden und daher wird man das Auffinden eines billig und sicher funktionirenden Trocknenapparates als einen bedeutenden Fortschritt für die Gewerbsthätigkeit bezeichnen dürfen.

Der in der Ueberschrift genannte, nach einem originellen und höchst naturgemässen Prinzipe konstruirte Trocknenofen ist in der weiter unten beschriebenen Form speziell zum Trocknen frisch geformter Ziegelsteine, Zement, Torf etc. bestimmt, doch wird der Ofen in angemessen veränderter Form zum Trocknen der verschiedenartigsten Substanzen anwendungsfähig werden.

Es darf als genugsam bekannt vorausgesetzt werden, dass zahlreiche Versuche gemacht worden sind, die künstliche Trocknung in der Ziegelfabrikation einzuführen, bekannt aber auch ist es, dass die damit erzielten Resultate den Erwartungen und gerechtfertigten Anforderungen keineswegs entsprochen haben; daher erklärt es sich denn auch leicht, dass man das künstliche Trocknen von Ziegelfabrikaten nicht nur für nicht rationell, sondern in den meisten Fällen sogar für unausführbar hält. Und so ist denn nach dieser Seite hin die Ziegelindustrie, die doch sonst eine immense fortschrittliche Umgestaltung erfahren hat, ganz und gar auf dem althergebrachten Standpunkte stehen geblieben, indem sie das Trocknen ihrer Erzeugnisse in althergebrachter Weise der freien Luft anheimstellt, wodurch die ganze Fabrikation von einem berechnungslosen Faktor abhängig gemacht wird.

Mit dieser Abhängigkeit ist die Ziegelfabrikation all' den launenhaften Einflüssen von Wind und Wetter fast schutzlos preisgegeben, denn ist die atmosphärische Luft mit Feuchtigkeit gesättigt, was in unseren Breiten sehr häufig der Fall ist, dann ist an ein regelmässiges und rasches Verdunsten des in der Ziegelwaare befindlichen Wassers nicht zu denken, wohl aber findet oft ein Sichwiedersättigen der bereits mehr oder weniger lufttrocken gewordenen Steine mit Feuchtigkeit dann wieder statt, wenn die Luft sehr feucht ist. Andererseits können manche Ziegelthone keinen scharfen Luftzug vertragen und es müssen dann die Trocknenschuppen möglichst dicht geschlossen werden, wieder andere erleiden keine direkte Sonnenwärme u. s. w. Die grösseste Kalamität aber entsteht für die Ziegelfabrikation aus den Früh- und Spätfrösten am Anfang und Ende der Kampagne, die in wenigen Stunden grosse Kapitaleinbussen herbeiführen können.

Der Grund nun weshalb die künstliche Trocknung der Ziegelfabrikate, der rohen Zementmasse etc. noch keine nennenswerthen Erfolge aufzuweisen hat, liegt vornehmlich darin, dass die für diese Zwecke konstruirten Apparate an grossen Unvollkommenheiten leiden und keineswegs geeignet sind, dem physikalischen Vorgange des Trocknenprozesses in vollem Umfange Rechnung zu tragen. Vor allen Dingen aber tritt bei diesen Apparaten der schwerwiegende Uebelstand in den Vordergrund, dass die verdunstete Feuchtigkeit sich an kälteren Stellen innerhalb des Trocknenraumes wieder zu Wasser verdichtet, sich hier in Form von Thau auf der Ziegelwaare niederschlägt und diese theilweise erweicht. Dabei ist der Umstand zu beachten, dass diese Niederschläge, selbst wenn sie im günstigsten Falle weiteren Schaden nicht verursachen, doch immer wieder auf Kosten der erzeugten Wärme verdampft werden müssen, wodurch das Trocknen in der unliebsamsten Weise verzögert wird.

Die Verdunstung des Wassers wird bekanntlich durch Wärme hervorgerufen und zur Verdunstung einer bestimmten Menge Wasser ist stets ein entsprechendes Wärmequantum erforderlich. In der freien Natur wird die Verdunstung durch die Sonnenwärme, in abgeschlossenen Räumen durch künstlich erzeugte Wärme bewirkt, in beiden Fällen aber ist noch ein Medium erforderlich, welches nicht nur die Wärme, sondern auch den Wasserdampf aufnimmt, die Luft. Es geht daraus hervor, weshalb in hermetisch geschlossenen Gefässen keine Verdunstung stattfindet und weshalb zum Trocknen feuchter Gegenstände ausser der Wärme auch noch Luft erforderlich ist.

Die Eigenschaft der atmosphärischen Luft, Wasser aufzunehmen, hängt von dem Grade ihrer Trockenheit und ihrem Wärmegehalte ab. Bei geringer Temperatur, wie im Frühjahr und Herbst ist ihre Fähigkeit, Feuchtigkeit zu absorbiren, sehr gering, im Sommer unverhältnissmässig grösser; so nimmt z. B. bei 10^0 C. 1 ^{kbm} Luft 8,525 ^{g}, bei 20^0 C. 17,396 ^{g}, bei 30^0 C. aber 31,602 ^{g} Wasser auf. Diese Zahlen sind indess nur theoretisch richtig, da die Luft nie absolut trocken sondern stets mehr oder weniger mit Feuchtigkeit gesättigt ist, jedenfalls aber ergiebt sich aus diesen Zahlen die Thatsache, dass das Trocknen umso günstiger und desto schneller von statten gehen muss, je höhere Temperaturen dabei in Anwendung zu bringen sind, weil mit dem Steigen der Temperatur die Sättigungskapazität der Luft für Wasser schnell wächst und damit die erforderliche Luftmenge wesentlich verringert wird.

So beträgt beispielsweise das zur Verdunstung des in 1000 Ziegelsteinen eingeschlossenen Wassers von etwa 885^k erforderliche Luftquantum bei 20^0 C. 50000 ^{kbm}, hat die Luft aber eine Temperatur von 30^{0}C., so sind zur Verdunstung dieser Wasserquantität nur noch 25000 ^{kbm} Luft bedingt. Daher leisten Trocknenapparate nicht nur dann den grössesten Dienst, wenn man die Luft möglichst hoch erwärmt, sondern auch deshalb, weil man in diesem Falle die geringere, mit Feuchtigkeit gesättigte Luftmenge schneller zu entfernen vermag.

Ist die Luft mit Feuchtigkeit vollständig gesättigt, so wirkt die geringste Verminderung der Temperatur in der Weise, dass die Luft einen Theil ihres Wassergehaltes als Thau fallen lässt. Würde die Temperatur der Luft z. B. von 30^0 C. auf 20^0 C. sinken, so müsste sie sich nothwendigerweise derjenigen Menge aufgenommenen Wasserdampfes entledigen, welche dieser Temperaturdifferenz entspricht.

Diese Erscheinung muss bei einem Trocknenapparate unter allen Umständen verhindert werden, es ist deshalb erforderlich, dass die Luft, welche die verdunstete Feuchtigkeit aufgenommen hat, in immer wärmere Theile des Trocknenraumes gelangt, so dass dieselbe niemals eine fallende, sondern steigende Temperatur-Tendenz besitzt, ein Prinzip, das bei dem Bock'schen Trocknenofen zur wirksamsten Anwendung gekommen ist.

Die Figuren 41, 42 und 43, letztere beiden im doppelten Maassstabe der ersten, zeigen den Bock'schen Trocknenofen, der mit dem auf S. 153 beschriebenen Kanalofen die Form und das gemein hat, dass wie dort das Brennen so hier das Trocknen auf Wagen erfolgt, welche den Ofen auf einer Schienenbahn passiren.

Diese Wagen, welche je nach den zu trocknenden Gegenständen eine besondere Konstruktion erhalten, werden bei r in den Ofen eingebracht, bewegen sich in der Richtung des Pfeiles durch den Kanal u und verlassen denselben bei s, dessen beide Endöffnungen während des Betriebes verschlossen gehalten werden.

Die für das Trocknen erforderliche Wärme wird durch Gasfeuerung erzeugt, mit welcher eine Heissluftheizung verbunden ist. Selbstverständlich ist die Anwendung der Gasfeuerung nicht Bedingung, wie denn z. B. ein nach diesem System gebauter Trocknenofen für Bleiweiss mit abgehendem Maschinendampf geheizt wird, wohl aber ist es aus noch zu erläuternden Gründen nothwendig, dass diejenige Feuerung, welche für den Trocknenofen zur Anwendung kommt, nicht

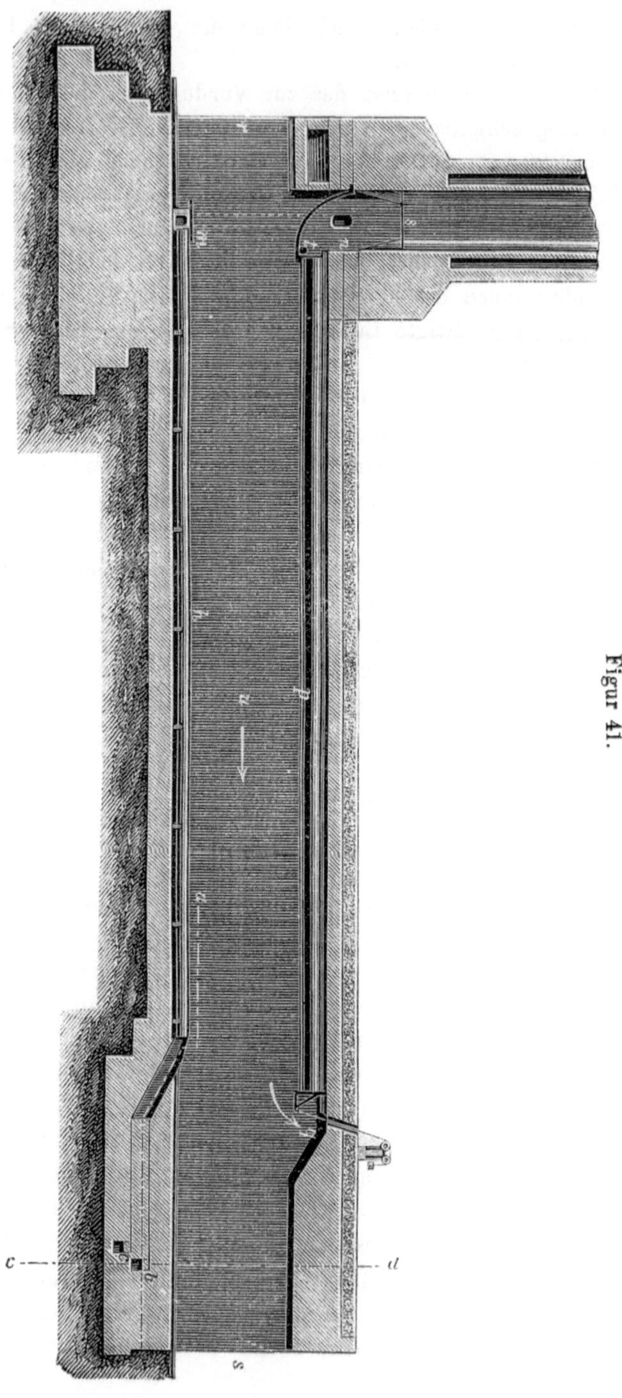

Figur 41.

nur eine möglichst rauchfreie ist, sondern auch, dass sie eine sehr
exakte und schnelle Regulirung der Ofentemperatur gestattet, was
beides mit der direkten Feuerung nicht zu erreichen ist, ein Druck
oder Hub aber auf das Gasventil mindert oder steigert die Tempe-

Figur 42.

ratur des Trocknenraumes schon nach wenigen Minuten; andererseits
kann nur wieder durch die Gasfeuerung, nicht aber durch die Rostfeuerung eine dauernd gleichmässige Temperatur hergestellt werden. [1]

----

[1] Schon C. Schinz, der bestrebt war, für die verschiedensten Zwecke
rationelle Trocknenöfen zu konstruiren, hat bereits bei einem Ofen für
das Trocknen von Torf, welcher mit dem Bock'schen Ofen die Kanalform,
die Anwendung von Wagen und das Prinzip der indirekten Erwärmung
gemeinsam hat, die Gasfeuerung angewendet, jedenfalls nicht zufällig sondern in richtiger Erkenntniss der Vortheile, welche die Gasfeuerung für
solche Apparate bietet. Vergl. Die Heizung und Ventilation von C.
Schinz, 2. Ausgabe. Stuttgart, Carl Mäcken 1868. Seite 227 und Atlas
Tafel XIII.

Die Gasfeuerungsanlage des Trocknenofens ist in den Figuren 42 (Schnitt c d) und 43 (Schnitt a b) dargestellt und erscheint ebenso einfach wie zweckentsprechend. Das im Generator entwickelte Gas gelangt durch den Kanal b nach d, vertheilt sich hier in die beiden Passagen ff (Figur 43) und wird bei seinem Eintritte in diese durch diejenige Luft entzündet, welche durch den Kanal c einströmt und durch die Oeffnungen e in ff aufsteigt. Aus den Kanälen ff entweichen die Feuergase durch die erweiterten Passagen gg in aufsteigender Richtung in die Rohre hh, durchziehen diese und gelangen, nachdem sie ihre Wärme an den Raum u abgegeben haben, durch vertikale Kanäle m bei n in den Schornstein s'. Würden nun die Verbrennungsgase infolge schlechter Verbrennung Kohlenstofftheilchen mit sich führen, so würden sich diese als Russ an den Wandungen der Eisenrohre hh absetzen, wodurch das Wärmedurchlassungsvermögen derselben wesentlich beschränkt wird.

Die Temperatur, welche aus der Gasverbrennung resultirt, würde die für das Trocknen erforderliche Höhe sehr bald übersteigen, wenn man nicht mit bedeutendem Luft-

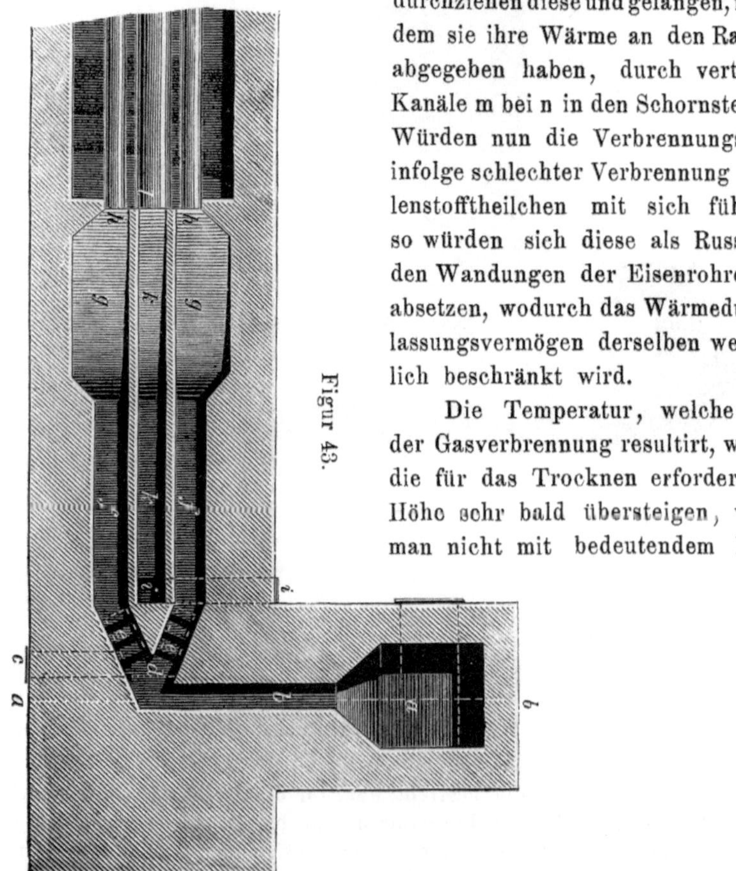

Figur 43.

überschusse, also höchst unökonomisch verbrennen wollte. Um nun die an der Verbrennungsstelle im Ueberfluss vorhandene Wärme in weiter zurückliegende Theile des Trocknenraumes leiten zu können, wird dieselbe an atmosphärische Luft gebunden, welche in genügender Menge durch den Kanal i eintritt und durch die Oeffnung i' in den durch Scheidemauern von ff getrennten Kanal k gelangt, aus welchem sie, nachdem sie sich stark erhitzt hat, in das Rohr l entweicht. Dieses Rohr hat mit den Rauchrohren hh gleiche Länge und ist in den hinteren Theilen des Ofens mit einer Anzahl kleiner Oeffnungen versehen, aus welchen die Luft in den Trocknenraum dringt, wo sie die aus den trocknenden Substanzen entwickelten Wasserdämpfe aufnimmt.

Die Ventilationsrichtung im Trocknenraume korrespondirt mit der Bewegungsrichtung der Wagen, sie ist mit dieser also demjenigen Theile des Ofens zugekehrt, welcher höhere Temperaturen hat, und damit ist der Fall, dass die Luft abgekühlt und der von ihr aufgenommene Wasserdampf kondensirt wird, bei diesem Ofen vollständig unmöglich, da Luft und Wasserdampf steigende Temperaturen annehmen, bis sie aus dem Trocknenraume entweichen.

Wie auf der Sohle so befinden sich auch unter dem Gewölbe des Ofens entsprechend weite Rohre pp, welche für die Ventilation desselben dienen und bei q Luft und Wasserdampf aufnehmen, um diese gleichfalls in den Schornstein zu leiten. In diesen Rohren tritt nun aber der Fall ein, welcher im Ofen selbst unmöglich ist: die Kondensation der Wasserdämpfe; denn da diese durch die Rohre wieder in kältere Theile des Ofens zurückgeführt werden, so ist die Wasserbildung hier unvermeidlich, sie ist aber auch nach zwei Seiten hin werthvoll, denn einmal geben die Wasserdämpfe, indem sie sich theilweise wieder verdichten, die für die Dampfbildung aufgewendete Wärmemenge zum Theil an den Raum u wieder ab, dann aber wird das Volumen des durch den Schornstein zu entfernenden Gemenges von Verbrennungsgasen und Wasserdampf um so viel vermindert, wie sich von letzteren verdichtet und bei t als Wasser abfliesst.

Dieser Trocknenofen ist unbedingt eine solche Erfindung, welche in der Folge eine hohe Bedeutung erlangen wird.

VIII.

Gasöfen zum Brennen von Kalk, Zement, Gyps etc.

A. Basteiofen mit Gasfeuerung;
konstruirt von Ferd. Steinmann in Dresden.[1]

In richtiger Erkenntniss ihrer ausserordentlichen Vortheile hat die Gasfeuerung zum Zwecke der Kalk- und Kohlensäuregewinnung bei der Zuckerfabrikation rasch Eingang gefunden, und wird es wenigstens in Deutschland und Oesterreich nur noch eine geringe Zahl von Zuckerfabriken geben, welche diese wichtige Verbesserung an ihren Saturationsöfen noch nicht eingeführt haben.

Leider kann man dasselbe von den Kalkbrennereien zur Erzeugung von Baukalk nicht behaupten, trotzdem gerade für Schachtöfen die Gasfeuerung wegen der eminent einfachen Konstruktionselemente die meisten Aussichten auf Erfolg bietet. Und doch ist wohl in neuerer Zeit bei keiner Hüttenbranche das Bedürfniss nach grösserer Oekonomie im Brennstoffverbrauch so sehr in den Vordergrund getreten, wie gerade hier, wo das Rohprodukt den relativ geringsten Werth hat und die Erzeugung der Waare lediglich nur von dem Preise und der Qualität des Brennstoffes, welcher obendrein stets der beste sein soll, abhängig gemacht ist. Die ausschliessliche Verwendung geringwerthiger Brennstoffe verbietet sich von selbst, nicht allein wegen der erforderlichen grossen Mengen, sondern auch wegen der mit ihrer Benützung verbundenen Gefahr, einen schlechten Brand zu erzielen. Die mit Holz brennenden Kalkofenbesitzer vermögen aber wegen der bedeutend gestiegenen Holzpreise schon seit lange nicht mehr mit

---

[1] Ich gebe die Beschreibung dieses Ofens so wieder, wie sie von Steinmann in Dingler's polyt. Journal Band 220, S. 152 f. veröffentlicht worden ist.

denjenigen zu konkurriren, denen Kohle oder Torf zur Verfügung steht. Daher kommt es auch, dass es jenen Orten, wo Kalkstein und gute Kohle vereint auftreten, möglich ist, ihr vergängliches, ja für den Transport gefährliches Produkt thatsächlich bis auf 50 deutsche Meilen im Umkreise abzusetzen.

Die Kalkbrennerei ist aber auch eine der grössten industriellen Landplagen; ein einziger Kalkofen mit direkter Feuerung verpestet bekanntlich meilenweit seine Umgebung und stellt häufig genug den landwirthschaftlichen Betrieb der Anwohner in Frage.

Alle diese Uebelstände werden durch die Gasfeuerung vollständig und gründlich beseitigt, denn diese gestattet:

1) die Anwendung eines jeden Brennstoffes;
2) ist die Rauchverzehrung eine vollständige, woraus auch resultirt, dass
3) je nach der Qualität des Kalksteines und des Brennstoffes nur 25 bis 40 % des letztern (auf 100 Th. Aetzkalk) erfordert werden, während Kalköfen mit direkter Feuerung 60 bis 100 % konsumiren;
4) belästigt ein Schachtofen mit Gasfeuerung die Nachbarschaft in keiner Weise;
5) ist das gewonnene Produkt vollkommen frei von Asche und Schlacken; dazu kommt auch, dass der bei Gasfeuer gebrannte Kalk notorisch transportfähiger, daher sein Handelswerth ein grösserer ist;[1]
6) ist der Betrieb für die Brenner ein weit weniger anstrengender und gesundheitsnachtheiliger;
7) kommt der Bedarf an Holz gänzlich in Wegfall, und
8) kann man die maximale Leistung eines solchen Ofens mindestens auf 30 % ohne jede Benachtheiligung verringern, ein erheblicher Vortheil für jeden Brenner bei Beginn oder Beendigung der Bausaison, überhaupt bei jedweder Schwankung der Konjunktur.

Der Umstand nun, dass sich bei Schachtöfen die Gasflamme ganz

---

[1] Dies hat seinen Grund darin, dass das Gas auf seinem Wege bis zur Verbrennung den grössten Theil seiner dampfförmigen Bestandtheile, also Wasser, Ammoniak, Theer etc. kondensirt, jene also nicht in den gebrannten Kalk mit übergehen wie beim direkten Feuer. Der Gaskalk konservirt sich deshalb auch länger und ist von Allen, die ihn kennen, entschieden bevorzugt.

vorzugsweise in vertikaler Richtung entwickelt, so zwar, dass man sie leicht auf eine Länge von 9 bis 10^m ziehen kann, ergab für mich bei meinen diesbezüglich angestellten praktischen Untersuchungen für Schachtöfen mit kreisrundem Querschnitte das Mass von 1,57^m als den grössten zulässigen Durchmesser. Solche Kalköfen entsprechen einer maximalen Ausbeute von 5000^k Aetzkalk in 24 Stunden.[1] Hieraus erhellt, dass Oefen mit grösserer Leistungsfähigkeit einen oblongen Querschnitt mit einer konstanten kleinen Achse von 1,57^m erhalten müssen; solche Oefen bis zu einer maximalen Produktion von 17500^k habe ich selbst in grösserer Anzahl erbaut. Abgesehen von dem sich potenzirenden schädlichen Einflusse der Winde auf die Breitseiten oblonger Oefen vermehren sich auch mit zunehmender Grösse dieser Oefen die konstruktiven Schwierigkeiten besonders wegen der Anlage der Generator-Batterien, und kam ich daher auf die Konstruktion des in den Figuren 44 und 45 im Massstabe 1:150 dargestellten Bastei-ofens, welcher ähnlich wie der Hoffmann'sche Ringofen ohne wesentliche Modifikationen auf jede Leistungshöhe veranlagt werden kann. So anerkannt vortreffliche Dienste der letztgenannte Ofen in der Ziegelfabrikation leistet, so sind seine Schwächen beim Brennen anderer Materialien hinlänglich bekannt, und ich habe zum Unterschied und im Hinblick auf eine unverkennbare Aehnlichkeit meinem Ofen den Namen „Basteiofen" beigelegt. Zur Erläuterung der Abbildungen diene Folgendes:

aa ist der ringförmige Schacht, in welchem der Brand des Rohproduktes sich vollzieht, bb die sich anschliessende Rast, in welcher das fertig gebrannte Material liegt, g die Gaserzeuger oder Generatoren, f die Gasableitung, e die Zweigkanäle, d die Ringkanäle, aus denen in entsprechender Vertheilung die Düsen c auf der ganzen Pheripherie in den Schacht einmünden. i sind die mit einem scharfgebrannten Schamottekonus verschliessbaren Abzüge für das Brenngut. Den Konus dirigirt man mittels eines Hebels in der Weise, dass man je nach dem grössern oder geringern Bedarf an Verbrennungsluft, welche eben ihren Weg durch i zu nehmen hat, denselben mehr oder weniger scharf anpresst. Um einer vorzeitigen Abnützung der Passagen i vorzubeugen, sind diese, wie Figur 44 zeigt, mit starken gusseisernen Trichtern ausgefüttert. Die Verbrennungsluft nimmt Wärme aus dem in der Rast b stehenden Brenngute auf und vereinigt sich stürmisch mit dem den Düsen entströmenden Gase zur Flamme. Sie

---

[1] Kompendium der Gasfeuerung S. 99 und S. 178 dieses Buches.

Figur 44.

erfüllt also gleichzeitig zwei Zwecke: sie heizt sich selbst vor und entzieht damit dem Brenngute die hohe Temperatur, so dass dieses ohne weiteres verladungsfähig ist.

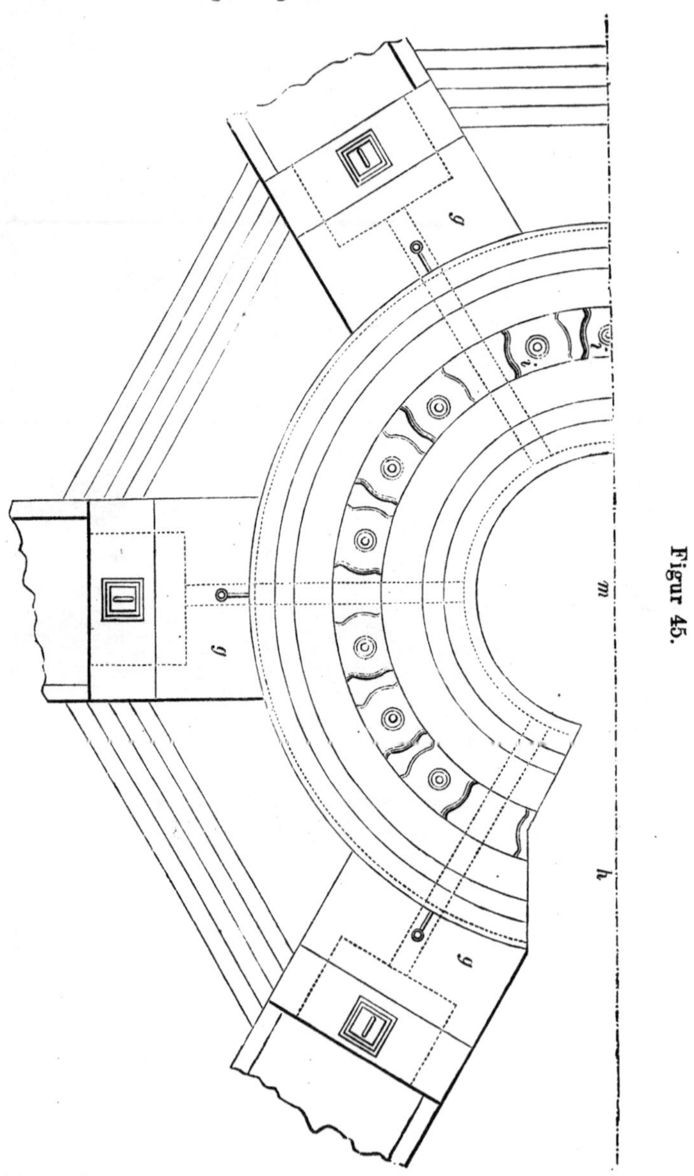

Unter den sechs Einfahrten h gelangt man nach dem innern Raume m, welcher als Stapelplatz für das Rohprodukt dienen kann, von wo aus letzteres durch geeignete, von dem Podium l aus betrie-

bene Hebevorrichtungen bequem und schnell nach der Gicht befördert werden kann. Die Passagen oder Trichter i sind übrigens durch
sattelförmige Schiede von einander getrennt, so dass damit ein konstan-
tes Rollen des Brenngutes nach links und rechts ermöglicht wird.

Der abgebildete Ofen ist leicht auf eine Produktion von 75000 ^{k}
Aetzkalk pro 24 Stunden zu bringen. Da, wo es etwa die Oertlich-
keit erheischt, ist natürlich die kreisrunde Form des Ofens unbedenk-
lich durch eine elliptische zu ersetzen.

Für die Inbetriebsetzung eines derartigen Kalkofens sei Nach-
stehendes bemerkt.

Bevor der Schacht mit Kalkstein gefüllt wird, muss man alle
Theile des Ofens, also Generatoren, Kanalsystem und Schacht mehrere
Tage hindurch mittelst gelinder Schmauchfeuer behufs Austrocknung
ausheizen. Es ist dies bei Gasfeuerungsanlagen um so nothwendiger, weil
andernfalls die Entzündung des Gasstromes nicht allein schwierig,
sondern unter Umständen sogar unmöglich wird. Hat man die Ueberzeugung gewonnen, dass das Mauerwerk auf ungefähr 300 ^{mm} Tiefe
trocken ist, so belegt man zuvörderst den Boden der Rast, d. h. die
Sättel, kreuzweis mit einer Schicht trockenen Holzes, darauf schüttet
man ca. 300 bis 500 ^{mm} hoch Kohle oder Torf, alsdann die erste
Schicht Kalkstein in gleicher Höhe, und fährt mit dem Wechsel von
Kohle und Kalkstein in gleicher Weise fort, bis etwa 600 ^{mm} über
die Gasdüsen hinaus, von wo ab der Schacht bis zur Gichtmündung
ausschliesslich mit Stein gefüllt werden kann. Innerhalb dieser Zeit
sind auch die Generatoren zu beschicken. Man breitet zu dem Ende
erst eine Schicht Hobelspähne auf den Planrosten aus, legt darauf eine
Lage gespaltenen Scheitholzes und beschüttet dieselbe bis zum Rande
der Zargen mit dem zu verwendenden Brennmaterial. Bevor man
das Feuer in den Generatoren in Gang bringt, muss die Gluth in dem
Schachte bereits die unteren Schaubüchsen erreicht haben, denn nur
dann wird die Entzündung des Gases eine zweifellose und konstante
sein. Das erste Kalkziehen hat spätestens 3 Stunden nach Zutritt
des Gases zur Gicht zu beginnen und von da an, je nach dem Bedarf an Kalk, in Pausen von nicht unter $1\frac{1}{2}$ und nicht über 3 Stunden möglichst rasch nach einem bestimmten Maasse zu erfolgen; nach
einem jeden Abzuge ist bei der Gicht sofort wieder an dem ganzen
Umfange des Ofens Kalkstein nachzufüllen. [1]

---

[1] Ein in Pirna bei Dresden nach diesem System errichteter Röst-
ofen für Magneteisenstein hat sich ebenfalls ganz vorzüglich bewährt

B. Kontinuirlicher Schachtofen mif Gasfeuerung;

konstruirt von Ferd. Steinmann in Dresden.[1]

Schon seit einer Reihe von Jahren hat ein anderer Kalkofen Steinmann's Aufnahme gefunden, dessen Konstruktion sich auf ähnliche Prinzipien stützt, welche bei dem Basteiofen eine erweiterte Durchbildung erfahren haben. Der Betrieb beider Oefen ist derselbe, was daher hinsichtlich dieses Punktes auf den vorigen Blättern über den Basteiofen gesagt worden, gilt auch für den älteren Schachtofen, doch ist für diesen noch hervorzuheben, das bei der Konstruktion desselben auf die Gewinnung von Kohlensäure für Zwecke der Rübenzuckerfabrikation besondere Rücksicht genommen worden ist.

Die Figur 46 veranschaulicht im Maassstabe von 1:100 einen derartigen Kalkofen, der mit Schachtgeneratoren versehen ist, welche die Vergasung von Braunkohle und Lignit (in durchschnittlich faustgrossen Stücken) ermöglichen. Es bezeichnen hier aa den Schacht, dessen innere, aus feuerfesten Steinen gebildete Wandung durch eine Sandisolirschicht von dem Mantel des Ofens getrennt ist; b ist die Rast, in welcher der bereits gebrannte Kalk steht, cc sind die Gasdüsen, welche mit dem Ringkanal dd in unmittelbarer Verbindung stehen und von den Oeffnungen hh aus gereinigt werden können.[2] In den Ringkanal gelangt das Gas aus den Generatoren durch die Zuleitungskanäle ee, welche mit Schiebern kk versehen sind. An dem Punkte wo die Kanäle e in d aufsteigen, haben dieselben Oeff-

---

und in Hinsicht auf Leistungsfähigkeit, Ersparniss an Brennstoff etc. alle Röstöfen mit direkter Feuerung übertroffen, so dass der Basteiofen auch für Eisenhüttenwerke sich empfehlen würde.

[1] Kompendium, S. 99 f.

[2] Steinmann macht a. a. O. S. 100 ausdrücklich darauf aufmerksam, dass er schon bei dem ersten von ihm im Jahre 1862 auf dem Dreikönigsschachte bei Tharandt erbauten Kalkofen konstatirt habe, dass das Gas nur seitlich in den Ofen eingeleitet werden könne und dass damit der Durchmesser des kreisrunden Schachtes einer gewissen Grenze unterworfen sei. Ich pflichte diesem Erfahrungssatze im ganzen Umfange bei, mache jedoch darauf aufmerksam, dass am 4. November 1875 unter N. 110, 180 an le Bel et Moysau ein französisches Patent auf einen Kalk- und Gypsbrennofen ertheilt wurde, der einen konischen Schacht hat, dessen grössester Durchmesser an der Basis desselben liegt. Das Gas wird in einen Brenner geleitet, der sich im Zentrum der Ofenbasis befindet; dieser Brenner ist mit Oeffnungen versehen, aus welchen die Flamme herausschlägt. Eine detaillirte Beschreibung dieses Ofens ist mir noch nicht bekannt geworden.

Figur 46.

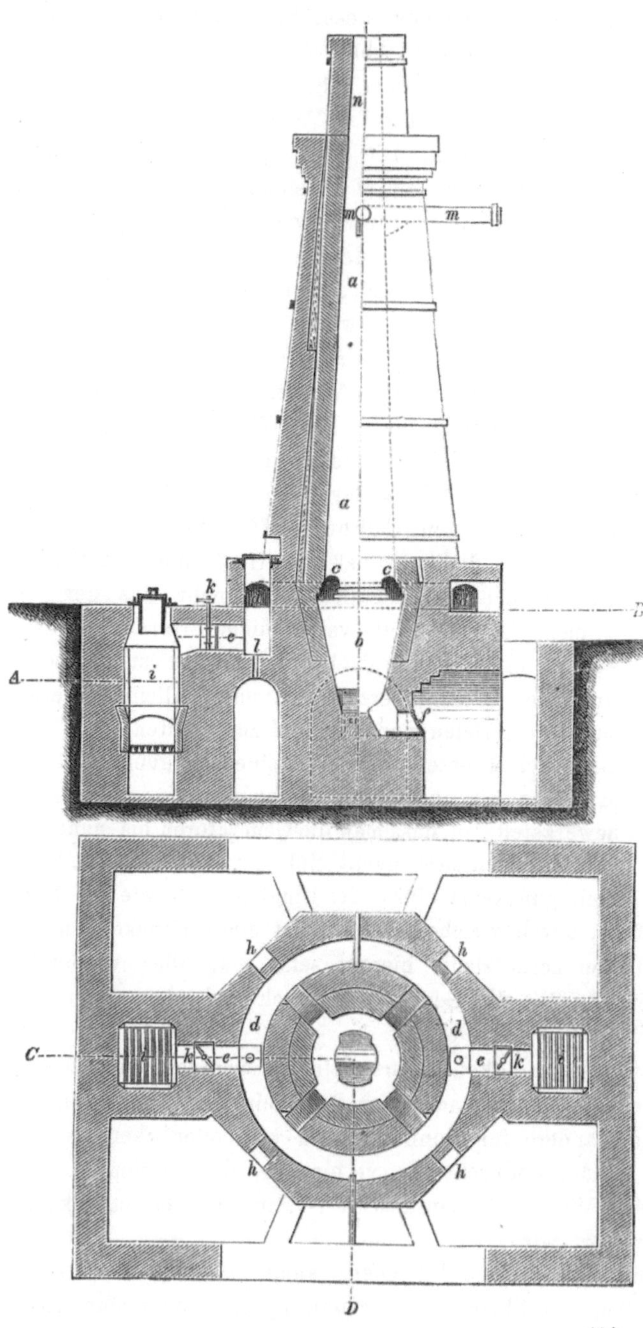

nungen l, durch welche Wasser und Theer in den Theersammler abfliessen. Um die Ansammlung dieser Substanzen bei l zu befördern, hat der Ringkanal nach den Abflussöffnungen hin ein geringes Gefälle von etwa 78^{mm}; über dem Theersammler befinden sich Reinigungsöffnungen, welche in derselben Weise verschlossen sind wie die Fülltrichter der Generatoren. Die Thüren, durch welche der gebrannte Kalk abgezogen wird, sind mit ff bezeichnet; sie haben jede vier bis fünf 25^{mm} weite Oeffnungen, durch welche die Verbrennungsluft in den Ofen dringt, die, indem sie den in der Rast stehenden glühenden Kalk passirt und diesen abkühlt, stark erhitzt wird, wodurch die Verbrennung eine sehr intensive wird. Für die Absaugung der im Schachte aufsteigenden Kohlensäure dient das Rohr m, das unter Einschaltung eines Laveurs oder Wasserwäschers mit einer doppelt wirkenden Pumpe verbunden ist. Der Windfang n enthält die Beschickungsthür, durch welche Kalkstein in den Ofen gebracht wird.

Wie eben erwähnt, erhält der Ofen die erforderliche Verbrennungsluft durch die in den Fallthüren ff befindlichen Löcher und schliessen die Thüren dicht, so ist mit Hülfe dieser Luftlöcher die Flamme rasch und sicher zu reguliren. Je mehr Gas der Ofen empfängt, desto mehr Luft ist selbstverständlich erforderlich. Die für das Kalkbrennen erforderliche Hellrothglühhitze ist bei sonst normalem Zustande des Ofens jederzeit und unter allen Witterungsverhältnissen rasch zu erzielen und aufrecht zu erhalten.

Etwa alle zwei Monate dürfte sich eine Reinigung der Gaskanäle, Klappen und Düsen als nothwendig herausstellen. Dies ist einfach dadurch zu bewerkstelligen, dass man die Generatoren bis nahe zur Glühschicht herunter brennen lässt, damit sich der Theer entzündet. Hierbei sind die Reinigungsverschlüsse des Ringkanales sowie die Putzlöcher h h zu öffnen, durch welche man mittelst einer Krücke den Schmand aus den Düsen herauszieht; hierauf setzt man alles wieder in den vorigen Stand, füllt die Generatoren rasch und nimmt den Betrieb in gewöhnlicher Weise wieder auf.

Die in dem Ringkanale ersichtlichen Schieber sind dann einzusetzen, wenn man etwa auf einer Seite eine Reparatur vorzunehmen hat und die andere funktioniren lassen will, oder aber auch bei sehr heftigem Winde, wodurch man verhindert, dass derjenige Generator, welcher der Wetterseite ausgesetzt ist, in der Gasentwickelung wesentlich gestört wird.

Je nach der Grösse des Ofens kann man den Betrieb auf vier bis sechs Tage vollkommen suspendiren, ohne dass eine frische Anfeuerung nöthig wird; nur muss man zuvor die Generatoren ganz füllen, die Klappen fest schliessen und die Luftlöcher gut verschmieren sowie den Windfang bedecken. Bei Wiederaufnahme des Betriebes öffnet man alles, reinigt die Roste sorgfältig und füllt gleichzeitig die Generatoren.

Die Herstellungskosten eines Kalkofens mit Gasfeuerung übersteigen jene eines Kalkofens mit direkter Feuerung (Rüdersdorfer-, Rumford-, Perrier-Possoz-System) bei gleicher Leistungsfähigkeit in keiner Weise.[1]

Steinmann's Kalkofen hat durch andere Konstrukteure mehrfache doch unwesentliche Veränderungen erfahren, die als eigentliche Verbesserungen kaum zu betrachten sind.

Eine dieser Konstruktionen ist die von Hodek[2], der die nahe Lage des Gaskanals am Ofenschachte deshalb für fehlerhaft hält, weil die Zwischenwand durch die hohe Temperatur des Ofens leicht rissig wird, so dass die Luft in den Gaskanal einzudringen vermag, weshalb er diesen weiter vom Ofen entfernt anlegt. Ausserdem ist der Unterbau dieses Ofens durch eine veränderte Konstruktion der Abziehöffnungen für den gebrannten Kalk vereinfacht und das Ableitungsrohr für die Kohlensäure unmittelbar an der Gicht des Ofens aufgesetzt.

Ein anderer Kalkofen von Steinmann hat einen konischen Schacht, in welchen das Gas unterhalb einer einseitigen Ueberkragung einmündet. Die grösseste Weite dieses Ofens liegt auf der Sohle, die nach der Abzugsöffnung hin schräg abfällt.[3] Diese Konstruktion erscheint der beschriebenen gegenüber sehr einfach, über ihren praktischen Werth lässt sich indess nichts sagen, da mir die etwaigen Betriebsresultate nicht bekannt sind.

---

[1] Nach Cech betrugen die Erbauungskosten eines Ofens für 4000 k täglicher Kalkproduktion 2500 Gulden ö. W. = 5000 M. und erzielte man 100 k gut gebrannten Kalk mit 80 k Braunkohle. Bei neueren Oefen fiel der Brennstoffbedarf auf 50 % Braunkohle.
Muspratt, theoretische, praktische u. analytische Chemie; Braunschweig, Verlag von C. A. Schwetschke & Sohn 1876. 3. Aufl. Bd. III, S. 1469.
[2] Muspratt, a. a. O. Bd. III S. 1470.
[3] W. Joep, Ziegel- u. Kalköfen. Leipzig, Karl Scholtze 1876. S. 58.

IX.

Gasöfen zum Schmelzen des Glases.

A. Schmelzofen mit regenerativer Gasfeuerung;

konstruirt von Friedrich Siemens in Dresden.

Von den verschiedenen Ofensystemen mit Gasfeuerung, welche für
das Schmelzen des Glases in Aufnahme gekommen sind, nimmt dasjenige von Siemens sowohl seiner ökonomisch-technischen Bedeutung
wie auch seiner grossen Verbreitung wegen eine hervorragende Stellung ein, die es durch fortwährende, ihm zu Theil werdende Verbesserungen zu behaupten weiss.

Das Siemens'sche regenerative Gasfeuerungssystem hat bereits in
voraufgehenden Abschnitten einige orientirende Berücksichtigung erfahren, so dass wir uns hier sogleich der Beschreibung Siemens'scher
Glasschmelzöfen, zunächst der eines Hohlglasofens mit acht Häfen,
zuwenden können.

Figur 47.

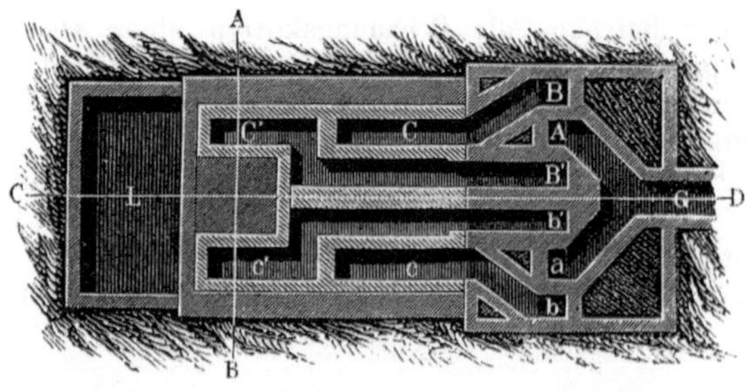

Der im Maassstabe von 1:200 gezeichnete Grundriss dieses Ofens,
Figur 47 (Schnitt nach E F der Figur 48) veranschaulicht das für

die Gas- und Luftzuleitung einerseits und die Abführung der Verbrennungsgase andererseits angeordnete Kanalsystem. Der mit G bezeichnete, nach A und a hin sich theilende Kanal mündet ausser-
halb des eigentlichen Ofens in den Schornstein und steht bei A und
a mit den unteren Oeffnungen der Wechselklappen in direkter Verbindung. Die Wechselklappenapparate sind derartig konstruirt, dass
dieselben über A und a stehend, durch Seitenöffnungen mit den Kanälen B und B', resp. b und b' kommuniziren, so zwar, dass die eine
Seite der Wechselklappen für den aufsteigenden Gas- oder Luftstrom,
die andere aber für die entweichenden Verbrennungsgase als Passage
dient.

Das vom Generator kommende, durch A in den Wechselklappen-
apparat steigende Gas tritt z. B. je nach Stellung der Wechselklappe
entweder nach B oder B' hinüber und gelangt indem es die Kanäle
C oder C' passirt, in die über
diesen liegenden Regeneratoren;
würde die Passage nach B hin
geöffnet sein, so würden die aus
dem Schmelzraume abziehenden
Verbrennungsgase durch die andere Passage B' entweichen
müssen. In ganz gleicher Weise
funktionirt der Wechselklappen-
apparat über a, durch welchen
die Verbrennungsluft entweder
in b oder in b', weiter in die
Kanäle c oder c' und nach
theilweiser Durchströmung dieser
in den Regenerator eintritt.
Wäre b für den Zuzug der Luft
geöffnet, so würden die Verbrennungsgase durch b' abziehen

Figur 48.

müssen, um in den Schornsteinkanal G zu gelangen.

In der Querschnittszeichnung Figur 48 (Maassstab 1:100) sind
die Regeneratoren D' und d' mit den darunter liegenden Kanälen C'
und c' sichtbar, aus welchen durch Oeffnungen in ihren Gewölben
das Gas resp. die atmosphärische Luft in die Regeneratoren aufsteigen, um in diesen Apparaten vor ihrer Vereinigung im Schmelzraume
erhitzt zu werden. Aus den Regeneratoren dringen die erhitzten
Substanzen durch Schlitze E' resp. e', deren jeder Regenerator zwei

besitzt, in die Feuerzüge F' resp. f', und aus diesen in den Schmelzraum.

Die sich im Ofen über den Feuerzügen F' f' entwickelnde Flamme nimmt ihre Richtung nach den entgegengesetzten Zügen F und f, durch welche sie in die Regeneratoren D und d entweicht, um an diese ihre Wärme zu übertragen. Haben sich die Generatoren D' und d', durch welche Gas und Luft in den Ofen treten, entsprechend abgekühlt, was gewöhnlich nach Verlauf einer halben Stunde der Fall ist, dann findet die Umstellung der Wechselklappen statt und es werden nun die Generatoren D und d durch Umkehrung der Strömungsrichtung von Gas und Luft durchzogen, die jetzt durch F und f auf den Heerd treten, während die Flamme durch F' und f' in die Regeneratoren D' und d' entweicht.

Figur 49.

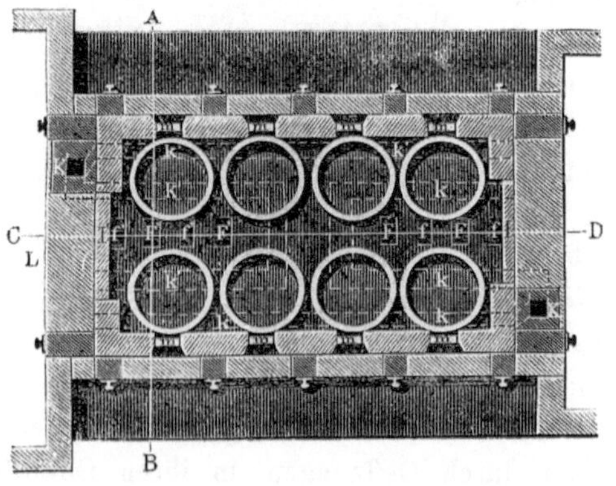

Figur 50.

Wie sich aus den Figuren 48 und 49 ersehen lässt, sind die Feuerzüge nach unten hin offen; sie münden hier in die überwölbten Räume H und H', in welche durch die Feuerzüge das im Schmelzraume übertretende Heerdglas abfliesst, das nach der Schmelze aus H und H' entfernt wird. Um das Glas in diesen Räumen im flüssigen Zustande zu erhalten, sind die Zugangsöffnungen durch Steine h' h und i' i, zwischen welchen sich noch eine Sandschüttung befindet, geschlossen.

In der Sohle des Schmelzraumes befinden sich vier horizontale Kanäle k k und k' k', deren eine Endöffnung in das Freie führt, während die andere in die Ventilationskamine K und K' einmündet. In diesen Kanälen zirkulirt die atmosphärische Luft zu dem Zwecke der gleichmässigen Kühlung der geschmolzenen Glasmasse vor ihrer Ausarbeitung, dann hat diese Vorrichtung aber auch noch die Aufgabe, den zerstörenden Einfluss der hohen Temperatur auf das Mauerwerk abzuschwächen, freilich auf Kosten der Oekonomie des Betriebes.

In den Zeichnungen bedeuten ferner l und l' die Hafenthore und n n die Arbeitsöffnungen eines jeden Hafens mit den Vorsatzkuchen m m. Die sonstigen Einrichtungen des Ofens weichen von ähnlichen Konstruktionen nicht wesentlich ab und sind aus den Zeichnungen ohne nähere Erläuterungen ersichtlich.

B. Kontinuirlicher Wannenofen mit regenerativer Gasfeuerung;

konstruirt von Friedrich Siemens in Dresden.

Beim Schmelzen des Glases erfolgt die Veränderung des Aggregatzustandes, das Flüssigwerden des Glassatzes stets zunächst an der der Hitze zumeist ausgesetzten Oberfläche, also im oberen offenen Theile des Schmelzgefässes. Je grösser daher dessen Umfang und in Folge dessen die der direkten Einwirkung der Hitze ausgesetzte Oberfläche des zu schmelzenden Glases ist und je niedriger die Schmelzgefässe konstruirt sind, desto rascher und vortheilhafter wird die Schmelze von statten gehen.

Die Beschleunigung der Schmelze ist aber nicht blos ökonomisch wichtig, durch sie wird auch die Schönheit des Glases im hohen Grade befördert, Gründe genug für das Bestreben, ein geeignetes Schmelzgefäss auffindig zu machen, welches geeignet war, diesen Gesichtspunkten Rechnung zu tragen.

Diese Erwägungen und die Thatsache, dass das spezif. Gewicht des geschmolzenen Glases sich mit den fortschreitenden Stadien des Schmelzprozesses erhöht, dass also das geschmolzene Glas in dem Schmelzgefässe untersinkt, während das in der Schmelze begriffene spezifisch leichtere an die Oberfläche steigt, veranlassten Friedrich Siemens, einen besonderen, dieser Erscheinung speziell angemessen funktionirenden Schmelzhafen zu konstruiren, der von F. Steinmann ausführlich beschrieben worden ist[1]), den ich hier aber nur deshalb

---

[1]) Kompendium S. 69 f.

erwähne, weil er die unmittelbare Veranlassung für die Herstellung
des kontinuirlichen Wannenofens gewesen ist, den die Figuren 51—53
im Maassstabe von 1:100 darstellen.

Der Wannenofen resp. der Schmelzraum desselben besteht ähnlich
dem eben erwähnten Hafen aus dem Schmelzraume A, dem Läuterungsraume B und dem Arbeitsraume C. Unter dem Schmelzraume
A befinden sich die doppelpaarigen Generatoren, von denen nur D
und D′ sichtbar sind; diese stehen durch vier Kanäle E E, deren je

Figur 51.

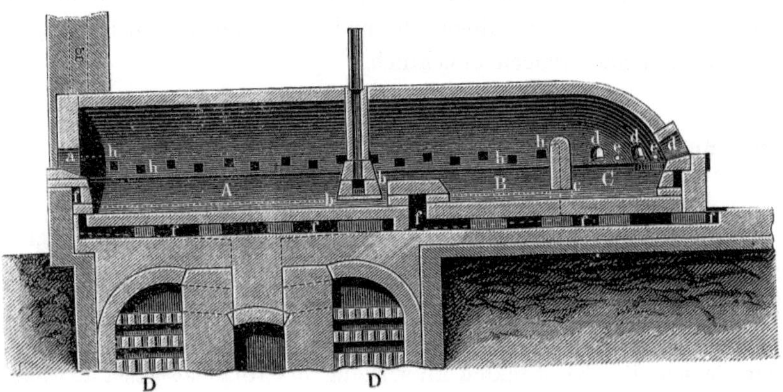

zwei an jeder Langseite des Ofens liegen und durch eine Anzahl von
Schlitzen h h mit dem Schmelz- und Läuterungsraume in Verbindung.
Vermittelst der Schlitze h h dringen aus den Regeneratoren die darin
erhitzten Substanzen Gas und Luft gesondert in den Ofen, wo die
Entzündung sofort eintritt. Die stets nur auf einer Seite sich entwickelnde Flamme nimmt ihre Richtung nach den gegenüber liegenden Schlitzen h h, resp. nach den damit in Verbindung stehenden
Kanälen E E, gelangt durch diese in die zugehörigen Regeneratoren,
aus welchen die Verbrennungsgase in den Schornstein entweichen.
Durch die tiefe Lage der Gas- und Luftdüsen wird die Flamme gezwungen, unmittelbar den Spiegel des Schmelz- und Läuterungsrau-
mes zu bestreichen, so dass das Schmelzen des Glases, das den Schmelzraum A etwa 40^{zm} hoch anfüllt, nur an der Oberfläche erfolgt.

Um der schnellen Zerstörung der Wanne durch Hitze vorzubeugen, werden der Boden und die Seiten derselben fortwährend durch
atmosphärische Luft gekühlt, welche in den Kanälen f f zirkulirt, sich
hier stark erwärmt, daher spezif. leichter wird und dann in den Ven-

tilationskaminen gg aufsteigt, wodurch fortwährend kalte Luft nach-
gezogen wird.

Das zu schmelzende Glasgemenge wird durch die Oeffnung a in
den Schmelzraum A eingebracht; nachdem es hier geschmolzen, sinkt
es aus oben erwähnten Gründen zu Boden und fliesst durch die Oeffnungen bb der Scheidewand, welche A von B trennt, in den Läute-
rungsraum, wobei es die dicht hinter der Scheidewand liegende Brücke
zu passiren hat, welche dazu dient, das Glas zum Läutern an die

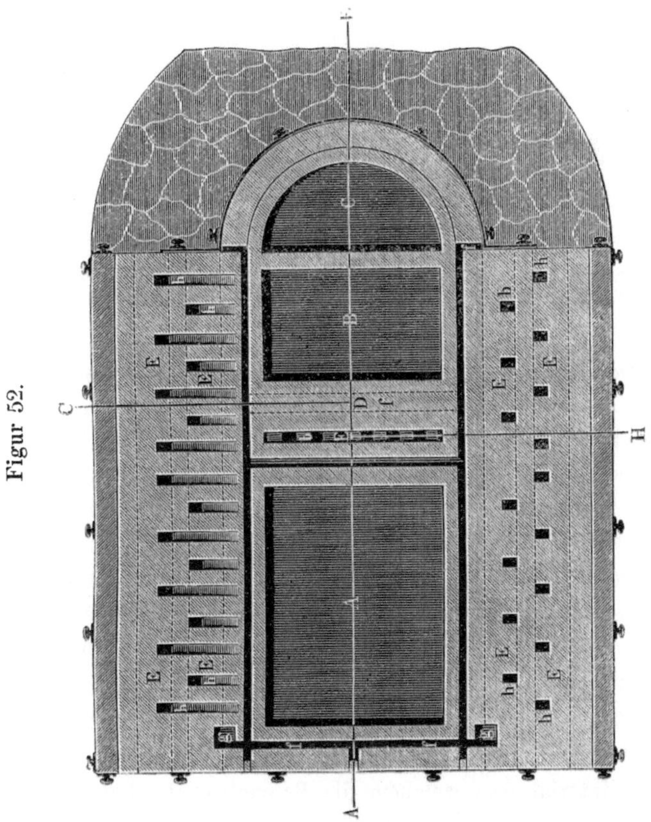

Figur 52.

heisse Oberfläche zu bringen. In B sinkt das unter Einwirkung der
starken Hitze vollständig geläuterte Glas wieder zu Boden und dringt
nun vollkommen ausarbeitungsfertig geworden durch Oeffnungen c
der B und C trennenden Zwischenwand in den Arbeitsraum, welcher

mit den Arbeitslöchern d d versehen ist, durch welche das Glas aus-
gearbeitet wird. Die neben den Arbeitslöchern vorhandenen kleinen
Oeffnungen sind für das Vorwärmen der Pfeifen bestimmt.

Die Vorzüge des Siemens'schen Wannenofens sind nach F. Steinmann folgende:

1. Der Ofen gestattet eine Betriebsführung wie jedes andere
Fabrikationsverfahren, d. h. es wird mit demselben täglich eine Schicht
gemacht und werden 3750—4000^k Glas verarbeitet.

Figur 53.

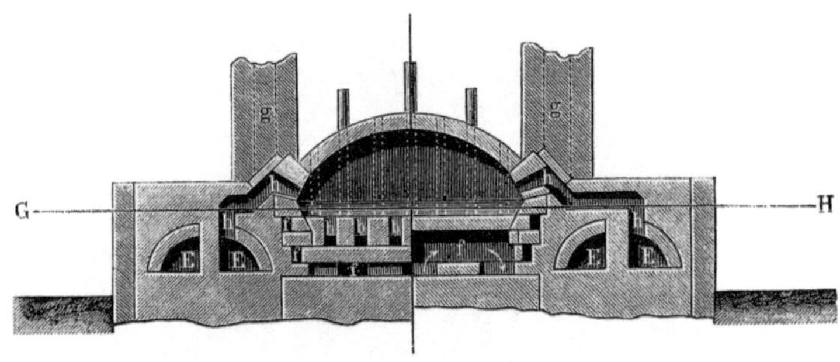

2. Der Umstand, dass das Schmelzfeuer ununterbrochen auch der
Arbeit zu gute kommt, bietet ausser der Ersparniss an Brennmaterial, welche Regenerativöfen überhaupt gewähren, hier eine weitere
Ersparniss von ca 50 $\%$ in Folge des Umstandes, dass der Wannenofen die doppelte Produktionsfähigkeit eines gewöhnlichen Hafen-
ofens besitzt.

3. Der Siemens'sche Wannenofen ist ein selbstthätiger Ofen im
eigentlichen Sinne des Wortes. Jeder gewöhnliche Arbeiter kann das
Einlegen des Gemenges besorgen, da sonst etwas Wesentliches nicht
zu beobachten ist; der „Schmelzer" in der eigentlichen Bedeutung
des Wortes ist überflüssig und werden damit an Arbeitslohn 60 $\%$
erspart etc.

Das Material, aus welchem die Schmelzwanne hergestellt ist, besteht nach Angaben Steinmann's[1] aus einem Gemenge von stark ge-
glühtem Sand und gut gebranntem Thon, welches mit $\frac{1}{4}$ rohem Thon
verbunden ist. Die ganze Masse muss tüchtig getreten, sehr sorgfältig verarbeitet und langsam getrocknet werden. Je grössere Di-

---

[1] Kompendium S. 71.

mensionen man den aus diesem Gemenge gemachten Steinen geben kann, desto besser ist es. [1])

C. Schmelzofen mit Gasfeuerung;

konstruirt von C. Nehse in Dresden.

Die Konstruktion dieses Ofens schliesst sich im wesentlichen derjenigen des auf S. 151 mitgetheilten Brennofens von Nehse an. Was dort über die Art und Weise der Lufterhitzung vermittelst der Verbrennungsgase gesagt worden ist, gilt auch hier.

Figur 54.

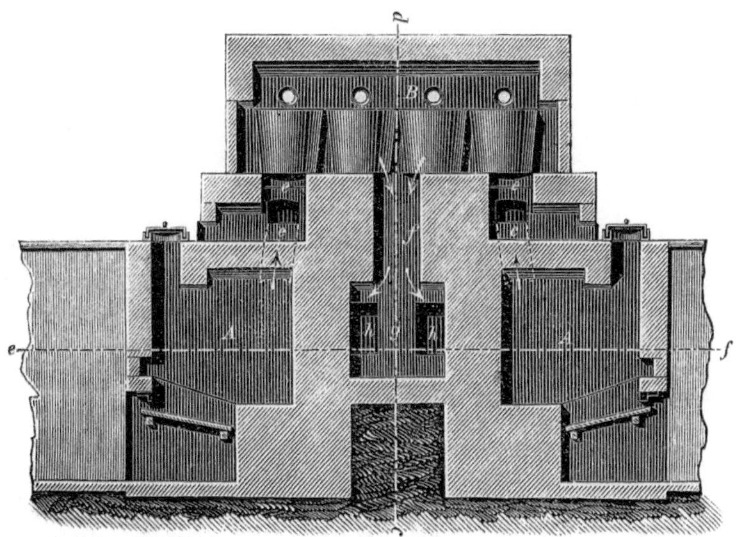

Die grosse Einfachheit der Konstruktion, welche sich aus den im Maassstabe von 1:80 gezeichneten Figuren 54—56 ergiebt, und die Sicherheit mit welcher der Lufterhitzungsapparat seine Wirkung

---

[1]) Ganz neuerdings und zu spät um hier noch näher berücksichtigt werden zu können, hat F. Platenka in Göding seine kontinuirliche Etagen-wanne zum Glasschmelzen bekannt gemacht (Sprechsaal 1876, Nr. 39 und 40), welche augenscheinliche Vorzüge besitzt und manche, dem Siemens'-schen Wannenofen noch anhaftende Mängel vielleicht zu beseitigen geeig-net ist, sodass diese Konstruktion eine aufmerksame Beachtung der Glas-industriellen verdient.

auf die Verbrennung ausübt, ohne irgendwelche Störungen und Schwerfälligkeiten im Betriebe hervorzurufen, haben dem Nehse'schen Ofensysteme eine bevorzugte Stellung geschaffen und vielfache Anwendungen speziell in der Glasindustrie zur Folge gehabt.

Wo es besondere Umstände und lokale Verhältnisse nicht als unräthlich erscheinen lassen, ordnet Nehse die Gasgeneratoren A A, Figur 54 und 56, in nächster Nähe des Schmelzraumes selbst an, so dass die Gase, welche vor ihrer Verbrennung nicht besonders erhitzt werden, ohne Wärmeverlust auf den Heerd gelangen.

Figur 55.

Das in den Generatoren erzeugte Gas steigt in vertikalen, durch Schieber oder Ventile regulirbaren Kanälen c c aufwärts, tritt aus diesen in die Schlitze e e ein und vereinigt sich hier mit der von l m und d kommenden erhitzten Verbrennungsluft, so dass eine entwickelte Gasflamme zwischen den Häfen hindurch in den Schmelzraum B gelangt.

Nachdem die Flamme in dem Schmelzraume ihre Wirkung gethan hat, entweichen die Verbrennungsgase durch die Oeffnung Figur 54, in den Raum g und aus diesem vermittelst zweier oder mehrerer Kanäle h h, welche wie alle einer grösseren Hitze ausgesetzten Ofentheile aus feuerfesten Steinen hergestellt sein müssen, in den Fuchs i und aus diesem in den Schornstein selbst. Die Kanäle h h müssen hinsichtlich ihres Querschnittes, ihrer Länge und sonstigen

Beschaffenheit so konstruirt sein, dass die Feuergase darin bis auf
200—300 ^{0} C. abgekühlt werden.

Die Verbrennungsluft tritt durch die mit Schiebern versehenen
Oeffnungen k k in die Passagen ein, erhitzt sich in diesen an den
Aussenflächen der Kanäle h h, strömt dann durch m und d aufwärts
und vereinigt sich' in schon erwähnter Weise in den Schlitzen e e mit
den Gasen der Generatoren.

Durch einfache Regulirung der Strömungen in den Gas-, Luft-

Figur 56.

und Schornsteinkanälen kann die Beschaffenheit der Flamme und ihr
Effekt beliebig geändert werden, was bei anderen komplizirteren
Systemen mit gleicher Sicherheit kaum zu erreichen sein dürfte.

Es sind mir über Nehse's Glasschmelzofen, der namentlich in
Oesterreich Aufnahme gefunden zu haben scheint, sehr günstige Mittheilungen zugegangen, welche diese Konstruktion als eine allseitig
werthvolle kennzeichnen.

D. Schmelzofen mit Gasfeuerung;

konstruirt von Theodor Kleinwächter. [1])

Eine sehr beachtenswerthe und praktisch erprobte Erscheinung
auf dem Gebiete der Gasofenkonstruktionen ist Kleinwächter's Glasschmelzofen mit direkter Gasfeuerung und Vorwärmung der Verbrennungsluft nach dem Nehse'schen Prinzipe. Die Vor..chtung für die
Regenerirung der an die Verbrennungsgase gebundenen Wärme ist
eine einfache und die gesammte Konstruktion der aus den Figuren
57 und 58 sich ergebenden Anlage eine solche, welche den Betrieb
vor Schwerfälligkeiten und aussergewöhnlichen Störungen sichert.

Figur 57.

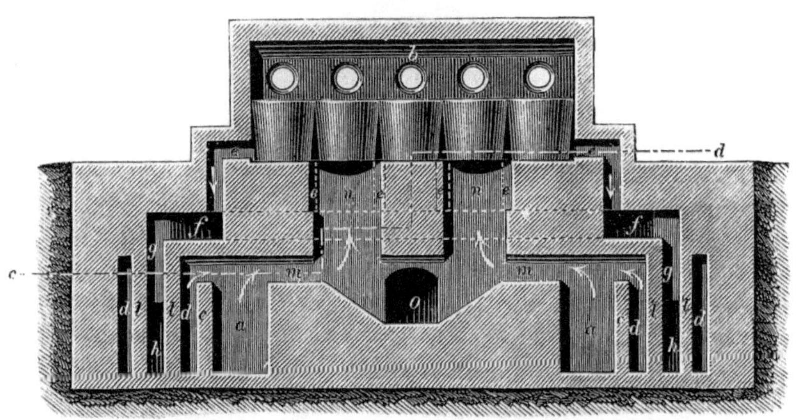

Die Zuleitung des Gases für den Schmelzprozess erfolgt durch
den Hauptkanal a, welcher sich dicht vor dem Ofen nach zwei Seiten
hin abzweigt, so dass das Gas an zwei sich entgegengesetzten Punk-

[1]) Sprechsaal, 1875, N. 27. Den Wohnort Kleinwächter's konnte ich
nicht auffindig machen, so dass ich verhindert war, mit dem Konstrukteur
in Verkehr zu treten, was ich in diesem Falle schon deshalb sehr bedauern muss, weil die Skizzen, welche der a. a. O. gegebenen Beschreibung
seines Ofens beigefügt waren, unverständlich und unkorrekt erscheinen.
Da ich dieses Ofensystem nicht gern unberücksichtigt lassen wollte, ich
aber auch jene Skizzen nicht reproduziren konnte, so habe ich mich bemüht, auf Grundlage dieser und der Beschreibung etwas verständlichere
Zeichnungen des Kleinwächter'schen Ofens zu geben, ob dieselben ganz
korrekt sind, bleibt allerdings fraglich.

ten in den Ofen eintritt. Dies geschieht im Unterbau des Schmelzraumes, wo das Gas aus den Zuleitungskanälen a a durch je eine
Oeffnung im Gewölbe derselben aufwärts steigt, um sich sogleich bei
m m mit der zuvor erhitzten Verbrennungsluft zu verbinden, was die
sofortige Entzündung des Gases zur Folge hat. Die Flamme dringt
alsdann in aufsteigender Richtung durch die Füchse n n in den
Schmelzraum b, von wo ab die Verbrennungsgase vermittelst der
zwischen je zwei Häfen liegenden Abzugsöffnungen e e in die Sam-

Figur 58.

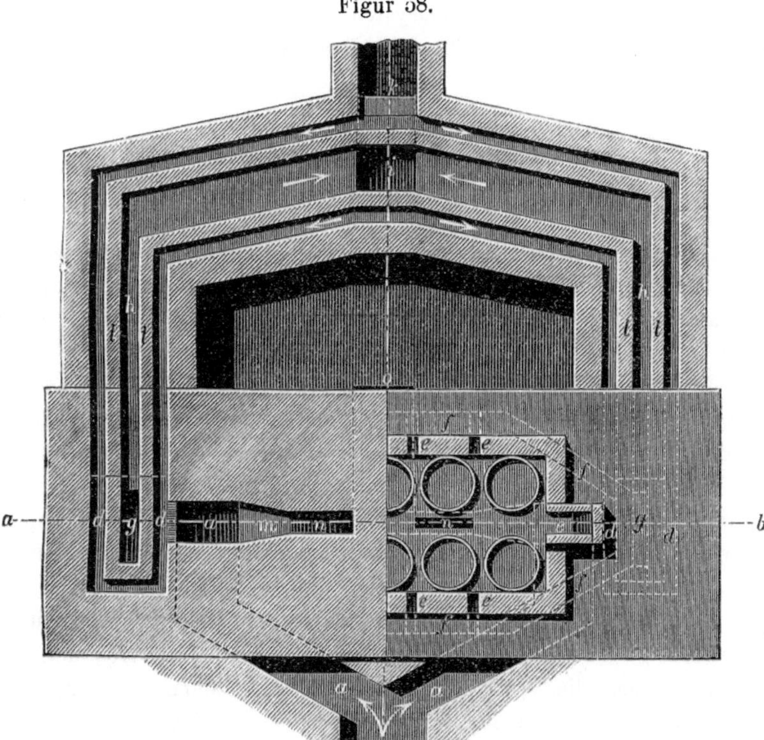

melkanäle ff und aus diesen durch g, h bei i in den Schornsteinkanal k entweichen.

In der Nähe des Schornsteinkanals i tritt durch regulirbare Oeffnungen die Verbrennungsluft in die Kanäle d d ein, die von den Kanälen h h durch Mauern l l getrennt sind, welche die Wärme der
Verbrennungsgase an die d d passirende Luft übertragen, die bei
c c in den Verbrennungsraum tritt.

Das aus dem Schmelzraume durch die Füchse nn abfliessende Heerdglas sammelt sich in der oberhalb von der Gasflamme bestrichenen Vertiefung o, in welcher das Glas während der Schmelze flüssig erhalten wird. Da die Seitenwände der Füchse geschlossene Flächen bilden, so kann eine eigentliche Betriebsstörung durch Beschädigung derselben nicht in dem Maasse eintreten, wie es bei solchen Oefen der Fall sein möchte, deren Konstruktion die Anordnung der Gas- und Luftschlitze in den Füchsen selbst bedingt.

Es bedarf wohl nicht des ausführlicheren Hinweises, dass das Kleinwächter'sche Gasfeuerungssystem nach Vornahme entsprechender Modifikationen sich auch für das Brennen von Ziegelsteinen, Kalk etc. eignet.

E.   Schmelzofen mit regenerativer Gasfeuerung;

konstruirt von Hermann Siebert in Berlin.

Von diesem Ofen, der am 3. Februar d. J. für den Preussischen Staat patentirt worden ist, befinden sich nach einer mir von dem Erfinder zugegangenen Mittheilung bereits drei im Betriebe, welche die gehegten Erwartungen übertroffen haben sollen.

Ueber die Konstruktion des Ofens und seine Betriebsweise habe ich nur unvollständige Mittheilungen erhalten, welche sich auf folgende Angaben beschränken:

Der Ofen arbeitet während der Schmelze mit wechselnder und während der Ausarbeitung des Glases mit zwei konstanten Flammen. Derselbe hat acht Regeneratoren, von denen vier das Gas und vier die Luft vor der Verbrennung erhitzen und den Zug des Ofens vermitteln. Vier andere Regeneratoren haben den Zweck, während der Schmelzzeit, wo mit wechselnder Flamme gearbeitet wird, den Verbrennungsgasen die Wärme bis auf diejenige Menge zu entziehen, welche der Schornstein für seine Funktionen nöthig gebraucht, und aufzusammeln (Sammler).

Je zwei Regeneratoren und zwei Sammler bilden ein System, so dass ein besonderes System zum Vorwärmen der Luft und eines zum Vorwärmen des Gases besteht. Jedes dieser Systeme wird durch einen Schornsteinschieber dirigirt.

Während der Ausarbeitung des Glases kommen zwei konstante Flammen zur Anwendung, welche ihre Wärme aus den Sammlern entnehmen und diese wieder abkühlen. Die fehlende Wärme wird durch grössere oder geringere Zuleitung von Gas geregelt.

Bei diesem Ofen kehrt sich daher das Verhältniss des Gas- resp. Brennmaterialverbrauches um, denn während früher, bei gut konstruirten Regenerativöfen für die Schmelze weniger Gas verbraucht wurde (durch Stopfung) und beim Ausarbeiten mehr (durch Oeffnen des Ofens), tritt bei Siebert's Schmelzofen — vom Erfinder Universal-Regenerativofen genannt — während der Ausarbeitung ein weitaus geringerer Brennmaterialverbrauch gegenüber der Schmelzzeit ein, woraus die bedeutende Brennstofferparniss dieses Ofens im Vergleich mit anderen Systemen resultiren soll.

Nachträge und Berichtigungen.

Zu Seite 44. Die Angabe über den Effekt des Dampfstrahlunterwindgebläses von Gebr. Körting ist dahin zu modifiziren, dass 1^k Dampf von etwa 3 Atmosphären Spannung 1200—1700 Kbf. Luft anzusaugen vermag; die Menge des Wasserdampfes ist daher in den Gasen grösser als oben angegeben worden ist.

Zu Seite 185. Eine neuere Konstruktion des Siemens'schen Wannenofens ist abgebildet und beschrieben in Muspratt, theoretische, praktische und analytische Chemie. 3. Aufl. Bd. III. S. 386.

Zu Seite 189. Bei einem anderen von C. Nehse konstruirten Schmelzofen liegen die Generatoren vor dem Ofen und an jeder der beiden Langseiten, welche bei dem beschriebenen Ofen die Generatoren einnehmen, ein Lufterhitzungsapparat, von denen je einer mit einem Generator selbstständig funktionirt. Beschrieben und abgebildet im Maschinen-Konstrukteur, 1874, S. 50 und Tafel 16.

Halle, Gebauer-Schwetschke'sche Buchdruckerei.